大数据时代的统计与人工智能系列教材

回归分析
——方法、数据与R的应用

主 编 刘 超

高等教育出版社·北京

内容简介

数据已经成为人们日常生活的一部分，数据分析的需求也日益提高。本书尝试以初学者的视角梳理回归分析的相关内容，力求让读者轻松、愉快地掌握回归分析的基本思想和应用。

基于实际数据的特点和归纳演绎的认知规律，本书精心挑选了丰富的实例，形象生动而又系统详尽地阐述了回归分析的基本理论和具体的应用技术，还辅以启发式的分析和直观的图形方法，不仅从理论上介绍了当今统计学中用到的传统回归方法，还补充介绍了伴随着大数据而产生的前沿的回归方法。同时，基于数据处理实际过程中方法的不足，提供相应的改进思路，为读者呈现出思路清晰、易于操作的回归建模过程。本书还用回归分析的观点介绍了部分机器学习、神经网络的内容，力图为读者呈现一个“大”回归建模的分析框架。本书可读性强，语言轻松活泼，内容通俗易懂，R 软件的使用也便于读者模仿练习。本书每章都设计有进一步阅读的二维码，方便读者进一步深入的学习。

本书可作为高等学校理、工、农、医、经济、管理、人文社会科学专业以及其他领域的统计学教材，也可以供从事商务活动和经济分析等实际工作的各类人员参考。

图书在版编目（CIP）数据

回归分析：方法、数据与 R 的应用/刘超主编. --北京：高等教育出版社，2019.10（2024.7重印）
ISBN 978-7-04-052422-2

Ⅰ. ①回… Ⅱ. ①刘… Ⅲ. ①回归分析-高等学校-教材 Ⅳ. ①O212.1

中国版本图书馆 CIP 数据核字（2019）第 168770 号

Huigui Fenxi——Fangfa、Shuju Yu R De Yingyong

策划编辑 吴淑丽　　责任编辑 吴淑丽　　封面设计 王　鹏　　版式设计 徐艳妮
插图绘制 于　博　　责任校对 王　雨　　责任印制 赵义民

出版发行 高等教育出版社
社　　址 北京市西城区德外大街 4 号
邮政编码 100120
印　　刷 三河市春园印刷有限公司
开　　本 787mm×1092mm　1/16
印　　张 17
字　　数 380 千字
购书热线 010-58581118
咨询电话 400-810-0598
网　　址 http://www.hep.edu.cn
　　　　 http://www.hep.com.cn
网上订购 http://www.hepmall.com.cn
　　　　 http://www.hepmall.com
　　　　 http://www.hepmall.cn
版　　次 2019 年 10 月第 1 版
印　　次 2024 年 7 月第 2 次印刷
定　　价 41.90 元

物 料 号 52422-00

前　言

有人说人工智能就是统计学，虽然有些夸大，但这正凸显出人们对统计学的重视。统计学是数据的科学和艺术。数据不仅是统计方法产生的基础，也是统计方法应用的场景。在大数据时代，数据的概念已经深入人心，数据分析的需求和统计方法学习的需求也日益提高。毫无疑问，以数据为基础、需求为导向是推动统计方法不断发展的原动力，数据的改变促使回归分析等统计方法不断发展与更新。统计学需要理论，但不能局限于理论。统计学不仅仅是数学推导，更重要的是展示数据中的信息。2019年7月31日，国际统计学年会（Joint Statistical Meetings）将著名的考普斯会长奖（COPSS Presidents' Award）颁给了RStudio公司的首席科学家Hadley Wickham，以表彰他在统计应用领域做出的卓越贡献。虽然有争议，但这也表明作为一门方法论，统计的生命力在于应用。

作为一个被广泛使用的统计方法，回归分析不仅是统计学的重要基础课，在自然科学、管理科学和社会经济等领域也有着非常广泛的应用。基于实际数据的分析需求和归纳演绎的认知规律，本书在数据分析实例中介绍回归理论与方法，在解决问题的过程中引入新思想、新方法，不仅强调数据分析的技巧，更引导读者关注统计理论的发展，为读者构建大回归分析的建模框架。

为了让读者更好地感受模型是如何拟合数据并解决实际问题的，本书根据数据类型逐步引入了各种回归模型提取数据中有价值的信息。首先，我们针对常规的正态数据介绍了一元/多元线性回归模型。然后基于模型结果一一阐述在回归分析中可能遇到的各种问题（如模型假设是否违反、自变量的共线性、相关误差、线性模型是否合适等问题）以及解决这些问题的方法。对于同一数据，不同的处理方法往往可以获得多个模型。因此，我们介绍了AIC准则、逐步回归等模型选择方法以及岭回归、Lasso等收缩方法，以期得到小而美的回归模型。接着，针对因变量的非正态性或其他问题，我们介绍了非线性模型。一些非线性关系可以通过变量变换获得线性化，也有一些内在的非线性回归模型。广义线性模型可以将正态因变量扩展到指数族分布，从而可以处理范围更广的数据。无论是线性回归还是非线性回归，都是参数回归方法。参数回归需要假设模型的具体形式，只是其中的参数待定。然而，当过去的经验较少时，盲目地使用线性假设可能会带来毫无意义的结果。而且，无论我们指定什么样的有限参数族，总是会排除许多合理的函数。此时，我们可以使用核估计、局部回归、样条、小波、加法模型等非参数回归方法灵活地拟合数据。这些非参数方法体现了寻找变量之间统计规律的不同侧重点。为了更好地适应分类自变量以及大数据的需求，我们还用回归分析的视角介绍了机器学习模型与人工神经网络模型。它们不仅不需要对总体进行分布的假定，而且能够更灵活地适应更大和更复杂的数据集，对于预测也很容易解释。高质量的数据是高质量回归建模的重要保障。最后，我们对数据中经常出现的缺失数据以及处理方法进行了介绍。

具体来说，本书共分 14 章，包括绪论、一元线性回归、多元线性回归、模型诊断、自变量和误差的相关问题、模型选择、收缩方法、非线性回归、广义线性回归、非参数回归、机器学习回归、人工神经网络以及常见的缺失数据及其处理等内容。

不同于国内同类已出版的教材，本书有以下特点：

(1) 兼顾统计理论和应用能力之间的平衡。不仅介绍了回归分析的基本理论和具体的应用技术，还按照认知规律适当拓宽学生思维，介绍了相关的前沿方法，构建大回归分析的建模框架。

(2) 发挥教材的课程思政积极引导作用。在不失严谨的前提下，努力突出中国实际案例的应用和统计思想的渗透，将知识的学习与生活的感受相结合，让读者感受到我国数十年经济发展、人民生活水平切切实实在不断提高，发挥一定的课程思政引导。

(3) 例子贯穿全书，在干中学，极大地方便了读者的理解和学习。引入一些改革开放 40 年以来的我国特色案例和数据，以案例分析的方式对每章的内容进行综合运用，注重学生综合能力的培养，这是由演绎到归纳的认知规律，从而增强学生分析问题和解决问题的综合能力。

(4) 尊重学生的认知规律，理论性与应用性相结合，培养学生的统计思维。用归纳的方式引出、总结相应的统计概念、模型和方法，这是从实践到理论的认知规律。用演绎的方式分析、解决实际数据和问题，这是由理论到实践的认知规律。

(5) 满足学生的阅读需求和应用需求。我们也注意学生的阅读需求，确保教材的语言生动活泼、统计图形形象直观。我们也适当延伸拓展了一些统计概念、统计方法、统计应用以及一些统计趣闻，为了不影响学习的连贯性，这些内容以可扫描的二维码的形式放入边栏。同时，我们使用了 R 软件来演示本书的全部数据分析，也提供了全部的数据和代码，方便学生学习。

随着大数据的不断涌现，统计学以数据和需求为桥梁，不断融合各种理论和方法、不断吸收其他学科的精髓，这不仅使统计学发挥更大的作用，也将推动统计学走得更远。我们希望本书成为传播统计思想、推广统计方法的重要载体，不仅激励未来的统计学家们对统计分析和应用的热爱，而且尽可能地让大众接受统计方法，帮助他们分析和解决实际问题，促进社会进步和发展。

其实数据和统计方法之间的关系就好像人与衣服。正如不是人适应衣服，而是衣服要适应人，统计方法也需要适应、拟合我们的数据。然而，由于问题和背后数据的复杂性，本书介绍的方法可能只是解决问题的一个必要条件。我们可能会因为将本书介绍的这些方法用于“真实的”数据，却无法得到明确的结果而感到沮丧，甚至运用回归模型可能会产生损失。在实际问题中，这样的情况似乎是难以避免的。但这也不是毫无可取之处。不合适的衣服可以帮助我们了解自身的特点，不合适的统计方法或模型也可以帮助我们了解模型为什么不合适，模型错到了什么程度。对这些问题的回答可以帮助我们更了解数据。毕竟实践是检验真理的唯一标准。

本书可作为理、工、农、医、经济、管理、人文社会科学专业以及其他领域的统计学教材,也可以供各行各业的数据分析工作者参考。对于课堂教学,我们建议以第 1~第 7 章为基准,再增加第 8~第 10、第 14 章或者选择第 8、第 11、第 12、第 13、第 14 章。教师也可以根据教学时间和教学要求来选择需要增加的内容。

由于时间仓促,书中不妥之处在所难免,敬请读者指正。陶泽胤等研究生参与了本书部分代码的编写,在此表示感谢。

在大数据时代的滚滚浪潮中,我们都是攀登数据科学顶峰的追梦人。即使走错了路,也会积累宝贵的经验与教训。毫不夸张地说,人类的一切经验都来自统计,只有不断地总结成功的经验与失败的教训,不断地努力攀登,才能达到成功。

刘超　青原博士

2019 年 8 月

目 录

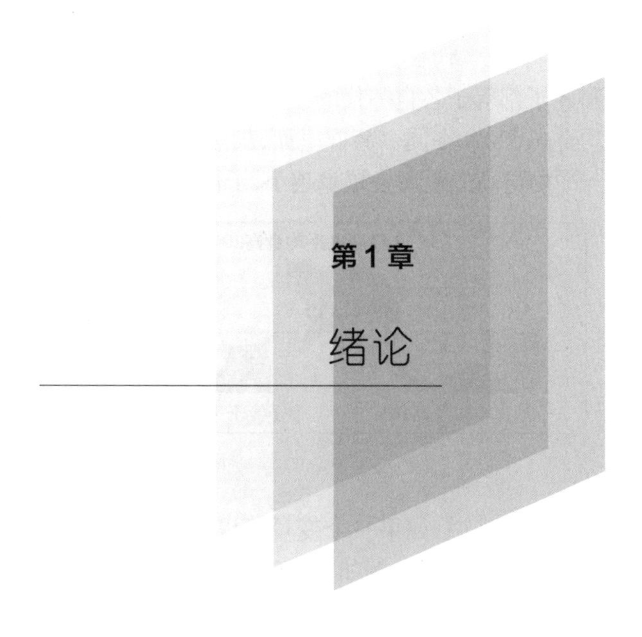

第1章 绪论

目的与要求

(1) 了解什么是回归分析;
(2) 了解什么情况下使用回归模型;
(3) 掌握回归分析的基本概念;
(4) 了解数据收集的主要方法;
(5) 熟悉R软件的基本操作。

在大数据时代,数据既是生活中产生信息、知识、智慧的基础,又贯穿其中,成为人们生活的一部分。因此,对数据进行深入的统计分析以得到有价值的结论,对经济、社会甚至我们的日常生活都将产生巨大的影响。**回归分析**(regression analysis)是数据分析领域应用最广泛的分析方法之一。它通过构建合适的函数来刻画数据或变量之间的统计关系,帮助我们来解释或预测感兴趣的变量。从1969年设立诺贝尔经济学奖以来,绝大部分获奖者是统计学家、计量经济学家、数学家,他们对包括回归分析在内的统计方法都有着娴熟的应用。

回归分析经典应用案例

1.1 "回归"的由来

"**回归**"这个词,最早是英国统计学家弗朗西斯·高尔顿爵士(Sir Francis Galton, 1822—1911年)19世纪在研究同一族群中父辈身高与子代身高之间的关系而提出来的。按照一般的遗传学常识,父亲高,儿子自然也高,父亲矮,儿子自然也矮。但是高尔顿和他的学生、现代统计学的奠基者之一皮尔逊(K. Pearson, 1857—1936年)于1899年观察1078对夫妇研究父母身高与其子女身高的遗传问题时,发现相对于父辈的身高,子女的身高会慢慢地"回归"到族群的平均身高。高尔顿将这种现象称之为回归。

在图1-1里,A猫超出父代平均身高20%,而A子仅超出子代平均身高10%;B猫和 B 子都等于各自一代的平均身高；C 猫低于父代平均身高 15%，而 C 子仅低于子代平均身高 5%。在同一族群里面，虽然大方向上还是高个子父亲生高个子儿子，但是他们与平均身高的距离会越来越小，子代的身高会慢慢地“回归”到族群的平均身高。

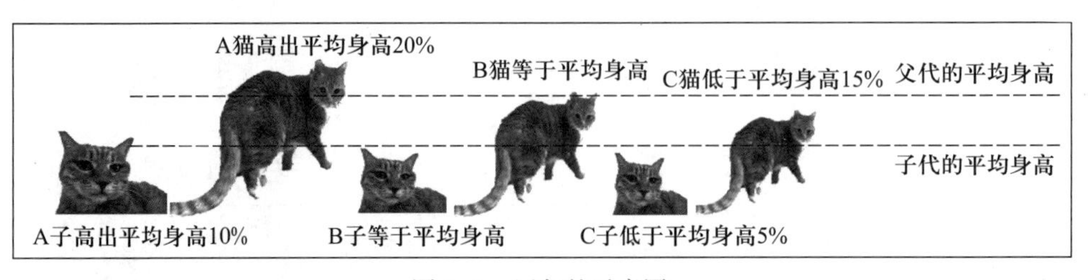

图 1-1　回归的示意图

一般来说，如果一个变量可以被另一个变量精确地表示，那么这两个变量之间的关系是确定性的。例如，使用摄氏度的温度可以准确地预测华氏温度。然而，现实中很多变量（如身高和体重）之间的关系密切而又不能由一个或几个变量唯一确定另外一个变量，此时变量之间存在统计关系而非确定性关系。回归分析是探索数据或变量之间统计关系的一个经典方法，可以帮助我们建立变量之间的统计关系。

1.2　回归模型的作用

回归分析可以用来做什么呢？回归分析不仅可以探索变量之间的**因果**关系，也可以通过一个或多个变量的取值来**预测**另一个变量的结果，还可以描述一个或多个变量（如父辈身高）的变化是如何影响另一个变量（如子代身高）的。

如果我们基于回归模型进行预测，有一个不可回避的问题，就是实际观测值和预测结果会有偏差。因此，回归分析的一个最重要的特征就是它把观测值分解成了两个部分：结构项和随机项，如下所示：

观测值 = 结构项+随机项

结构项表示因变量与自变量之间的结构关系，随机项是观测值中未被结构项解释的剩余部分。随机项可能来源于三个原因：一是被忽略的结构因素，二是测量误差，三是随机干扰。

那么，我们该如何理解回归模型的意义呢？学术上针对回归模型提出了三种视角，也是定量分析的三种不同视角，如图 1-2 所示。

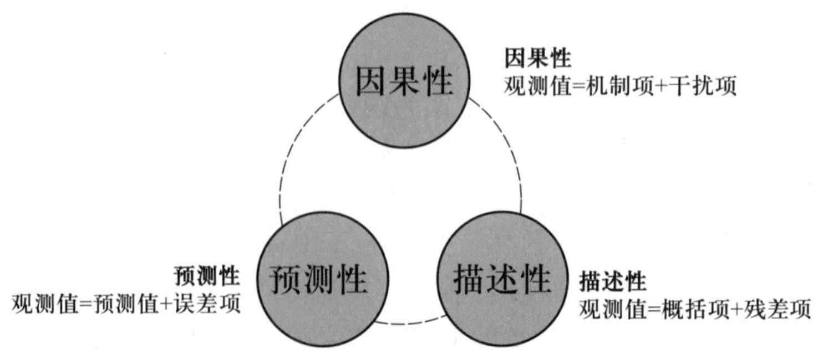

图 1-2　回归分析的三种视角

第一种观点认为回归模型是用来描述**因果性**关系的。这种观点把结构项称之为"机制项",即研究者想通过一个确定的模型来发现这些数据事件产生的机制——找到因果关系。而随机项被认为是对这种因果关系的一种干扰。这种观点代表了回归模型的一个最经典的应用。但是随着研究的深入,更多的研究者认为确定性、真实无偏的模型是不存在的,好的模型只是相对其他模型更有效、更有意义或者更接近真实的情况。

第二种观点认为回归模型是用来进行**预测**的。它通过已知的一组自变量和因变量之间的关系,用新的自变量来预测对应的因变量。比如,我们知道某种物体的强度在生产过程中与温度有密切关系,那么在生产过程中改变温度就可以得到不同温度下该物体的强度。在测量出足够多的数据之后,我们只需要建立一个模型,就可以得到各个所需强度的生产温度。这种方法最大的特点是:只用经验规律来进行预测,对因果关系的机制不感兴趣。

第三种观点认为回归分析就是用来**认识和描述数据**的,即不是"一锤定音"的因果律武器,也不是"未卜先知"的大预言术。它就是利用模型来概括数据的基本特征。这种观点最主要的特点就是所谓的"奥卡姆剃刀原则"(principle of occam' s razor),即简约原则。简单来说,就是如果有一堆的模型,对观察项的解释都差不多,那么除非找到其他证据来支持某一个模型,否则我们选最简单的。这种方法粗看起来和因果观点差不多,都是确定最"合适"的模型,但是二者有本质的不同,因果观点认为:一定要确定一个"真实"的模型,而描述性观点认为,这个模型只要符合观察到的现实就行,至于是否"真实"就无所谓了。

这三种视角并不是相互排斥的,具体使用哪种需要根据研究目的来确定。一般来说,**学术界目前更倾向第三种观点,也就是描述性观点**,也是目前数据分析和数据挖掘界的一个共识:数据体现的是客观情况,和因果以及未来没有关系。总的来说,回归模型的主要目标在于用最简单的结构和尽可能少的参数来概括大量数据所包含的主要信息。

1.3 回归模型的一般形式

假如用 y 表示感兴趣的变量,用 x 表示其他可能与 y 有关的一个或一组变量,则我们可以尝试建立如下的统计关系:

$$y = f(x) + \varepsilon$$

其中,y 称为**因变量**(dependent variable)、**被解释变量**(explained variable)或**响应变量**(response variable),而 x 称为**自变量**(independent variable),也称为**解释变量**(explanatory variable)或**协变量**(covariate)。此外,ε 为误差项。

按照自变量的个数,回归分析可以分为**一元回归分析**(monadic regression analysis)或**简单回归分析**(simple regression analysis)以及**多元回归分析**(multiple regression analysis)。

按照变量之间的统计关系是否为线性,即回归函数 $f(x)$ 是否是线性函数,回归分析可以分为**线性回归**(linear regression)和**非线性回归**(nonlinear regression)。当 $f(x)$ 是 p 个自变量的线性函数时,即有 $y=\beta_0+\beta_1 x_1+\cdots+\beta_p x_p+\varepsilon$,其中 $\beta_i(i=0,1,2,\cdots,p)$ 是未知的回归系数。线性回归模型的线性是针对回归系数而言的,而不是针对自变量的。因为自变量的线性是非本质的。很多情况下,可以通过变量变换把非线性的自变量变成线性的。因此,我们并不局限于线性模型,也经常使用一些典型的非线性回归模型。

按照回归函数$f(x)$的形式是否已知,回归分析又可以分为**参数回归**(parametric regression)和**非参数回归**(nonparametric regression)。非参数回归放松了线性假设,不对$f(x)$的形式做任何假定,希望从一些光滑的函数族中选择合适的$f(x)$。

线性回归是回归分析中非常基础且重要的部分。首先,线性回归使用广泛;其次,许多非线性回归可以通过某种变换转化为线性回归,大多数非参数回归实质上也使用了线性形式;最后,只有在回归模型为线性的假定下,才能得到比较深入和一般的结果。因此,线性回归模型的理论和应用是本书研究的重点。

为了模型参数估计和假设检验的需要,古典线性回归模型通常应满足以下几个基本假设:

(1) 自变量$x_1,x_2,\cdots,x_p$是非随机变量,观测值$x_{i1},x_{i2},\cdots,x_{ip}$是常数。

(2) 常数方差或同方差及不相关假定:

$$\begin{cases} E(\varepsilon_i)=0, i=1,2,\cdots,n \\ cov(\varepsilon_i,\varepsilon_j)=\begin{cases}\sigma^2, i=j \\ 0, i\neq j\end{cases} \quad i,j=1,2,\cdots,n \end{cases}$$

这个条件称为**高斯-马尔柯夫**(gauss-markov)条件。在此条件下可以得到关于回归系数的最小二乘估计及误差的方差σ^2估计的一些重要性质,如回归系数的最小二乘估计是回归系数的最小方差线性无偏估计等。

(3) 正态分布假定:

$$\begin{cases} \varepsilon_i \sim N(0,\sigma^2), i=1,2,\cdots,n \\ \varepsilon_1,\varepsilon_2,\cdots,\varepsilon_n \text{ 相互独立} \end{cases}$$

在此条件下可得到关于回归系数的最小二乘估计及σ^2估计的进一步结果,如它们分别是回归系数及σ^2的最小方差无偏估计等,并且可以进行回归的显著性检验及区间估计。

(4) 为了便于数学上的处理,通常要求样本量n多于自变量的数量p,即$n>p$。

统计推断的进一步阅读

利用线性回归模型经常研究的问题有:(1) 根据观测样本对模型的回归系数以及σ^2进行估计;(2) 对回归方程及回归系数的假设进行检验;(3) 使用回归方程对因变量进行预测以及对实际问题进行结构分析,有时候也需要对自变量进行控制分析。

回归分析建模的过程如图1-3:

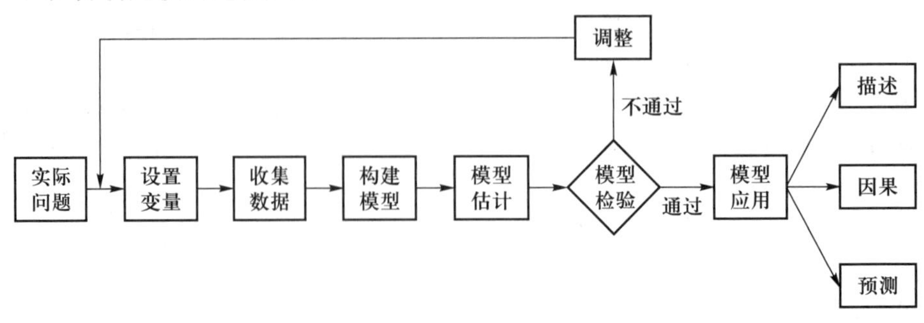

图1-3 回归分析建模过程

1.4 回归分析的基本概念

为了更好地介绍回归分析中的一些基本概念,青原博士模拟产生了包含两个变量 x 和 y 的数据,如表 1-1 所示,通过构建简单的线性回归模型来展示相关的概念。

表 1-1　x 和 y 的观测值

序号	x	y
1	69. 2	9. 9
2	50. 6	4. 4
3	28. 2	1. 3
4	61. 7	8. 0
5	50. 6	6. 6
6	36. 8	4. 1
7	17. 5	2. 6
8	11. 9	1. 7
9	19. 6	3. 5
10	41. 2	8. 2
11	28. 6	6. 0
12	69. 2	12. 8

1.4.1　相关分析

变量之间具有一定的相关关系是建立回归模型的良好基础。一般使用**相关系数**(correlation coefficient)***r*** 衡量两个数值型变量间的关系强度,计算公式如下:

$$r=\frac{\sum_{i=1}^{n}(x_i-\bar{x})(y_i-\bar{y})}{\sqrt{\sum_{i=1}^{n}(x_i-\bar{x})^2\sum_{i=1}^{n}(y_i-\bar{y})^2}}$$

式中,$(x_1,x_2,\cdots,x_n)$和$(y_1,y_2,\cdots,y_n)$分别为变量 x 和 y 的观测值,$\bar{x}$ 和 $\bar{y}$ 是相应的均值。r 取值$[-1,1]$。两个变量相关系数 r 的绝对值越大,说明两变量之间的相关性越强。

一图胜千言。我们还可以通过**散点图**(scatter plot)对两个变量的相关关系获得图形的直观印象,以确定是否可以使用回归模型。散点图是以自变量为横轴(x 轴),因变量为纵轴(y 轴)的一个图,图中每一个点代表一组观测值。

例 1.1　对表 1-1 的 x 和 y 计算相关系数,画出散点图。

x 和 y 的相关系数为 0. 8574,这意味着两变量有很强的相关性。

```
>x=c(69.2,50.6,28.2,61.7,50.6,36.8,17.5,11.9,19.6,41.2,28.6,69.2)
>y=c(9.9,4.4,1.3,8.0,6.6,4.1,2.6,1.7,3.5,8.2,6.0,12.8)
```

```
>cor(x,y)
[1]0.8574039
>plot(x,y)
```

散点图 1-4 表明,x 越高,y 也越高。图中点的趋势说明这两个变量间确实存在一定的关系,支持了从数据表所得出的两个变量有很强的线性相关性的结论。散点图还提示我们可以使用回归模型探索 x 和 y 之间的关系。另外,这些点散布在从左下角到右上角的区域,说明这两个变量是正相关的。而在一个两变量负相关的散点图中,点将散布在从左上角到右下角的区域。

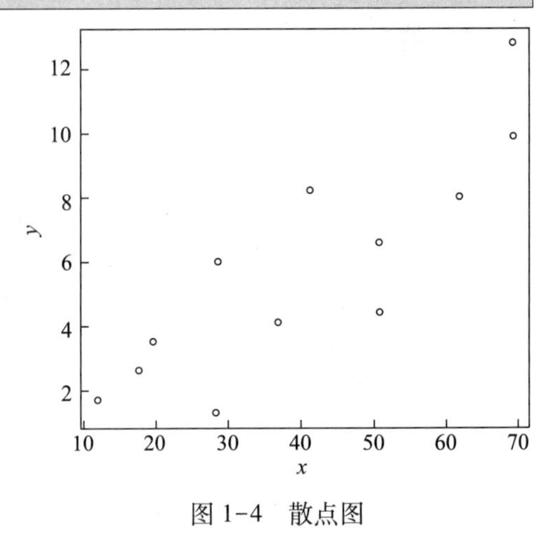

图 1-4　散点图

1.4.2　参数估计

如果相关分析和散点图都显示出变量 x 和 y 之间有较强的相关性,那么我们可以建立 x 和 y 的线性回归模型。我们可以使用最小二乘估计或极大似然估计得到参数 β_0 和 β_1 的估计 $\hat{\beta}_0$ 和 $\hat{\beta}_1$,由此得到的直线 $\hat{y}=\hat{\beta}_0+\hat{\beta}_1 x$ 叫作**回归直线**(regression line)。因变量 y 上添加一个“帽子”成为 $\hat{y}$ 是为了强调基于该模型得到的 y 是一个估计值或预测值,而不是实际的观测值。

例 1.2　续例 1.1,计算 y 和 x 的一元线性回归模型的 β_0 和 β_1 的参数估计。

使用函数 lm()进行如下的线性回归分析。[①] 下面的命令得到 $\hat{\beta}_0=-0.3076$,$\hat{\beta}_1=0.1501$。于是得到一元线性回归模型如下:

$$\hat{y}=-0.3076+0.1501x$$

```
>lm(y~x)
Call:
lm(formula=y~x)

Coefficients:
(Intercept)          x
-0.3076         0.1501
```

回归模型意味着,如果 x 增加或减少 1000,那么相应的 y 将平均增加或减少 150.1。说“平均”是因为数据点 (x,y) 并不恰好落在回归直线上。对于一个具体的数据点,y 的改变量将多于或少于 150.1。但是对于许多数据点而言,x 相差 1000,y 将平

① 函数 lm()里面的参数是模型方程,波浪号(~)读为“通过……来描述”。函数 lm()可以处理比简单线性回归复杂很多的模型。在本书,我们将经常使用该函数。

均相差 150.1。因此,回归方程比相关系数提供了更多的信息,它用一种很简洁的形式总结了两变量间的关系。

我们将回归线添加到散点图中,得到图 1-5。这可以使用函数 abline()实现,abline 就是(a,b)-线段的意思,这个函数根据截距 a 和斜率 b 画一条直线。也可以直接在 abline()中输入指定的截距和斜率等数值参数。

```
>abline(lm(y~x))#或 abline(-0.3076,0.1501)
```

我们可以发现这条线穿过这些点的中心(40.425,5.758)。就像均值很好地代表了一个变量的数据一样,这条直线很好地代表了两个变量的数据。如果擦去点而只保留直线,我们仍然可以很清楚地了解 x 和 y 的相关性。和这些点之间有正相关性一样,这条直线从图的左下角到右上角有一个正的斜率。直线越陡(即斜率越大),x 的单位变化所导致的 y 差异就越大。如果回归直线继续往左下角延伸,将于 y 轴相交于-0.3076 处。

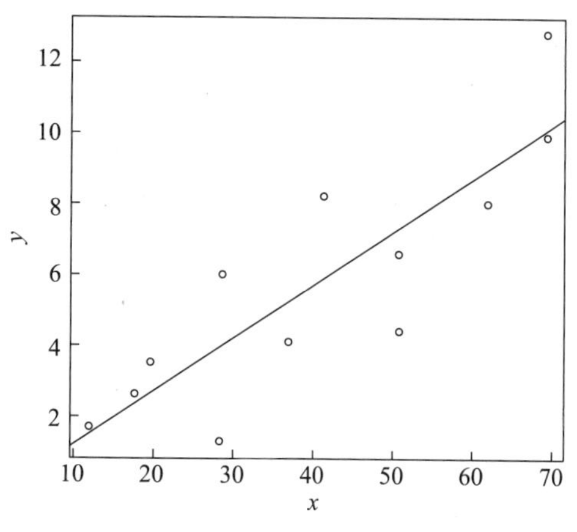

图 1-5 添加了回归直线的散点图

注意到在散点图 1-5 中,并非所有的点都正好落在回归直线上。实际上,得到完全的预测往往是不可能的。因此,需要找到一种方法,衡量基于 x 得到的 y 的预测值的精确度,或者衡量估计值可能会有多不准确。这一衡量方法就是计算估计的标准误:

$$\hat{\sigma}=\sqrt{\frac{\sum_{i=1}^{n}(y_i-\hat{y}_i)^2}{n-2}}$$

估计的标准误用于度量观测值相对于回归直线的离散程度。如果标准误很小,就意味着回归直线是数据的代表;如果标准误很大,则意味着回归直线也许不能代表数据。

对于上面的例子,summary(lm(y~x))输出结果中显示了估计的标准误为 1.887。如何解释 1.887 呢? 它是我们使用这一模型预测因变量的典型"误差"。首先,它的单位与因变量相同。其次,如果误差 ε 服从正态分布,那么大约 68% 的残差应该在±1.887 之间,大约 95% 的残差应该在±2×1.887 之间(或者±3.774)之间。

1.4.3 模型评价

除了受自变量 x 影响外,因变量 y 还受其他变量的影响。这些其他变量统称为**残差变量**(residual variable)。残差变量包含了除 x 以外其他所有变量对 y 的效应。图 1-6 中的两个箭线表示自变量 x 和残差

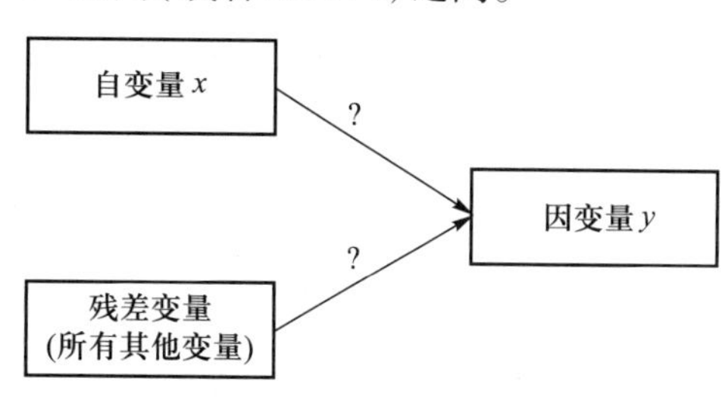

图 1-6 自变量 x 和残差变量对因变量 y 的效应

变量均对因变量 y 有影响,而箭线上方的问号表示我们并不知道自变量 x 和残差变量对因变量 y 的影响程度。那么,如何度量 x 和残差变量对 y 的影响呢?

对于因变量 y 而言,存在下面的平方和分解公式:

$$\sum_{i=1}^{n}(y_i-\bar{y})^2=\sum_{i=1}^{n}(\hat{y}_i-\bar{y})^2+\sum_{i=1}^{n}(y_i-\hat{y}_i)^2$$

式中,y_i 是观测值;$\bar{y}$ 是所有 y_i 的均值,这是不使用任何自变量对因变量 y 的好的预测;$\hat{y}_i$ 是使用回归方程得到的 y_i 的预测值,反映了自变量对因变量的综合作用。

我们将 $\sum_{i=1}^{n}(y_i-\bar{y})^2$、$\sum_{i=1}^{n}(\hat{y}_i-\bar{y})^2$、$\sum_{i=1}^{n}(y_i-\hat{y}_i)^2$ 分别称之为**总平方和**(total sum of squares,TSS)、**回归平方和**(explained sum of squares,ESS)、**残差平方和**(residual sum of squares,RSS)。因此,我们可以用回归平方和占总平方和的比值来反映自变量对因变量的解释能力,这就是回归模型的判定系数 R^2,$1-R^2$ 就反映了残差变量贡献的效应比例。R^2 的计算公式如下:

$$R^2=\frac{\sum_{i=1}^{n}(\hat{y}_i-\bar{y})^2}{\sum_{i=1}^{n}(y_i-\bar{y})^2}=1-\frac{\sum_{i=1}^{n}(y_i-\hat{y}_i)^2}{\sum_{i=1}^{n}(y_i-\bar{y})^2}$$

例 1.3 续例 1.1,计算 $\sum_{i=1}^{n}(y_i-\bar{y})^2$、$\sum_{i=1}^{n}(\hat{y}_i-\bar{y})^2$、$\sum_{i=1}^{n}(y_i-\hat{y}_i)^2$ 以及 R^2。

对于例 1.1 得到的一元线性回归模型,使用下面的命令,我们得到回归平方和为 98.883,残差平方和为 35.626,进而得到总平方和为 134.509。

```
>anova(lm(y~x))
Analysis of Variance Table

Response: y
          Df   Sum Sq   Mean Sq   F value   Pr(>F)
x          1   98.883   98.883    27.756    0.0003636 ***
Residuals 10   35.626    3.563
---
Signif. codes:  0 '***' 0.001 '**' 0.01 '*' 0.05 '.' 0.1 ' ' 1
```

将这三个平方和整理得到表 1-2。

表 1-2 三个平方和及比例

来源	平方和	比例
x	98.883	0.7351404
残差	35.626	0.2648596
总计	134.509	1.000

由表 1-2 可以发现,自变量对总平方和或总效应贡献了 0.7351404 或者 73.51404%,即 $R^2=73.51404\%$。而残差变量贡献了 0.2648596 或者 26.48596%,即 $1-R^2=26.48596\%$。

所以，自变量 x 对因变量 y 的效应比残差变量的效应大得多。

因此，判定系数 R^2 说明自变量 x 对因变量 y 的影响的大小，点离回归直线越近，残差平方和越小。进一步地，对只包含两个变量的情况，R^2 等于变量的相关系数的平方 r^2，即 $r^2=0.8574039^2=0.7351414$（由于舍入误差，结果与表 1-2 数值略有差异）。在实践中，得到变量的相关系数后立即计算它的平方 r^2。r^2 告诉我们自变量对于因变量的效应占总效应的比例，而 $1-r^2$ 是残差变量占总效应的比例。

1.4.4 模型检验

样本数据中因变量 y 和自变量 x 之间有一定的关系，但对于 y 和 x 所在的总体，这两个变量间是否也有类似的关系呢？由于抽样的随机性，通过样本得到的斜率和截距会与真实值有一定的差距。在实践中，人们最关心的是对参数的零假设 $\beta=0$ 做检验。如果斜率 $\beta=0$，则意味着回归线是水平的，y 的分布与 x 的取值没有关系。因此，样本数据得到的结论是否能推广到总体，我们可以通过检验总体中有没有相关性的零假设来实现。

我们可以用样本回归系数 $\hat{\beta}_1$ 或样本相关系数 r 来检验零假设，它们都得到相同的 t 统计量值。从得到的 t 统计量的值或者计算的 p 值都可以对零假设下结论。p 值是从变量没有关系的总体中抽取样本数据得到更加极端的数据的概率。

例 1.4 续例 1.2，对例 1.2 的一元线性回归模型进行检验。

回归模型的参数估计结果如表 1-3 所示。其中，$\hat{\beta}_1=0.1501$，相应的 $t=5.268$。此时的 p 值为 0.000364。这个 p 值是从变量没有关系的总体中抽取样本而得到一个 t 统计量的绝对值大于 5.268 的样本的概率。这意味着，如果总体中的两变量无关，在 10^4 个不同样本中才能得到 3.64 个 $|t|>5.268$ 的样本，仅仅由于偶然而出现观测到的或更极端的样本几乎不可能。因此，我们拒绝因变量 y 和自变量 x 之间无关的零假设。

表 1-3 一元线性回归的参数估计

模型	系数	标准误差	t 值	Pr(>|t|)
（截距）	−0.30762	1.27380	−0.241	0.814051
x	0.15005	0.02848	5.268	0.000364***

a. 因变量：y。

b. Signif. codes: 0 '***' 0.001 '**' 0.01 '*' 0.05 '.' 0.1 ' ' 1。

除了可以从斜率 $\hat{\beta}_1$ 或相关系数 r 得到 t 统计量外，还可以基于表 1-2 的第三个方法进行假设检验。把表 1-2 再加上四列得到表 1-4。实际上，这就是回归分析结果里面的方差分析（ANOVA）表。基于该表可以计算一个 F 统计量，从而利用 F 值检验零假设。

表 1-4 方差分析（ANOVA）表：用 F 统计量检验零假设

来源	平方和	比例	自由度	均方	F 值	p 值
x	98.883	0.7351404	1	98.883	27.756	0.0003636***
残差	35.626	0.2648596	10	3.563		
总计	134.509	1.000	11			

Signif. codes: 0 '***' 0.001 '**' 0.01 '*' 0.05 '.' 0.1 ' ' 1。

标有“均方”的那一列是由每个平方和除以它们相应的自由度得到的。由于回归平方和只有一个自由度，因此其均方还是 98.883。残差均方为 3.563 = 35.626/10。然后用回归的均方除以残差的均方就得到 $F = 27.756 = 98.883/3.563$。它有两个自由度，分别为 1 和 10。最后，得到 $F \geqslant 27.756$ 的概率为 0.0003636，所以拒绝零假设。我们注意到 F 统计量的 p 值等于 $t \leqslant -5.268$ 的概率加上 $t \geqslant 5.268$ 的概率。所以，F 统计量的 p 值等于 t 统计量的双边 p 值。

综上所述，因变量 y 和自变量 x 之间确实存在统计关系。但是，要确定二者之间的因果关系还需要从变量的理论背景知识上去论证。

1.4.5 预测

如果模型通过了检验，那么如果知道了自变量 x，我们就可以用上述分析得到的模型来预测因变量 y 的值。把自变量的值代入回归方程就得到因变量的拟合值或预测值。需要注意的是，如果使用构建模型的 x 值预测 y 值，称之为回归值或拟合值。如果使用未来的 x 值预测 y 值，称之为预测值。

例 1.5 续例 1.1，计算 x 值为 100 时因变量 y 的预测值。由于 100 不是构建模型的 x 值，这里就是预测 y。

将 x 值 100 代入 $\hat{y} = -0.3076 + 0.1501x$，得到 y 的预测值为 14.7024（$-0.3076 + 0.1501 \times 100$）。类似可以得到其他 x 值的 y 的预测值。

1.5 回归分析的数据收集

变量与数据

统计学发展的基础是数据，数据的改变促使统计方法不断发展与更新。因此，数据不仅是统计方法产生的基础，也是统计方法应用的场景。在确定研究问题后，我们就需要收集与问题相关的数据。通常，可以从下面几个方面获得数据：(1) 来自公开发表资料中的数据；(2) 实验设计数据；(3) 调查数据；(4) 观测数据；(5) 大数据。

首先，很多政府机构、研究机构已经收集整理了大量可供分析的数据，我们可以很方便地获得所需数据。例如，如果想要研究我国居民人均消费情况，可以从《中国统计年鉴》或者国家统计局网站 http://data.stats.gov.cn/index.htm 里面找到数据。一般来说，现有统计资料的主要来源有以下几个方面：(1) 各种统计年鉴；(2) 国家统计局、国研网等网站；(3)《中国经济数据分析》《经济预测分析》等期刊。

其次，实验是检验变量间因果关系的一种方法，我们可以设计合理的实验以获取实验数据（experimental data）。实验数据就是指在实验中控制实验对象而收集到的变量数据。实验需要实验组和对照组。实验组（experimental group）是指随机选择的实验对象的子集，实验组中的个体要接受对照组所没有的某种特殊待遇。对照组（control group）是指实验对象中一个被随机选择的子集，其中的个体没有特殊待遇。例如，给一组农作物施肥，另外一组不施肥。研究者这样做的目的是试图控制某一情形的所有相关方面，分析少数感兴趣的变量，观察实验结果。因此，研究者控制了土壤的成分，可以测量增长率、成活率等变量。如果没有对照组，就没有办法确定这样的操作或

实验设计的一个例子

是某些其他变量是否产生了作用。一个合理设计的实验会比不控制的实验得到更多的信息。

第三,实施调查获得调查数据(survey data)。在调查中,研究者对一部分人询问一些问题,并记录答案。例如,读者对统计学教材的编写有什么建议呢?为了回答这个问题,我们需要对读者进行调查。被调查者在过去一个学年中通过上课或自学方式至少使用过一个学期的统计学教材。调查可以通过问卷、电子邮件、电话访问或者面对面的方式进行。

第四,通过对世界的观察(而没有操纵或控制它)可以获得大量的观测数据(observational data)。在观察研究中,研究者对实验个体进行观察并记录所关心的变量。基于观测数据的研究内容是多种多样的。比如考察企业的运作,人类和动物在正常状态下的行为。与实验设计不同,在观察研究中,研究者不对实验个体进行任何控制。

常见的大数据

最后,在互联网+时代,数据的形式和内涵也在不断地变化和发展,我们可以观测到大量的数据,大数据(big data)应运而生。大数据又称为巨量数据、海量数据,是由数量巨大、结构复杂、类型众多的数据构成的数据集合。除了常规的观测数据、实验数据等传统数据,图、表、文字也被纳入大数据行列。大数据的特点可以用四个 V 来概括:(1) 数据量巨大(volume);(2) 数据类型繁多(variety),音频、视频、图片等非结构化数据越来越多;(3) 价值密度低(value),价值密度的高低与数据总量的大小成反比;(4) 处理速度快(velocity),这是大数据区别于传统数据挖掘最显著的特征。

数据收集后,我们还需将数据转为适当的格式,通常以表格形式输入到计算机中,以便进行分析。本书主要基于结构化数据介绍各种回归方法。表 1-1 就是一个典型的结构化数据。在该表中,每一列代表一个变量,每一行代表一个个体,如人、机构或其他我们收集数据的单元。为了计算机读取数据和后续分析的方便,我们经常把定性指标转化成数字。比如,性别变量的两个取值是“女”或“男”,因此,“女”用任意数字(比如 0)代替,“男”用其他的数字(比如 1)代替。而“态度”变量可以用三个等级数 1,2 和 3 分别表示反对、中立和赞成。

1.6 回归分析的方法体系

本书以数据为基础,以需求为导向,按照回归分析的本质特征阐述各种回归建模方法,试图将常规的回归分析方法与现代的机器学习模型、人工神经网络模型统一在大回归建模的框架下。为了实现这个目标,我们从数据和问题出发,根据数据的特点和类型逐步介绍各种回归建模方法,并适当对其优点和不足进行评述,让读者更好地感受模型是如何拟合数据并解决实际问题的。然而,我们在实践中不能为了方法论方法,不能因为斧子漂亮就为它专门寻找适合的树来砍,也许这棵树可能根本就不是我们需要的。解决问题是我们使用和改进统计模型的唯一原因。

本书首先介绍了正态因变量的参数化回归建模方法,其中最简单的回归模型是一元线性回归模型(见第 2 章)。随着关注的影响因素越来越多,多元线性回归模型应运而生(见第3章)。实际上,回归分析经常受到墨菲法则(Murphy's Law)——"该出错的终将要出错"的磨砺。正因为如此,我们在第4、5、6章,给读者一一阐述在回归分析中可能遇到的各种问题(如模型假设是否违反、自变量的共线性、相关误差、线性模型是否合适等问题)以及解决这些问题的方法。当数据的关系比较复杂时,对相同的数据使用不同的方法往往可以获得多个模型,我们可以使用第7章介绍的 R_a^2、C_p 和 AIC/BIC 等各种择优标准以及逐步回归方法,帮助我们获得最优模型。标准之类的模型选择方法可能会忽略数据自身的特点,因此我们也可以基于数据自身的特点使用第8章介绍的收缩方法获得最优的模型。

接下来,针对因变量的非正态性或其他问题介绍了一些复杂的回归方法。在第9章,我们介绍了非线性模型。对于一些非线性模型,我们可以通过对因变量和/或自变量的变换将非线性转变为线性,也可以通过增加二次项或交叉乘积项,更好地刻画变量之间关系的某些预期特征。在一般情况下,难以精确线性化的非线性模型就需要予以特别的考虑。此时可以使用非线性回归模型的参数最小二乘估计的计算方法,如 Gauss-Newton 算法和 Newton-Raphson 算法。第10章介绍的广义线性模型可以将正态因变量扩展到指数族分布,从而处理范围更广的数据。线性回归和非线性回归都是参数回归方法,其模型形式已知,只是其中的参数待定。参数回归的最大优点是回归结果可以外延,但其缺点也不可忽视,就是回归形式一旦固定,就比较呆板,往往拟合效果较差。

当过去的经验较少时,非参数方法特别有用。与参数回归一样,非参数回归的基本目的是要消除随机误差的影响,寻找出因变量与自变量之间的统计规律。与参数化方法不同之处在于,非参数回归的模型形式未知,模型外推比较困难,但是拟合效果却比较好。第11章介绍了几个广泛使用的非参数回归方法,包括核估计、局部回归、样条、小波、加法模型等,这些非参数方法分别刻画了变量之间统计规律的不同侧重点。

随着大数据的不断涌现,人们不断放宽回归模型的假设,除了以公式为核心的常规回归模型,以算法为核心的深度学习模型也需要逐步纳入回归分析的范畴。以决策树、随机森林、AdaBoost 等为代表的机器学习模型以及以卷积神经网络、循环神经网络为代表的深度学习模型一一出现,大大增强了回归分析对大数据的适应能力。这些模型一个重要的特征是放弃了对总体进行分布的假定,甚至也不需要得到明确的模型或公式,只依赖于先进的算法刻画变量之间的回归关系。我们在第12章和第13章以回归分析的视角分别介绍了机器学习回归模型与人工神经网络模型。对于以预测为目标的更大和更复杂的数据集,这些模型能够更灵活地适应数据,对于预测也很容易解释,而且成功使用它们只需要很少的专业知识。尤其是神经网络模型通过添加更多的隐藏层获得深度学习模型,可以构建从相对简单的模型到适用于复杂结构的大型数据集的模型。

高质量的数据是高质量的回归建模的重要保障。在第14章中,我们对数据中经常出现的缺失数据以及处理方法进行了介绍。

本书的大回归方法体系可以用图1-7来展示:

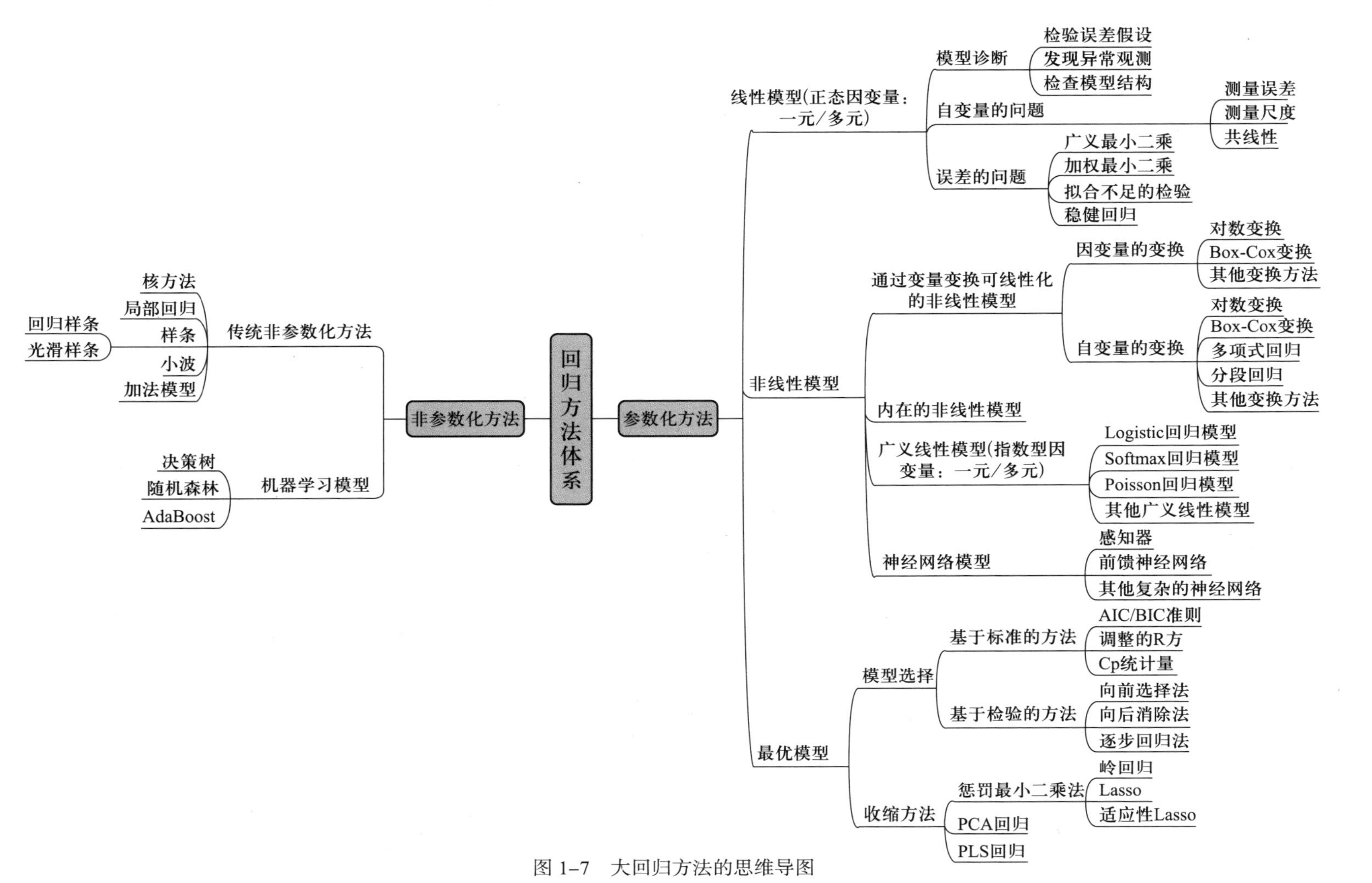

图 1-7　大回归方法的思维导图

英国统计学家George E. P. Box曾说："All models are wrong, but some are useful"。(所有的模型都是错的,但是有一些是有用的)在实际问题中,我们可能会因为将本书介绍的这些方法用于"真实的"数据,却无法得到明确的结果而感到沮丧,甚至运用回归模型可能会产生损失。这样的情况似乎是难以避免的。但这也不是毫无可取之处。不合适的衣服可以帮助我们了解自身的特点,不合适的统计方法或模型也可以帮助我们了解模型为什么不合适,模型错到什么程度。对这些问题的回答可以帮助我们更了解数据。毕竟实践是检验真理的唯一标准。

在大数据时代的滚滚浪潮中,统计学家是攀登数据科学顶峰的重要力量。我们都是统计之路上的追梦人,为数据选择合适的统计方法,努力提取数据中的信息、知识和智慧。即使走错了路,也会积累经验与教训。毫不夸张地说,人类的一切经验都来自统计,只有不断地总结成功的经验与失败的教训,不断地努力攀登,才能达到成功。

1.7 R软件的使用简介

我们可以在网站 http://www.R-project.org 下载和安装 R 软件,包括 Windows、Linux 和 Mac OX 三个版本。该网站还提供了各种数据分析、数据挖掘的程序包以及相关的使用手册。R 中的程序包 package 包含了 R 数据、函数等信息。

由于本书介绍了许多回归建模方法,因此本书也使用了多个程序包。有一些程序包(如 base, datasets, stats, graphics)是 R 自带的,可以直接使用。还有一些程序包需要安装,可以使用 install.packages()安装和 library()载入程序包。我们也可以使用函数 help(packages="程序包名称")查看程序包的简短描述以及包中的函数名称和数据集名称列表。

1.7.1 R的数据读取与输出

数据量很小时,可以在 R 中直接输入。直接输入数据又分两种方式。第一种方式是使用函数 c(),输入的数据之间要用逗号分开。在例 1.1 中就是采用了函数 c()读取的数据,例如:

```
>y=c(9.9,4.4,1.3,8.0,6.6,4.1,2.6,1.7,3.5,8.2,6.0,12.8)
```

第二种方式使用函数 scan()。输入 scan()并按回车键后输入数据,数据之间用空格分开。输完数据之后再按回车键,表示数据录入结束。例如,使用函数 scan()读取例 1.1 的变量 y:

```
>y=scan()
1: 9.9 4.4 1.3 8.0 6.6 4.1 2.6 1.7 3.5 8.2 6.0 12.8
13:
Read 12 items
```

数据量很大时,一般需要从外部读取数据。我们可以使用 read.table()读取文本文件,使用 read. csv()读取 CSV 格式的文件。请注意,对于一般的 xls、xlsx 数据表,在读入 R 中前通常需要在 Excel 中把数据另存为 csv 文件。当然,R 中也可以直接读取 xlsx 文件,但是需要安装 xlsx 包,然后使用函数 read. xlsx2()读取数据。还可以使用函数 read. dta()读取 stata 数据,read. spss()读取 SPSS 数据等其他统计软件格式的数据。由于 R 只能读取 SAS Transport format(XPORT)的文件,所以需要把普通 SAS 文件(. ssd 和 . sas7bdat)转换为 Transport format(XPORT)文件,然后使用函数 read. xport()读取数据。读取其他格式的数据,要先安装和加载"foreign"程序包:install. packages("foreign");library(foreign)。

如果程序包已被加载进了 R 中,则该程序包的数据自动包含在其中。可以使用参数 package 来调用数据。例如,data(package="faraway")可以查看 datasets 程序包中有哪些自带的数据。如果想使用其中的 fat 数据,可以使用命令 data(fat,package="datasets")来读取数据。本书使用了程序包 faraway 中的很多数据。

得到分析结果后,可以使用函数 write. table()或 write. csv()写出纯文本格式或 csv 格式的数据文件。例如:

```
>write.table(y,"test.txt")#把数据写入文本文件
>write.csv(y,"test.csv")#把数据写入 csv 文件
```

关于 R 数据输入输出的详细信息请参考 *R data Import/Export* 手册。

1.7.2 数据的描述性分析

描述统计分析(descriptive statistics)也称为**探索性数据分析**(exploratory data analysis,EDA)。通过对数据进行描述性分析,可以决定选择何种回归建模方法。如果不对数据进行描述、简化和浓缩,那么我们可能难以得到感兴趣的信息。

1. 单变量数据的描述分析

对于数值型数据,我们通常关注数据的集中趋势和离散程度。用来描述集中趋势的统计量主要有均值、中位数和众数,这可以使用 R 的函数 mean()、median()、mode()分别得到。函数 summary()给出了主要的描述统计量,函数 quantile()可以得到 α 分位数。

用来度量数据离散程度的统计量主要有极差、四分位数间距、方差、标准差和变异系数。在 R 中可以使用函数 var()和 sd()分别得到方差和标准差。变异系数是标准差与均值的比值,可以使用 sd()/mean()得到。由于 range()得到的是数据的极大值和极小值,因此 diff(range())表示极大值和极小值的差。我们也可以用函数 IQR()获得稳健的四分位间距来描述离散程度。

例 1.6 续例 1.1,使用例 1.1 中变量 y 的数据来展示如何计算数据的集中趋势和离散程度。

首先使用下面的命令获得描述 y 集中趋势的统计量:

```
>mean(y)#求均值
[1] 5.758
```

```
>median(y) #求中位数
[1] 5.2
>mode(y) #求众数,需要对数值型变量的数据进行分组。因此,此处得不到众数
[1] "numeric"
>summary(y)#一次性获取极小值、极大值、均值、中位数以及上下四分位数
Min.    1st Qu.    Median    Mean    3rd Qu.    Max.
1.30    3.27       5.20      5.76    8.05       12.80
>quantile(y,probs=c(0,25,50,75,100)/100)#得到极小值、上下四分位数和极大值
   0%     25%     50%     75%     100%
1.300   3.275   5.200   8.050   12.800
```

通过以上的分析,我们可以知道 y 的平均值为 5.758,中位数为 5.2,上下四分位数分别为 3.275 和 8.050 等信息,从而大概了解 y 的集中状况。

接下来,我们使用下面的命令获得度量 y 的离散程度的统计量。

```
>diff(range(y)) #求极大极小值的差
[1] 11.5
>var(y) #求方差
[1] 12.23
>sd(y) #求标准差
[1] 3.497
>cv=sd(y)/mean(y)#变异系数
>cv
[1] 0.6073
>IQR(y)
[1] 4.775
```


通过以上的分析,我们可以知道 y 的标准差为 3.497、变异系数为 0.6073、四分位距为 4.775 等信息,从而大概了解 y 的发散状况。

均值和方差能很好地描述集中趋势和离散程度往往是基于数据正态分布的假设,而如果数据是长尾分布或有异常值时,这时用均值和方差就不能正确地描述集中趋势和离散程度。

对于连续型变量,可以使用**直方图**(histogram)、**核密度曲线**(kernal density curve)、**茎叶图**(stem-and-leaf plot)来观察变量的分布状况,从而判断变量是否服从某种分布类型,如正态分布。在 R 中作直方图的函数是 hist(),作茎叶图的函数是 stem()。

例 1.7 续例 1.1,对例 1.1 中的变量 y 分别作直方图、核密度曲线和茎叶图。

对变量 y 作直方图:

```
>hist(y,probability=T)#参数 probability=T 表示使用频率作直方图,否则使用频数作图
```

在 R 中还可以使用 rug()函数把各个数据竖线描绘在 X 轴上,结果如图 1-8 所示。

```
>rug(y)
```

我们还可以为其添加核密度曲线:

```
>lines(density(y))
```

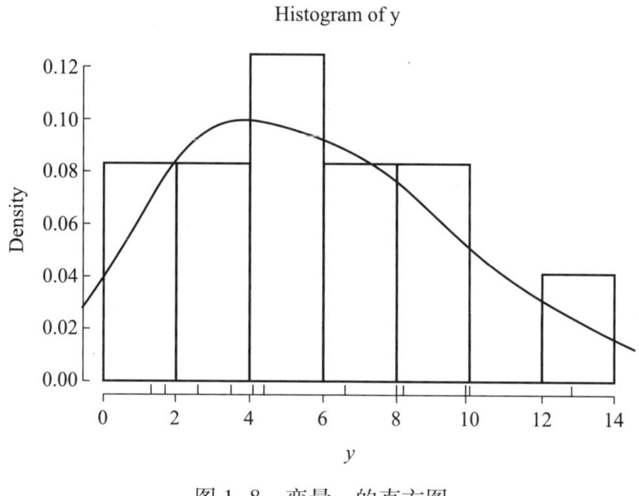

图 1-8　变量 y 的直方图

我们发现变量 y 呈现出右偏分布的形态。

对变量 y 作茎叶图:

```
>stem(y)
The decimal point is 1 digit(s) to the right of the |
0 | 123444
0 | 6788
1 | 03
```

可以看出,变量 y 主要集中在 10 以下。与直方图相比,茎叶图在反映数据整体分布趋势的同时还能准确反映出具体的数值大小,因此在小样本情况下优势非常明显。

我们也可以使用**箱线图**(boxplot graph)来反映数据分布的特征。在 R 中箱线图的函数是 boxplot(),其中的参数 horizontal = F 默认为垂直型,而 horizontal = T 则为水平型。

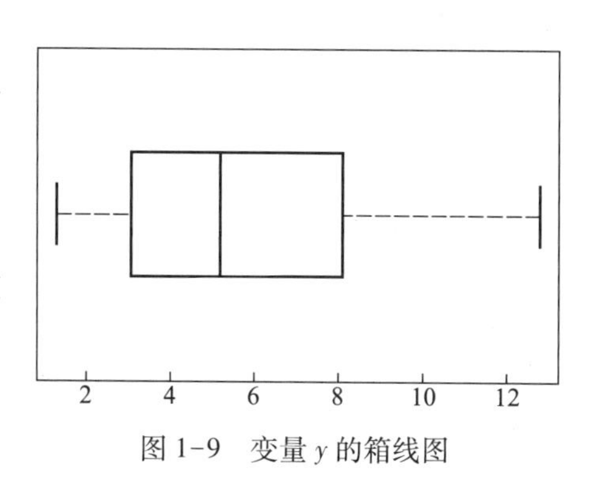

图 1-9　变量 y 的箱线图

例 1.8　续例 1.1,对变量 y 作箱线图。

我们继续画出变量 y 的箱线图,见图 1-9。

```
>boxplot(y,horizontal=T)#对 y 作水平型的箱线图
```

直方图侧重于对一个连续变量的分布情况进行考察，而箱线图更注重于勾勒变量的主要信息，包括极小极大值、上下四分位数以及中位数，并且适用于对多个连续变量同时考察或者对一个变量分组进行考察。参见后面多变量的箱线图 1-11。箱线图使用上比较灵活，应用更广泛。

对于分类数据，我们主要关注频数分布，这既可以用**频数表**(frequency table)来分析，也可以用**条形图**(barplot)和**饼图**(pie char)来描述。R 中的函数 table()可以生成频数表，函数 barplot()可以画条形图。条形图的高度可以是频数或频率，图的形状看起来一样，只是刻度不一样。对分类数据作条形图，需先对原始数据分组。函数 pie()可以画出饼图。

2. 多变量数据的描述分析

我们经常需要分析多个变量之间关系的情形。对连续变量间统计依赖关系的考察主要是通过**相关分析**(correlation analysis)或**回归分析**(regression analysis)来完成的。这里主要介绍相关分析，在本书后面的章节会陆续展开对回归分析的介绍。

相关关系可以使用统计数字进行刻画，比如 **Pearson 相关系数**(Pearson' s correlation coefficient)，**Spearman 秩相关系数**(Spearman rank correlation coefficient 或 Spearman' s ρ)以及 **Kendall τ 相关系数**(Kendall' s τ)。其中，Pearson 相关系数的检验需要假定总体为正态性，而 Spearman 秩相关系数和 Kendall τ 相关系数都是非参数方法，不依赖于变量背后的总体分布。

在 R 语言中求相关系数的函数是 cor()。cor()函数默认求的是 Pearson 相关系数。在 cor()函数中的选项"method ="进行设置，可以求 Spearman 秩相关系数(method = "spearman")和 Kendall τ 相关系数(method = "kendall")。

例 1.9 续例 1.1，计算例 1.1 中 x 和 y 的三种相关系数。

我们分别使用 cor(x, y, method = "spearman")得到 Spearman 秩相关系数为 0.8807，cor(x,y,method = "kendall")得到 Kendall τ 相关系数为 0.7385。前面已经得到 Pearson 相关系数为 0.8574。这三种相关系数的结果均说明，两个变量具有非常强的正相关。

我们还可以使用函数 plot()绘制 x 和 y 的散点图，来展现和分析两个数值变量之间的关系。图 1-4 就是变量 x 和 y 的散点图。从图中可以看出，两者之间有比较强的线性关系。

当要同时考察三个或三个以上的数值变量间的相关关系时，一一绘制它们之间的简单散点图就显得十分麻烦，而利用矩阵式散点图则比较合适，这样可以快速发现多个变量间的主要相关性。这一点在多元线性回归中显得尤为重要。R 作散点图矩阵的函数是 pairs()。

例 1.10 我们收集了 2017 年我国各地区人均消费的数据，具体数据见第 3 章的表 3-1。对其中的七个数值型变量绘制散点图矩阵，如图 1-10 所示。

```
>consumption=read.csv("E:/hep/data/consumption2017.csv",header=T)
>attach(consumption)
>pairs(consumption[,2:8],gap=0,cex.labels=0.9)
```

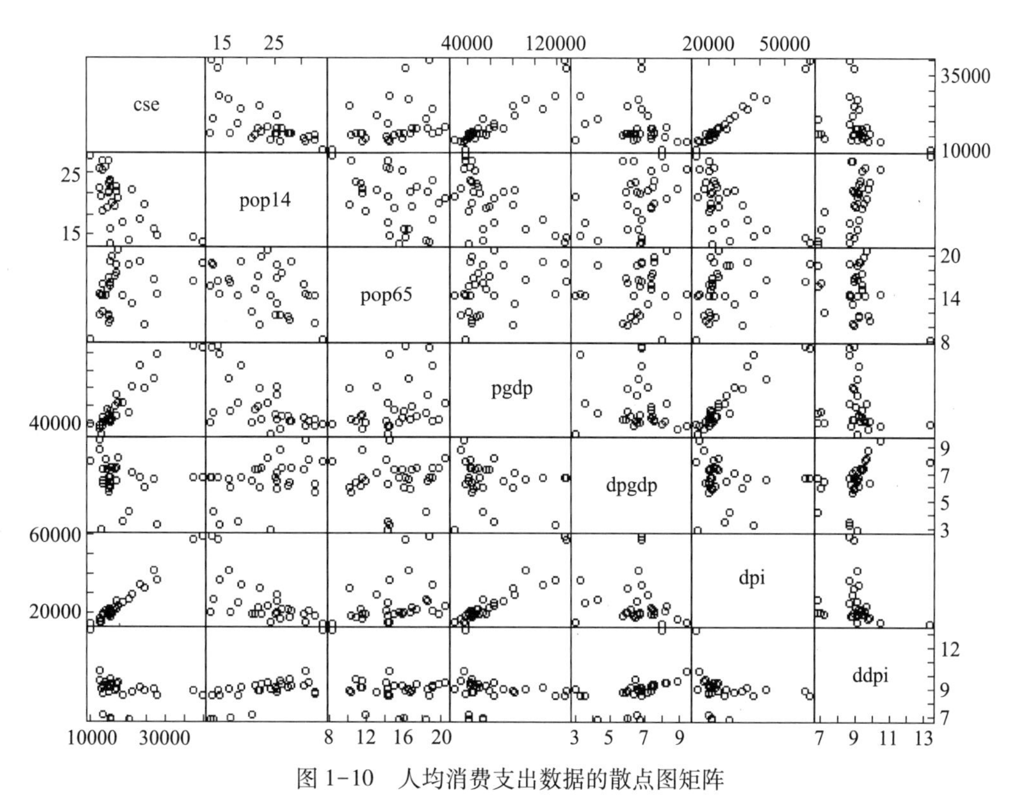

图 1-10 人均消费支出数据的散点图矩阵

对于多变量数据,我们也可以使用箱线图来分析各个变量的分布情况。

例 1.11 续例 1.10,对于 2017 年我国居民人均消费支出数据,绘制 7 个变量的并列箱线图。

由于 7 个变量的量纲不一样,我们首先对变量进行标准化,然后绘制并列箱线图。结果如图 1-11 所示。

```
>consumption=scale(consumption[,2:8],center=T,scale=T)
>boxplot(consumption)
```

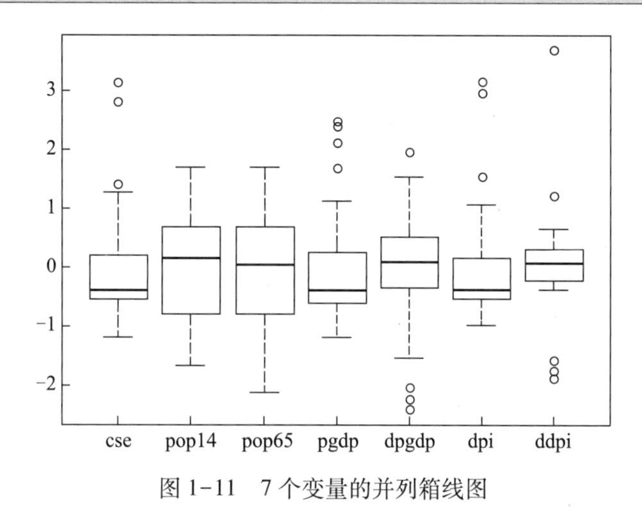

图 1-11 7 个变量的并列箱线图

1.7.3 基本的回归建模

基于前面的描述性分析与相关性分析,我们可以对相关程度高的变量建立线性回归模型。比如例 1.1 里,我们发现 y 和 x 有较强的相关关系,因此可以对 y 和 x 建立简单的线性回归模型。R 可以使用 lm()建立回归模型,命令如下:

```
>a=lm(y~x)#以 y 为因变量,x 为自变量建立一元线性回归
```

我们还可以使用 summary()查看回归结果,包括对系数的 t 检验以及对模型的 F 检验:

```
>summary(a)#回归结果(包括一些检验)
```

也可以把回归线添加到散点图中:

```
>abline(a,col="red")#或者 abline(lm(y~x),col="red")#散点图加拟合线
```

更多关于回归建模的 R 程序,我们会在后续章节中结合方法与数据逐步展开。

对以上 R 的命令,读者可以使用例 1.1 的数据或自己收集的数据逐一实现,以增加对 R 软件分析数据、建立回归模型的直观印象。

1.8 小结

回归分析依赖于分析者对数据图形展示的有效判断以及合理使用数据的背景知识的能力。在大量的数据呈现出规律之后,我们经常希望推断出数据背后蕴含着的统计关系?回归分析的主要目标是用最简单的结构和尽可能少的参数来概括大量数据所包含的主要信息。在这一章中,我们介绍了回归分析的基本模型以及使用回归模型的三个观点,扼要地阐述了不同数据应使用的不同回归建模方法,并结合一项数据介绍了回归分析的基本概念。在确定好感兴趣的问题后,我们可以通过实验、调查或观测等多种方法获得与问题相关的数据,使用备受欢迎的 R 软件轻松地实现各种回归建模。进而,从数据里提炼有价值的信息、知识与智慧,指导我们的生活与工作。

练习题

1. 看看身边有什么事情可以用回归方法进行分析?
2. 可以使用什么方法来揭示两个数值型变量之间的密切程度?
3. 正方形的边长与周长的相关系数是多少?
4. 下列关系中有哪些可以建立回归模型?

(1) 某产品的销量与其价格;(2) 办公室的面积与工资;(3) 室外的温度与游泳馆的售票数量;(4) 人的年龄与他拥有的财富;(5) 曲线上的点与该点的坐标值;(6) 苹果的产量与温度;(7) 森林中的同一种树木,其断面直径与高度;

(8)学生与他(她)的学号。

5. 怎么理解估计的标准误?它反映了什么?

6. 怎么理解平方和公式?请进行推导。

7. 怎么理解 F 统计量?它反映了什么?

8. 什么是判定系数?它反映了什么?

9. 数据收集有哪些方法?

10. 观测研究与实验设计获取数据的主要不同之处是什么?

11. 请在网上或统计年鉴找一些数据,试一试简单的回归分析。

12. 读者可以使用例 1.1 的数据或自己收集的数据实现 R 的简单分析。

第2章

一元线性回归

目的与要求

(1) 掌握一元线性回归模型的基本原理,会进行参数的估计和假设检验;
(2) 掌握回归模型的检验和评价方法;
(3) 会使用回归模型进行预测;
(4) 掌握基本的回归建模流程;
(5) 掌握一元线性回归模型在R软件中的实现。

一元线性回归是最简单的回归模型,它对于寻找两个连续变量之间的关系很有用。通过一元线性回归模型,本章介绍了回归模型的参数估计、假设检验、模型评价等统计推断方法,使读者熟悉基本的回归建模流程。

2.1 基本模型

一元线性回归模型为:

$$y=\beta_0+\beta_1 x+\varepsilon$$

式中,β_0 和 β_1 为常数,称为回归系数或回归参数。截距 β_0 表示当 $x=0$ 时 y 的预测值,也是这条回归线与 y 轴的交点[①]。斜率 β_1 表示 x 每增加一个单位时 y 的增加或减少量[②]。ε 为误差或随机干扰。一般假设 ε 的均值为0,方差为 σ^2,这意味着不同观测值的方差均相同。

根据该模型,如果得到 (x,y) 的 n 组观测值,那么对于每一个观测值 (x_i,y_i) 就有:

---

① 若 $x=0$ 是无意义的或者在样本值区间以外,那么这个预测值也是无意义的。
② 这个解释仅当 x 的值在样本数据区间内时才是有效的。

$$y_i=\beta_0+\beta_1 x_i+\varepsilon_i,\quad i=1,2,\cdots,n$$

式中,y_i 表示因变量 y 的第 i 个观测值,x_i 表示自变量 x 的第 i 个观测值,ε_i 表示误差。对于每个观测值,$\varepsilon_i=y_i-\beta_0-\beta_1 x_i(i=1,2,\cdots,n)$。

得到参数 β_0和 β_1估计的方法有很多,一种是最小二乘估计法(ordinary least squares,简称 OLS)。使得模型的残差平方和最小的 β_0和 β_1就是参数的最小二乘估计(OLS)。回归模型的残差平方和(residual sum of squares,RSS)为

$$S(\beta_0,\beta_1)=\sum_{i=1}^{n}\varepsilon_i^2=\sum_{i=1}^{n}(y_i-\beta_0-\beta_1 x_i)^2$$

使得 $S(\beta_0,\beta_1)$达到最小值的$\hat{\beta}_0$和$\hat{\beta}_1$满足下面的方程组:

$$\begin{cases}\dfrac{\partial S(\beta_0,\beta_1)}{\partial\beta_0}=-2\sum\limits_{i=1}^{n}(y_i-\beta_0-\beta_1 x_i)=0\\[2ex]\dfrac{\partial S(\beta_0,\beta_1)}{\partial\beta_1}=-2\sum\limits_{i=1}^{n}x_i(y_i-\beta_0-\beta_1 x_i)=0\end{cases}$$

整理得到正规方程组:

$$\begin{cases}n\beta_0+\beta_1\sum\limits_{i=1}^{n}x_i=\sum\limits_{i=1}^{n}y_i\\[2ex]\beta_0\sum\limits_{i=1}^{n}x_i+\beta_1\sum\limits_{i=1}^{n}x_i^2=\sum\limits_{i=1}^{n}x_i y_i\end{cases}$$

解之得参数 β_0和 β_1的最小二乘估计(OLS):

$$\hat{\beta}_1=\frac{\sum\limits_{i=1}^{n}(x_i-\bar{x})(y_i-\bar{y})}{\sum\limits_{i=1}^{n}(x_i-\bar{x})^2}$$

$$\hat{\beta}_0=\bar{y}-\hat{\beta}_1\bar{x}$$

式中,$\bar{x}=\sum\limits_{i=1}^{n}x_i/n$,$\bar{y}=\sum\limits_{i=1}^{n}y_i/n$ 称为样本均值。使用 R 软件里的函数 lm()可以得到参数的最小二乘估计。

注意到$\hat{\beta}_1$的表达式实际上为:

$$\hat{\beta}_1=\frac{\sum\limits_{i=1}^{n}(x_i-\bar{x})(y_i-\bar{y})}{\sum\limits_{i=1}^{n}(x_i-\bar{x})^2}=\frac{\sum\limits_{i=1}^{n}(x_i-\bar{x})(y_i-\bar{y})}{\sqrt{\sum\limits_{i=1}^{n}(x_i-\bar{x})^2}\sqrt{\sum\limits_{i=1}^{n}(y_i-\bar{y})^2}}\times\frac{\sqrt{\sum\limits_{i=1}^{n}(y_i-\bar{y})^2}}{\sqrt{\sum\limits_{i=1}^{n}(x_i-\bar{x})^2}}$$

$$=cor(x,y)\times\frac{\sqrt{\sum\limits_{i=1}^{n}(y_i-\bar{y})^2}}{\sqrt{\sum\limits_{i=1}^{n}(x_i-\bar{x})^2}}$$

因此,$\hat{\beta}_1$与 x,y 的相关系数 $cor(x,y)$有相同的符号,但是数量大小有所差异。直观上说,正或负的斜率意味着正相关或负相关。

使用最小二乘估计$\hat{\beta}_0$和$\hat{\beta}_1$得到的直线$\hat{y}=\hat{\beta}_0+\hat{\beta}_1 x$叫作**最小二乘回归线**。最小二乘

回归线总是存在的,因为我们总能找到一条使观测值到直线的竖直距离的平方和最小的直线。

极大似然估计法(maximum likelihood estimation,MLE)也是一种常见的参数估计方法。对于线性回归模型来说,要得到参数的极大似然估计,需要对模型做一个假设,即:

$$y \sim N(\beta_0+\beta_1 x,\sigma^2)$$

由此得到样本 y_i 的概率密度函数为:

$$p(y_i)=\frac{1}{\sqrt{2\pi}\,\sigma}\exp\left[\frac{1}{2\sigma^2}(y_i-\beta_0-\beta_1 x_i)^2\right]$$

因为 $y_1,y_2,\cdots,y_n$ 相互独立,所有样本观测值的联合密度函数为:

$$L(\beta_0,\beta_1,\sigma^2)=p(y_1,y_2,\cdots,y_n)=\frac{1}{(2\pi)^{\frac{n}{2}}\sigma^n}\exp\left[-\frac{1}{2\sigma^2}\sum_{i=1}^{n}(y_i-\beta_0-\beta_1 x_i)^2\right]$$

我们把 $L(\beta_0,\beta_1,\sigma^2)$ 称为**似然函数**(likelihood function),将该函数极大化即可得到模型的极大似然估计量。由于对数函数是单调递增的,所以一般把似然函数的极大化转为对数似然函数的极大化。对数似然函数为:

$$\begin{aligned}\ln[L(\beta_0,\beta_1,\sigma^2)]&=-\frac{n}{2}\ln(2\pi\sigma^2)-\frac{1}{2\sigma^2}\sum_{i=1}^{n}(y_i-\beta_0-\beta_1 x_i)^2\\&=-\frac{n}{2}\ln(2\pi)-\frac{n}{2}\ln(\sigma^2)-\frac{1}{2\sigma^2}\sum_{i=1}^{n}(y_i-\beta_0-\beta_1 x_i)^2\end{aligned}$$

然后对对数似然函数求极大值可以得到 β_0 和 β_1 的极大似然估计。在 R 软件里面可以使用 maxLik 包里的 maxLik() 函数求出模型参数的极大似然估计,但是,需要先写出模型的对数似然函数表达式。

我们发现对对数似然函数求极大值就等价于对 $\sum_{i=1}^{n}(y_i-\beta_0-\beta_1 x_i)^2$ 求极小值。因此,在满足基本假设的前提下,模型的极大似然估计与普通最小二乘估计是相同的。在后面没有特殊说明时,我们主要采用最小二乘估计。

2.2 数据描述

例 2.1 近年来,我国 GDP 已达到世界第二,人们的生活水平有了大幅度的提高。人们愿意为了美好生活而奋斗,不仅希望提高自己的衣、食、住、行的水平,也希望获得娱乐、文化生活的丰富。那么,我国辉煌的经济成就是如何影响居民的生活水平呢?人均消费支出常用来衡量一个国家或者地区的居民消费水平,人均可支配收入常用来衡量一个国家或者地区的居民收入水平。青原博士希望建立回归分析模型来探讨经济发展水平如何促进人均消费支出,从而改善人们的生活水平。青原博士在统计年鉴上收集了全国各地区 2017 年人均消费支出与人均可支配收入的统计资料,见表 2-1。表中的第一列为地区,第二列是居民人均消费支出(*cse*),第三列是人均可支配收入(*dpi*)。

表 2-1　居民人均消费支出与人均可支配收入的关系　　（单位：元）

地区	人均消费支出(*cse*)	人均可支配收入(*dpi*)
北京	37425.34	57229.80
天津	27841.38	37022.30
河北	15436.99	21484.10
山西	13664.44	20420.00
内蒙古	18945.54	26212.20
辽宁	20463.36	27835.40
吉林	15631.86	21368.30
黑龙江	15577.48	21205.80
上海	39791.85	58988.00
江苏	23468.63	35024.10
浙江	27079.06	42045.70
安徽	15751.74	21863.30
福建	21249.35	30047.70
江西	14459.02	22031.40
山东	17280.69	26929.90
河南	13729.61	20170.00
湖北	16937.59	23757.20
湖南	17160.40	23102.70
广东	24819.63	33003.30
广西	13423.66	19904.80
海南	15402.73	22553.20
重庆	17898.05	24153.00
四川	16179.94	20579.80
贵州	12969.62	16703.60
云南	12658.12	18348.30
西藏	10320.12	15457.30
陕西	14899.67	20635.20
甘肃	13120.11	16011.00
青海	15503.13	19001.00
宁夏	15350.29	20561.70
新疆	15087.30	19975.10

我们首先读取数据，对数据进行初步探索。

```
>consumption=read.csv("E:/hep/data/consumption.csv",header=T)
>attach(consumption)#将对象集添加到搜索路径
>cor(cse,dpi)#计算相关系数
[1] 0.9881424
>plot(dpi,cse,xlab="人均可支配收入",ylab="人均消费支出",xlim=c(15000,
60000),ylim=c(10000,40000))
```

对表 2-1 的初步探索显示：居民人均消费支出与人均可支配收入的相关系数 $r=0.988$。很明显，0.988 非常接近 1，这意味着二者有很强的线性相关性。散点图 2-1 表明，一个地区的人均可支配收入越高，居民人均消费支出也越高。图中这些点散布

在从左下角到右上角的区域,说明这两个变量是正相关的。这个图支持了两个变量有很强的线性相关性的结论,让我们相信这两个变量确实是相关的。散点图也提示我们确实可以使用回归模型探索居民人均消费支出与人均可支配收入之间的关系。

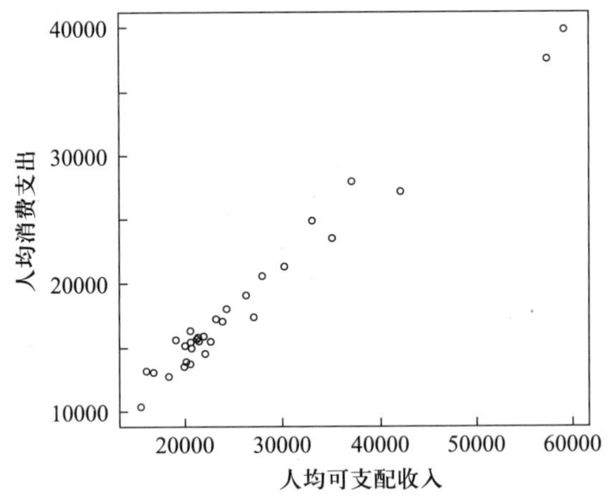

图 2-1　居民人均消费支出与人均可支配收入的散点图

2.3 模型估计

由于居民人均消费支出与人均可支配收入相关性较强,我们将以人均消费支出(*cse*)为因变量、人均可支配收入(*dpi*)为自变量建立一元线性回归模型。使用函数 lm()进行如下的线性回归分析:

```
>cse. lm=lm(cse~dpi)
>cse. lm
Call:
lm(formula=cse~dpi)

Coefficients:
(Intercept)          dpi
  1843. 1873      0. 6376
```

结果显示,截距项 β_0 的最小二乘估计为 $\hat{\beta}_0=1843.1873$,自变量 *dpi* 的系数 β_1 的最小二乘估计为 $\hat{\beta}_1=0.6376$。由此得到一元回归直线为

$$\text{居民人均消费支出}=1843.1873+0.6376\times\text{人均可支配收入}$$

或

$$cse=1843.1873+0.6376\times dpi$$

2.4 模型检验和评价

为了对模型进行检验,我们需要获得斜率和截距的分布。如果能对同一组 x_i 生

成许多组 y_i，获得$\hat{\beta}_0$ 和$\hat{\beta}_1$ 的分布，就可以得到$\hat{\beta}_0$ 和$\hat{\beta}_1$ 的**标准误**(standard error of estimate)$s.e.(\hat{\beta}_0)$和 $s.e.(\hat{\beta}_1)$。我们可以使用标准误来计算斜率的置信区间，也能够用 t 检验来判断斜率是否等于某一个特定值：

$$t=\frac{\hat{\beta}_1-\beta_1}{s.e.(\hat{\beta}_1)}$$

如果 β_1 的真实值为 0，那么这个统计量服从自由度为 $n-2$ 的 t 分布。

我们也能用一个类似的检验来检验截距是否为 0，不过这个假设一般没什么意义，因为没有理由让这条线一定经过原点。

上一节的一元回归模型输出结果中没有给出任何像显著性检验之类的其他信息，我们可以使用 summary()提取假设检验等更多的信息：

```
>summary(cse.lm)#或者 summary(lm(cse~dpi))
Call:
lm(formula=cse~dpi)

Residuals:
    Min        1Q    Median       3Q       Max
-1732.9    -895.6    164.3     547.6    2392.9

Coefficients:
              Estimate   Std. Error   t value   Pr(>|t|)
(Intercept)  1843.1873    513.8414     3.587    0.00121 **
dpi             0.6376      0.0184    34.657    <2e-16 ***
---
Signif. codes: 0'***'0.001 '**'0.01'*'0.05 '.'0.1 ''1

Residual standard error: 1065 on 29 degrees of freedom
Multiple R-squared: 0.9764,      Adjusted R-squared: 0.9756
F-statistic: 1201 on 1 and 29 DF,   p-value: <2.2e-16
```

这次的输出结果不仅给出了回归系数和截距，还给出了标准误、t 统计量和 p 值。可以发现 *dpi* 的 t 检验的 t 值为 34.657，相应的 p 值<2e-16，即 $p<2\times10^{-16}$，右上角有三颗星表示 t 检验非常显著。模型的截距项也是统计显著的，t 值为 3.587，相应的 p 值为 0.00121。一般来说，不显著的自变量应从模型中剔除，但是常数项不论显著与否，都应保留在模型中，除非有非常明确的理由才能剔除它，因为常数项反映了因变量的基准水平。

在参数的 t 检验中，一种经验方法是看 t 的绝对值是否大于 2，大于 2 就可认为该参数是显著的。此处的截距和斜率的 t 值分别为 3.587 和 34.657，都大于 2，因而截距和斜率的系数都是显著的。

输出结果也提供了对模型的评价。估计的标准误为 1065，它反映了使用这一模型预测因变量的典型“误差”。如果 ε 服从正态分布，那么大约 68% 的残差在 ±1065 之间，大约 95% 的残差在 $\pm2\times1065$ 之间(或者 ±2130)之间。

判定系数 R^2 和调整的 R^2(Adjusted R-Square,计算公式见第 3 章)分别为 0.9764 和 0.9756,表明自变量可以解释的因变量变异的比例非常高。而且,F 检验的 p 值<2.2e-16,这表明并非所有的回归系数都是零,线性模型是合适的。注意,在一元线性回归模型中,对模型的 F 检验与对自变量的 t 检验的结论是等价的。这是因为一元线性回归模型中 F 检验是 t 检验的平方,此处有 $1201 \approx (34.657)^2$。但是,如果自变量不止一个的时候,F 检验就不与 t 检验等价了,F 检验就变得更有意义了。

2.5 残差与回归值

得到一个显著的一元线性回归模型后,我们就可以计算回归值和残差。析取函数分别是 fitted() 和 resid()。由于样本量(31)较大,因此可以使用 head() 输出前 6 个值。

```
>head(fitted(cse.lm))#回归值
    北京        天津        河北        山西       内蒙古        辽宁
38332.66    25448.44    15541.36    14862.89    18555.97    19590.92
>head(resid(cse.lm))#残差
    北京        天津        河北        山西       内蒙古        辽宁
-907.3182   2392.9411   -104.3610   -1198.4468   389.5697    872.4476
```


函数 fitted() 返回的是回归值,即根据最佳拟合直线与给定的 x 值计算出来的 y 值。将人均可支配收入代入回归模型 $cse=1843.1873+0.6376\times dpi$ 就得到人均消费支出的拟合值。函数 resid() 显示的残差是 y 的观测值与回归值(拟合值)之差。

我们将回归线添加到图 2-1 上,并且通过 segments() 将观测值与对应的回归值连起来以显示残差,得到图 2-2。

```
>plot(dpi,cse,xlab="人均可支配收入",ylab="人均消费支出")
>lines(dpi,fitted(cse.lm))#或者 abline(cse.lm)或 abline(1843.1873,0.6376)
>segments(dpi,fitted(cse.lm),dpi,cse)#segments()的参数是两端端点的坐标
```

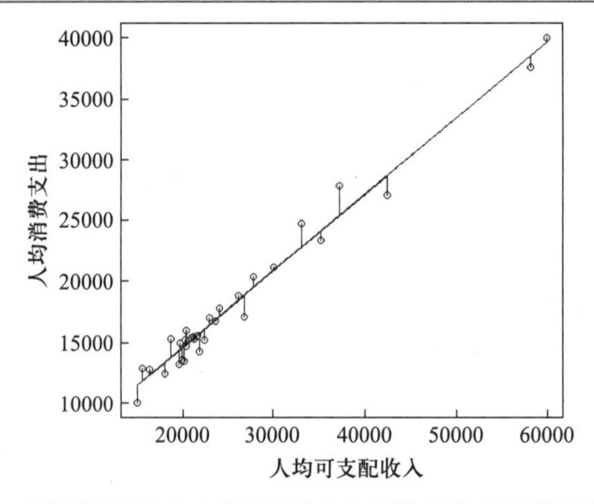

图 2-2　人均消费支出和人均可支配收入的散点图、回归线和残差线段

在前面已讨论了，除了回归直线，没有其他任何通过这些数据点的直线能使残差平方和更小。另外，回归直线将通过观测数据的均值点，即代表人均可支配收入均值和人均消费支出均值的点，在该例中 $\bar{x}=25923.39$，$\bar{y}=18371.83$。

一个简单的残差与回归值的散点图如图 2-3 所示。

```
>plot(fitted(cse.lm),resid(cse.lm))
```

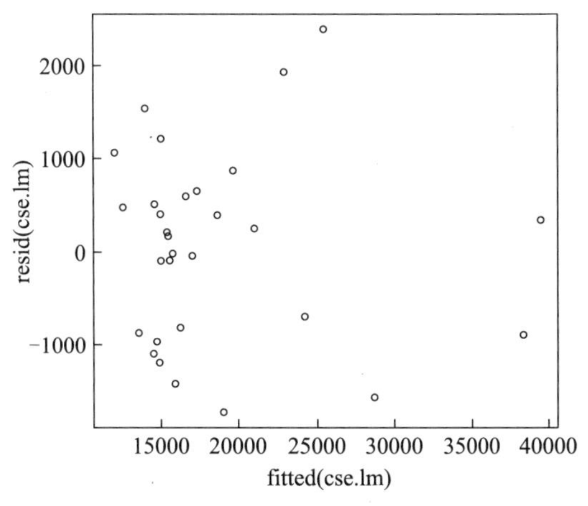

图 2-3 残差与回归值的散点图

我们也能通过残差 Q-Q 图的线性性来检验残差的正态性。从图 2-4 可以看出残差大致服从正态分布。

```
>qqnorm(resid(cse.lm))
>qqline(resid(cse.lm))
```

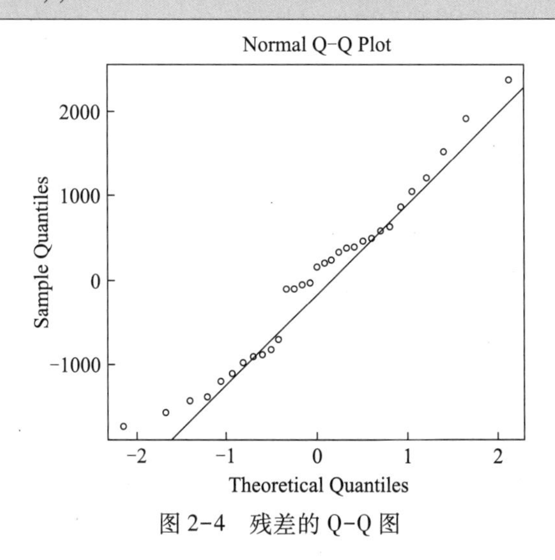

图 2-4 残差的 Q-Q 图

2.6 预测

如果对描述 y 和 x 关系的模型满意，我们就可以使用模型进行预测。有下面两种预测：

(1) 对于某一选定的自变量值 $x=x_0$，预测相应的因变量 y_0 的值。

此时预测值为：

$$\hat{y}_0=\hat{\beta}_0+\hat{\beta}_1x_0+\hat{\varepsilon}_0$$

一般认为$\hat{\varepsilon}_0$ 的预测值为 0。因而

$$\hat{y}_0=\hat{\beta}_0+\hat{\beta}_1x_0$$

注意到虽然$\hat{\varepsilon}_0$ 的预测值为 0，但是其方差的影响仍然存在，也就是说计算$\hat{y}_0$ 的标准误时需要考虑$\hat{\varepsilon}_0$ 的方差。因而，预测的标准误为：

$$s.e.(\hat{y}_0)=\hat{\sigma}\sqrt{\left[1+\frac{1}{n}+\frac{(x_0-\bar{x})^2}{\sum(x_i-\bar{x})^2}\right]}$$

预测值 y_0 的置信度为 $1-\alpha$ 的置信区间为

$$\hat{y}_0\pm t_{\frac{\alpha}{2}}(n-2)\times s.e.(\hat{y}_0)$$

(2) 对于某一选定的自变量值 $x=x_0$，预测因变量的均值 μ_0 的值。

此时预测值为：

$$\hat{\mu}_0=\hat{\beta}_0+\hat{\beta}_1x_0$$

与(1)的不同，估计的标准误不需要考虑误差的方差影响，因而为：

$$s.e.(\hat{\mu}_0)=\hat{\sigma}\sqrt{\left[\frac{1}{n}+\frac{(x_0-\bar{x})^2}{\sum(x_i-\bar{x})^2}\right]}$$

因此，μ_0 的置信度为 $1-\alpha$ 的置信区间为

$$\hat{\mu}_0\pm t_{\frac{\alpha}{2}}(n-2)\times s.e.(\hat{\mu}_0)$$

为了区别这两种情况下的置信区间，常称预测值 y_0 的置信区间为预测区间，称 μ_0 的置信区间为置信区间。假设我们要根据某行业管理人员的工作年限来估计他们的工资。如果我们要得到所有拥有 10 年工作经验的主管的平均工资水平的区间估计，就计算置信区间；如果我们要估计某一个指定的拥有 10 年经验的主管的工资，就计算预测区间。

从上面内容可以看出，均值 μ_0 的点估计和因变量的预测值$\hat{y}_0$ 是相等的。但是$\hat{\mu}_0$ 的标准误要小于$\hat{y}_0$ 的标准误，因此置信区间通常要比预测区间窄。这从直观上很容易理解，因为当 $x=x_0$ 时，预测一个观测值的不确定性要大于估计因变量均值的不确定性。隐含在因变量均值中的“平均”降低了估计的变异性和不确定性。

回归线通常与置信区间和预测区间一起展示。置信区间反映了这条回归线本身的不确定性。如果观测数量很多的话，这个边界会很窄，意味着这是一条比较准确的回归线。这个边界通常有明显的弧度，因为回归线在数据点阵的中心通常更准确。可以这样直观地理解：无论斜率是多少，在点 $\bar{x}$ 处的估计一定是 $\bar{y}$。而当 x 取值远离 $\bar{x}$ 值的时候就会让预测值的标准误增大，离 $\bar{x}$ 越远，这个增量就越大。预测区间包含了未来观测值的不确定性。在小样本情况下，预测区间也是有弧度的，因为它也反映了这条直线本身的不确定性，只不过这个弧度没有置信区间的那么明显。很显然，预测区间和置信区间十分依赖残差正态性以及方差齐性的假设，如果数据不太满足这些性质，最好不要用这个边界。

置信区间和预测区间

无论是否计算了置信区间与预测区间，我们都能够用函数 predict() 析取出预测值。如

果不加其他参数，就与前面的 head(fitted(cse. lm))输出结果一致，即它就只会输出回归值：

```
>head(predict(cse.lm))
       1        2        3        4        5        6
38332.66 25448.44 15541.36 14862.89 18555.97 19590.92
```

在函数 predict() 中加上参数 interval = "confidence" (int = "c") 或者 interval = "prediction" (int="p")，就能分别得到置信区间和预测区间：

```
>head(predict(cse.lm,int="c"))
       fit      lwr      upr
1 38332.66 37091.45 39573.86
2 25448.44 24876.22 26020.66
3 15541.36 15115.99 15966.72
4 14862.89 14420.27 15305.51
5 18555.97 18164.62 18947.32
6 19590.92 19193.16 19988.68
>head(predict(cse.lm,int="p"))
       fit      lwr      upr
1 38332.66 35825.72 40839.59
2 25448.44 23196.42 27700.46
3 15541.36 13322.10 17760.61
4 14862.89 12640.26 17085.52
5 18555.97 16342.98 20768.96
6 19590.92 17376.79 21805.05
Warning message:
In predict.lm(cse.lm,int="p"):
  predictions on current data refer to_future_responses
```

变量 *fit* 表示得到的期望值，在这里等于回归值（若新的 x 值超出了训练模型的 x 值范围外，此时它们不一定相等）。*lwr* 和 *upr* 分别是下界和上界，即对那些人均可支配收入如此取值的地区预测人均消费支出的边界。

将置信区间与预测区间加到散点图上的最好方法是通过函数 matlines()，它能将矩阵的每一列视为一个向量在 x 轴上画出来。

首先用合适的 x（这里是 *dpi*）生成一个新数据框，然后在新数据框上进行预测，得到图 2-5：[1]

① 首先画一个标准的散点图，为预测区间预留足够的空间，可以用 ylim=range(income,pp,na.rm=T)来设置。其中，函数 range 返回一个长度为 2 的向量，其中 pp 是传入参数的最大值和最小值。na.rm=T 表示在计算中忽略缺失值。注意，income 也是一个参数，以防大于预测区间的数据点被漏掉（虽然这个例子中没有出现）。最后画曲线，以 *dpi* 作为 x 值，同时把线段的类型和颜色设置得更容易察觉。

```
>pred. frame=data. frame(dpi=15000:60000)#用 dpi 值生成一个新的数据框
>pc=predict(cse. lm,int="c",newdata=pred. frame)#记录置信区间
>pp=predict(cse. lm,int="p",newdata=pred. frame)#记录预测区间
>plot(dpi,cse,ylim=range(cse,pp,na. rm=T),xlab="人均可支配收入",ylab="人均消费支出")
>pred. dpi=pred. frame$dpi
>matlines(pred. dpi,pc,lty=c(1,2,2),col="black")
>matlines(pred. dpi,pp,lty=c(1,3,3),col="black")
>legend('topleft',c("预测区间","置信区间"),lty=3:2,cex=0. 8)
```

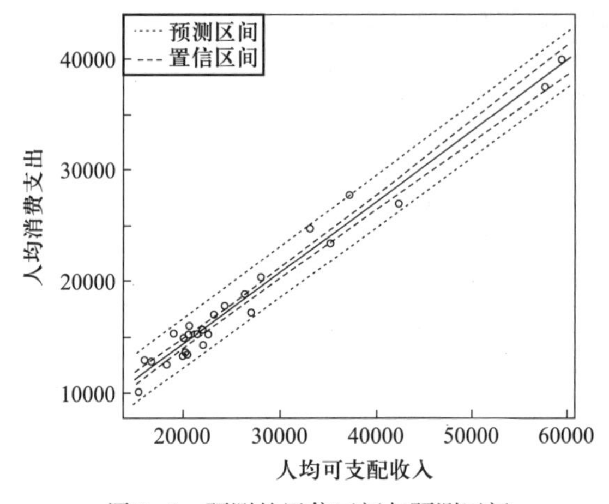

图 2-5　预测的置信区间与预测区间

通过上述建模过程以及相应的评价与检验,我们发现一个地区人均可支配收入越高,居民的人均消费支出也越高,地区的经济发展水平对于居民的生活水平确实具有重要影响。

2.7 小结

这一章对一元线性回归模型 $y=\beta_0+\beta_1x+\varepsilon$ 做了详细介绍。它是确定自变量 x 和因变量 y 之间关系的基础。一元线性回归模型是最简单的回归模型,也是最基本的模型,得到的结果在二维空间上就是一条直线。我们首先对模型做了介绍和解释,然后以 n 组观测值为依据,使用最小二乘法对参数进行估计。接着,我们结合数据对回归参数的检验、模型的评价以及因变量的拟合或预测等问题进行了讨论。

练习题

1. 求解一元线性回归模型的常用方法是什么?

2. 已知变量 x 与 y 线性相关，有 n 组独立的观测数据 $(x_1,y_1),(x_2,y_2),\cdots,(x_n,y_n)$，则 $y=\beta_0+\beta_1x+\varepsilon$ 的回归系数 $\hat{\beta}_1$ 为多少？它的含义是什么？

3. 已知变量 x 与 y 线性相关，二者建立的一元线性回归模型的回归系数 $\hat{\beta}_1$ 与相关系数有什么关系？

4. 假设需要研究 y 和 x 之间的相关关系，有 8 对观测值，计算得 $\sum_{i=1}^{8}x_i=52$，$\sum_{i=1}^{8}y_i=228$，$\sum_{i=1}^{8}x_i^2=478$，$\sum_{i=1}^{8}x_iy_i=1849$，则 y 与 x 的一元线性回归方程是什么？

5. 已知变量 x 与 y 线性相关，x 与 y 的协方差为 -60，x 的方差为 64，y 的方差为 100，则二者的相关系数是多少？若建立 y 关于 x 的一元线性回归模型，则回归系数 $\hat{\beta}_1$ 为多少？回归估计标准误的值可能为多少？

6. x 与 y 的一元线性回归方程必定经过什么点？

7. 设 $y_i=\beta_0+\beta_1x_i+\varepsilon_i$，$E(\varepsilon_i)=0$，$cov(\varepsilon_i,\varepsilon_j)=\begin{cases}\sigma^2, i=j\\0, i\neq j\end{cases}$，$i,j=1,2,\cdots,n$。得到 $\hat{y}_i=\hat{\beta}_0+\hat{\beta}_1x_i$，$\hat{\beta}_0$，$\hat{\beta}_1$ 分别是 β_0，β_1 的最小二乘估计。证明：$\hat{\sigma}^2=\frac{1}{n-2}\sum_{i=1}^{n}(y_i-\hat{y}_i)^2$ 是 σ^2 的无偏估计。

8. 在其他条件不变的情况下，某种商品的需求量（y）与该商品的价格（x）有关。现对给定时期内的价格与需求量进行观察，得到如下表所示的一组数据。

价格 x/元	10	6	8	9	12	11	9	10	12	7
需求量 y/吨	60	72	70	56	55	57	57	53	54	70

（1）计算价格与需求量之间的相关系数。

（2）拟合需求量对价格的回归直线，并解释回归系数的含义。

9. 某地区家计调查资料显示，每户平均年收入为 8800 元，方差为 4500 元，每户平均年消费支出为 6000 元，标准差为 60 元，支出对收入的回归系数为 0.8。

（1）计算收入与支出之间的相关系数。

（2）拟合支出对收入的回归方程，并解释回归系数的含义。

10. 某汽车生产商欲了解广告费用（x）对销售量（y）的影响，收集了过去 12 年的有关数据。通过计算得到下面的有关结果：

方差分析表

变差来源	df	SS	MS	F	Significance F
回归	—	—	—	—	2.17E—09
残差	—	40158.07	—	—	
总计	11	1642866.67			

参数估计表

	Coefficients	标准误差	t Stat	P-value
Intercept	363. 6891	62. 45529	5. 823191	0. 000168
x	1. 420211	0. 071091	19. 97749	2. 17E—09

(1) 完成上面的方差分析表。

(2) 汽车销售量的变差中有多少是由广告费用的变动引起的?

(3) 销售量与广告费用之间的相关系数是多少?

(4) 写出估计的回归方程并解释回归系数的含义。

(5) 检验线性关系的显著性($\alpha=0.05$)。

11. 下表是某地区一些家庭的月收入与月支出的数据(单位:元)。

家庭	月支出	月收入	家庭	月支出	月收入
1	555	4388	21	913	6688
2	489	4558	22	918	6752
3	458	4793	23	710	6837
4	613	4856	24	1083	7242
5	647	4856	25	937	7263
6	661	4899	26	839	7540
7	662	4899	27	1030	8009
8	675	5091	28	1065	8094
9	549	5133	29	1069	8264
10	606	5304	30	1064	8392
11	668	5304	31	1015	8414
12	740	5304	32	1148	8882
13	592	5346	33	1125	8925
14	720	5495	34	1090	8989
15	680	5581	35	1208	9053
16	540	5730	36	1217	9138
17	693	5943	37	1140	9329
18	541	5943	38	1265	9649
19	673	6156	39	1206	9862
20	676	6603	40	1145	9883

(1) 绘制支出与收入的散点图,判断二者之间的关系。

(2) 计算收入与支出之间的相关系数,说明二者之间的关系强度。

(3) 用支出为因变量,每月收入为自变量,确定回归方程。

(4) 检验回归系数的显著性($\alpha=0.05$),并解释回归系数的含义。

(5) 如果月收入为 1000 元,估计月支出并给出 95% 的置信区间和预测区间。

12. 一家物流公司的管理人员想研究货物的运输距离和运输时间的关系，为此，他抽出了公司中最近 10 辆卡车运货记录的随机样本，得到运送距离（单位：km）和运送时间（单位：天）的数据见下表。

运送距离 x	运送时间 y
825	3.5
215	1
1070	4
550	2
480	1
920	3
1350	4.5
325	1.5
670	3
1215	5

（1）绘制运送距离与运送时间的散点图，判断二者之间的关系。

（2）计算运送距离与运送时间的相关系数，说明二者之间的关系强度。

（3）用运送时间为因变量，运送距离为自变量，确定回归方程。

（4）检验回归系数的显著性（$\alpha=0.05$），并解释回归系数的含义。

（5）如果运送距离为 1000 千米，估计运送时间并给出 95% 的置信区间和预测区间。

13. 随机抽取 10 家航空公司，对其最近一年的航班正点率和顾客投诉次数进行了调查，数据如下表所示。

航空公司	航班正点率	顾客投诉次数
1	81.8	21
2	76.6	58
3	76.6	85
4	75.7	68
5	73.8	74
6	72.2	93
7	71.2	72
8	70.8	122
9	91.4	18
10	68.5	125

（1）绘制航班正点率与顾客投诉次数的散点图，判断二者之间的关系。

（2）计算航班正点率与顾客投诉次数之间的相关系数，说明二者之间的关系强度。

(3) 用顾客投诉次数为因变量,航班正点率为自变量,确定回归方程。

(4) 检验回归系数的显著性($\alpha=0.05$),并解释回归系数的含义。

(5) 如果航班正点率为 80%,估计顾客的投诉次数并给出 95% 的置信区间和预测区间。

14. 从某大学统计系学生中随机抽取 16 名学生,对他们的数学和统计学成绩进行调查,结果如下表:

学生	数学成绩	统计学成绩	学生	数学成绩	统计学成绩
1	81	72	9	83	78
2	90	90	10	81	94
3	91	96	11	77	68
4	74	68	12	60	66
5	70	82	13	66	58
6	73	78	14	84	87
7	85	81	15	70	82
8	60	71	16	54	46

(1) 绘制数学成绩与统计学成绩的散点图,判断二者之间的关系。

(2) 计算数学成绩与统计学成绩之间的相关系数,说明二者之间的关系强度。

(3) 用统计学成绩为因变量,数学成绩为自变量,确定回归方程。

(4) 检验回归系数的显著性($\alpha=0.05$),并解释回归系数的含义。

(5) 如果数学成绩为 80,估计学生的统计学成绩并给出 95% 的置信区间和预测区间。

15. 研究青春发育与远视率(对数视力)的变化关系,测得结果如下表:

年龄 x/岁	远视率 y/%	对数视力 $Y=\ln y$
6	63.64	4.153
7	61.06	4.112
8	38.84	3.659
9	13.75	2.621
10	14.50	2.674
11	8.07	2.088
12	4.41	1.484
13	2.27	0.82
14	2.09	0.737
15	1.02	0.02
16	2.51	0.92
17	3.12	1.138
18	2.98	1.092

（1）绘制年龄与远视率（包括对数视力）的散点图，判断年龄与远视率（包括对数视力）之间的关系形态。

（2）计算年龄与远视率（包括对数视力）之间的相关系数，说明二者之间的关系强度。

（3）用年龄作自变量，对数视力作因变量，确定回归方程。

（4）检验回归系数的显著性（$\alpha=0.05$），并解释回归系数的含义。

（5）如果用远视率作因变量得到回归方程，与前面的结果相比如何？你选择哪个模型？为什么？

16. 随机抽取7家超市，得到其广告费支出与销售额数据如下：

超市	广告费支出/万元	销售额/万元
A	1	19
B	2	32
C	4	44
D	6	40
E	10	52
F	14	53
G	20	54

（1）用广告费支出作自变量 x，销售额作因变量 y，求出估计的回归方程。

（2）检验广告费支出与销售额之间的线性关系是否显著（$\alpha=0.05$）。

（3）绘制关于 x 的残差图，你觉得关于误差项 ε 的假定被满足了吗？

（4）如果某超市的广告费支出为18万元，计算其销售额的95%置信区间与预测区间。

（5）你是选用这个模型，还是寻找一个更好的模型？

第3章

多元线性回归

目的与要求

(1) 掌握多元线性回归的基本原理,会进行参数的估计和假设检验;
(2) 掌握模型检验和评价方法;
(3) 会使用回归模型进行预测;
(4) 了解多元线性回归与一元线性回归的区别;
(5) 掌握多元线性回归模型在 R 软件中的实现。

在许多实际问题中,影响因变量的因素往往有很多。有时候,为了尽可能全面地阐述问题,我们会尽可能获得较多的自变量,有时候也可以通过对原始变量进行变换、创建交互项或添加多项式项等方式衍生出许多新变量。此时,我们可以使用**多元回归**(multiple regression)建模。当因变量与各自变量之间为线性关系时,称为**多元线性回归**(multiple linear regression)。

3.1 基本模型

多元线性回归的基本模型如下:

$$y=\beta_0+\beta_1 x_1+\cdots+\beta_p x_p+\varepsilon$$

式中,$x_1,x_2\cdots,x_p$ 是自变量,也叫解释变量、预测变量;模型参数 $\beta_0,\beta_1,\cdots,\beta_p$ 可通过最小二乘方法或者极大似然估计法得到。与一元线性回归模型一样,ε 的均值为0,方差为 σ^2。

如果得到 $y,x_1,x_2,\cdots,x_p$ 的观测值$(y_i,x_{i1},x_{i2},\cdots,x_{ip})$,$i=1,2,\cdots,n$,那么对于每一个观测值就有:

$$y_i=\beta_0+\beta_1 x_{i1}+\cdots+\beta_p x_{ip}+\varepsilon_i,\quad i=1,2,\cdots,n$$

还可以采用矩阵符号表示多元线性回归模型:

$$Y=X\beta+\varepsilon$$

其中 $Y=(y_1,\cdots,y_n)^T, X=\begin{pmatrix} x_{11} & x_{12} & \cdots & x_{1p} \\ x_{21} & x_{22} & \cdots & x_{2p} \\ \vdots & \vdots & \vdots & \vdots \\ x_{n1} & x_{n2} & \cdots & x_{np} \end{pmatrix}, \beta=(\beta_1,\cdots,\beta_p)^T, \varepsilon=(\varepsilon_1,\cdots,\varepsilon_n)^T$。

多元线性回归本质上是一元线性回归的推广，它的模型设定、参数估计及结果输出等内容与一元线性回归的内容没有太大区别。因此，类似于一元线性回归，得到最小二乘估计为：

$$\hat{\beta}=(X^TX)^{-1}X^Ty$$

但是与一元线性回归相比，有几点需要注意：

(1) 自变量数量的增加使得使用者需要考虑如何在一个潜在的自变量集合中找到一个能够有效刻画响应变量的自变量子集。

F 检验与 t 检验的进一步阅读

(2) 在多元线性回归中，F 检验和 t 检验不再等价。此时，F 检验的零假设为 H_0: $\beta_1=\beta_2=\cdots=\beta_p=0$，备择假设为 H_1:$\beta_i(i=1,2,\cdots,p)$不同时为 0，即 $\beta_1,\beta_2,\cdots,\beta_p$ 至少有一个不为零。t 检验的零假设为 H_0:$\beta_i=0(i=1,2,\cdots,p)$，备择假设为 $\beta_i\neq 0(i=1,2,\cdots,p)$。

(3) 在多元线性回归中，当自变量数量增加时，判定系数 R^2 会增大。当增加的变量事实上与因变量无关时，这种增加是无益的。因此，我们需要对添加的非显著变量给出惩罚，也就是说随意添加一个变量不一定能让 R^2 上升。人们通过对 R^2 惩罚自变量数量得到**调整的 R^2**(adjusted R square)，记为 R_a^2，计算公式为：

$$R_a^2=1-\frac{(1-R^2)(n-1)}{n-p-1}$$

式中，p 为模型的自变量个数，n 为样本量。由于 R_a^2 考虑了样本量和自变量数量的影响，不会因越来越多的变量加入而"被迫"趋向 1。由于 $R_a^2\leqslant R^2$，但是和 R^2 有类似的意义。所以，分析者在判定模型的有效性时倾向于使用 R_a^2。

例 3.1 除了人均可支配收入，青原博士还想了解是否存在其他因素影响人均消费支出。因此，在例 2.1 的基础上增加了几个变量并在统计年鉴上收集了相关数据，见表 3-1。该数据集包括地区(*region*)、人均消费支出(*cse*)、少年儿童抚养比(*pop*14)、老龄人口抚养比(*pop*65)、人均 GDP(*pgdp*)、人均 GDP 增长率(*dpgdp*)、人均可支配收入(*dpi*)、人均可支配收入增长率(*ddpi*)。青原博士希望分析这些因素是否影响了人均消费支出。

表 3-1 不同地区居民消费支出相关指标

地区(*region*)	人均消费支出(*cse*)	少年儿童抚养比(*pop*14)	老龄人口抚养比(*pop*65)	人均 GDP(*pgdp*)	人均 GDP 增长率(*dpgdp*)	人均可支配收入(*dpi*)	人均可支配收入增长率(*ddpi*)
北京	37425.34	14.25	16.32	128994.11	6.74	57229.80	8.95
天津	27841.38	14.59	14.57	118943.57	3.31	37022.30	8.65
河北	15436.99	25.57	16.80	45387.00	5.90	21484.10	8.92
山西	13664.44	20.69	11.92	42060.00	6.50	20420.00	7.20

续表

地区 (*region*)	人均消费支出 (*cse*)	少年儿童抚养比 (*pop*14)	老龄人口抚养比 (*pop*65)	人均 GDP (*pgdp*)	人均 GDP 增长率 (*dpgdp*)	人均可支配收入 (*dpi*)	人均可支配收入增长率 (*ddpi*)
内蒙古	18945. 54	17. 91	14. 33	63764. 00	3. 60	26212. 20	8. 64
辽宁	20463. 36	13. 39	18. 57	53526. 65	4. 33	27835. 40	6. 90
吉林	15631. 86	16. 51	16. 18	54838. 00	6. 00	21368. 30	7. 02
黑龙江	15577. 48	12. 76	15. 58	41916. 00	6. 70	21205. 80	6. 89
上海	39791. 85	13. 12	18. 82	126634. 15	6. 80	58988. 00	8. 62
江苏	23468. 63	18. 52	19. 19	107150. 00	6. 80	35024. 10	9. 21
浙江	27079. 06	16. 15	16. 56	92057. 01	6. 63	42045. 70	9. 13
安徽	15751. 74	28. 13	19. 14	43401. 36	7. 50	21863. 30	9. 33
福建	21249. 35	25. 67	13. 23	82677. 00	7. 10	30047. 70	8. 84
江西	14459. 02	31. 47	14. 21	43424. 37	8. 10	22031. 40	9. 56
山东	17280. 69	25. 49	18. 64	72807. 14	6. 51	26929. 90	9. 09
河南	13729. 61	30. 53	15. 88	46674. 00	7. 35	20170. 00	9. 36
湖北	16937. 59	21. 99	17. 00	60199. 00	7. 30	23757. 20	9. 04
湖南	17160. 40	26. 51	17. 53	49558. 00	7. 40	23102. 70	9. 41
广东	24819. 63	22. 32	10. 27	80932. 00	5. 99	33003. 30	8. 94
广西	13423. 66	32. 73	14. 33	38102. 00	6. 30	19904. 80	8. 74
海南	15402. 73	27. 52	11. 38	48430. 00	6. 20	22553. 20	9. 20
重庆	17898. 05	23. 65	20. 60	63442. 00	8. 20	24153. 00	9. 62
四川	16179. 94	22. 53	19. 83	44651. 32	7. 50	20579. 80	9. 42
贵州	12969. 62	30. 97	14. 47	37956. 06	9. 40	16703. 60	10. 47
云南	12658. 12	26. 06	11. 56	34221. 00	8. 80	18348. 30	9. 74
西藏	10320. 12	34. 14	8. 22	39267. 00	7. 90	15457. 30	13. 33
陕西	14899. 67	21. 34	15. 14	57266. 31	7. 30	20635. 20	9. 33
甘肃	13120. 11	24. 33	14. 32	28496. 50	3. 04	16011. 00	9. 14
青海	15503. 13	27. 80	10. 96	44047. 00	6. 40	19001. 00	9. 82
宁夏	15350. 29	25. 11	11. 56	50765. 00	6. 70	20561. 70	9. 18
新疆	15087. 30	32. 76	10. 43	44941. 00	5. 70	19975. 10	8. 83

3.2 数据描述

首先,我们对数据进行探索。使用 pairs() 函数绘制散点图矩阵,它是一种获知多维数据整体情况的有效方法。见图 3-1。

```
>consumption=read. csv("E:/hep/data/consumption2017. csv",header=T)
>row. names(consumption)= consumption[ ,1]
```

```
>attach(consumption)
>par(mex=0.5)
>pairs(consumption[,2:8],gap=0,cex.labels=0.9)
```

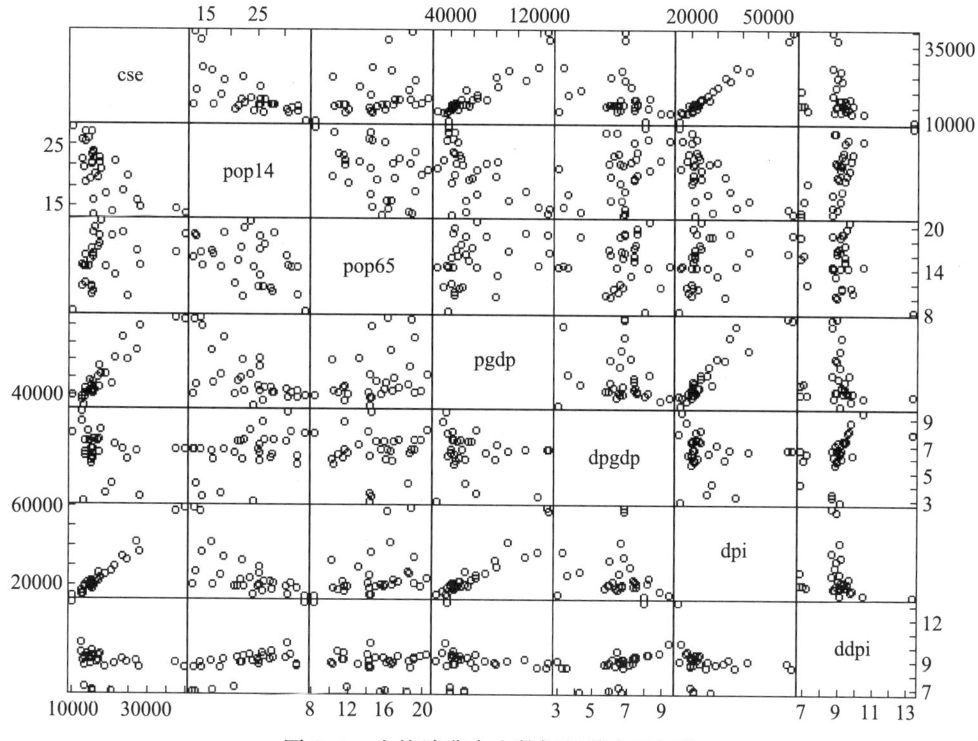

图 3-1　人均消费支出数据的散点图矩阵

从散点图矩阵中可以清晰地看到一些变量之间存在相关性。如变量 *cse* 和 *dpi*、*pgdp* 有较强的正相关关系，与 *pop*14 有较强的负相关关系，而 *dpi* 与 *pgdp* 也有较强的正相关关系。这些信息也可以通过变量之间的相关系数得到验证。因此，接下来进一步计算变量之间的相关系数。

```
>cor(consumption[,2:8])
           cse   pop14   pop65    pgdp   dpgdp     dpi    ddpi
cse      1.000  -0.664   0.321   0.935  -0.203   0.988  -0.223
pop14   -0.664   1.000  -0.423  -0.617   0.407  -0.634   0.630
pop65    0.321  -0.423   1.000   0.300   0.058   0.323  -0.302
pgdp     0.935  -0.617   0.300   1.000  -0.183   0.933  -0.136
dpgdp   -0.203   0.407   0.058  -0.183   1.000  -0.142   0.444
dpi      0.988  -0.634   0.323   0.933  -0.142   1.000  -0.197
ddpi    -0.223   0.630  -0.302  -0.136   0.444  -0.197   1.000
```

结果显示，*cse* 和 *dpi*、*pgdp* 的相关系数分别为 0.988 和 0.935，有非常强的正相关关系,*cse* 和 *pop*14 的相关系数为-0.664,有较强的负相关关系,而与 *pop*65、*ddpi*、*dpgdp* 的相关程度不是很高,相关系数分别为 0.321、-0.223、-0.203。此外,我们还注意到 *dpi* 和 *pgdp* 的相关系数达到 0.933。

3.3 模型估计

因为 6 个变量都与 *cse* 有或强或弱的相关性,我们考虑以 *cse* 为因变量,*pop*14、*pop*65、*dpi*、*ddpi*、*pgdp*、*dpgdp* 为自变量进行多元线性回归建模。对于多元线性回归模型,极大似然估计与最小二乘估计一致。因此,后面的分析以 lm() 函数输出的最小二乘估计为主。

```
>cse.lm=lm(cse~pop14+pop65+pgdp+dpgdp+dpi+ddpi,data=consumption)
>cse.lm
Call:
lm(formula=cse~pop14+pop65+pgdp+dpgdp+dpi+ddpi,data=consumption)


Coefficients:
(Intercept)       pop14     pop65      pgdp        dpgdp        dpi       ddpi
  4439.100      -47.248     0.135     0.017     -244.213      0.575     77.105
```


上面的公式意味着变量 *cse* 可由一个由变量 *pop*14、*pop*65、*dpi*、*ddpi*、*pgdp*、*dpgdp* 组成的模型来描述。

3.4 模型检验和评价

我们使用 summary() 函数输出模型检验等更多结果。

```
>summary(cse.lm)
Call:
lm(formula=cse~pop14+pop65+pgdp+dpgdp+dpi+ddpi,data=consumption)


Residuals:
      Min          1Q      Median         3Q         Max
-1794.82     -630.09      -66.56     759.05     1850.22


Coefficients:
                Estimate     Std. Error     t value    Pr(>|t|)
(Intercept)   4439.10037     2141.86650      2.073     0.0491 *
pop14          -47.24787       54.69973     -0.864     0.3963
```

```
pop65            0.13489      68.04488      0.002     0.9984
pgdp             0.01696       0.02002      0.847     0.4054
dpgdp         -244.21337     156.64473     -1.559     0.1321
dpi              0.57524       0.05145     11.181     5.32e-11 ***
ddpi            77.10452     241.20224      0.320     0.7520
---
Signif. codes: 0'***'0.001'**'0.01'*'0.05'.'0.1''1

Residual standard error: 1025 on 24 degrees of freedom
Multiple R-squared: 0.9819,      Adjusted R-squared: 0.9774
F-statistic: 217.3 on 6 and 24 DF,   p-value: <2.2e-16
```

输出结果中的 t 检验用于检验假设 $H_0:\beta_i=0\Leftrightarrow H_1:\beta_i\neq 0(i=1,2,3,4)$。从输出结果可以看出：只有常数项和 *dpi* 的回归系数通过 t 检验，其他自变量的回归系数都没有通过 t 检验，这表明不是所有变量都显著。

模型的 F 检验的结果是显著的，因为 F 统计量为 217.3，相应的 p 值为 2.2e-16<0.01。R^2 和 R_a^2 值分别为 0.9819 和 0.9774，显示模型可以解释数据变异的 98% 左右的信息。这综合表明采用多元线性模型是合适的，但是结合 t 检验，说明 6 个变量并不是都适合。

其实，在 R 中很容易计算调整的 R_a^2：

```
>1-1025^2/var(cse)
[1] 0.9774088
```

其中，1025 取自 summary() 函数输出结果中的“残差标准误”。

虽然该模型的 F 检验通过，但是多个自变量未通过 t 检验，这表明模型还需要改进。在后续章节里，我们将对该模型进行诊断，以期获得好的模型。但是，在本章余下小节里，我们将继续使用目前得到的回归模型。

3.5 残差与回归值

得到一个多元线性回归模型后，我们可以计算回归值和残差。由于样本量 31 较大，因此使用 head() 输出前 6 个值。

```
>head(fitted(cse.lm))#回归值
    北京       天津       河北       山西      内蒙古       辽宁
37921.07   26924.50   15608.50   14889.82   19541.90   20203.36
>head(resid(cse.lm))#残差
     北京        天津         河北          山西         内蒙古        辽宁
-495.7294    916.8784    -171.5124    -1225.3824    -596.3583    259.9993
```

函数 fitted()返回的是回归值或拟合值,即根据最佳拟合直线与给定的 x 值计算出来的 y 值。函数 resid()显示的残差是 y 的观测值与回归值(拟合值)之差。

残差与回归值的散点图如图 3-2 所示。

```
>plot(fitted(cse.lm),resid(cse.lm))
```

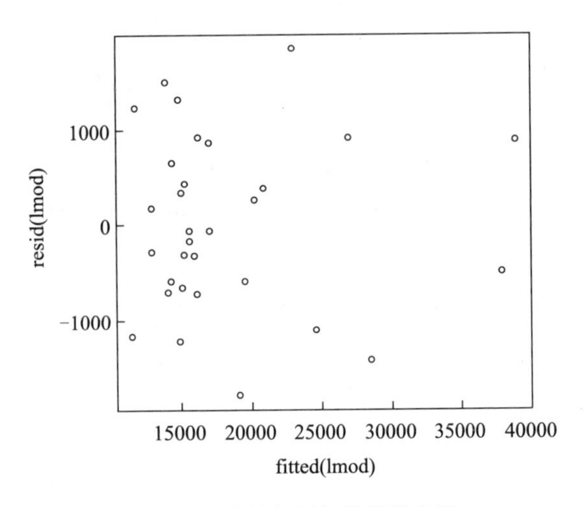

图 3-2　残差与回归值的散点图

残差图显示残差大致对称,但是似乎还有信息存在,比如可能存在异方差,也可能有非线性。我们在后面的章节里将继续对该模型进行分析。

也可以用图 3-3 的 Q-Q 图查看残差大致服从的分布。

```
>qqnorm(resid(cse.lm))
>qqline(resid(cse.lm))
```

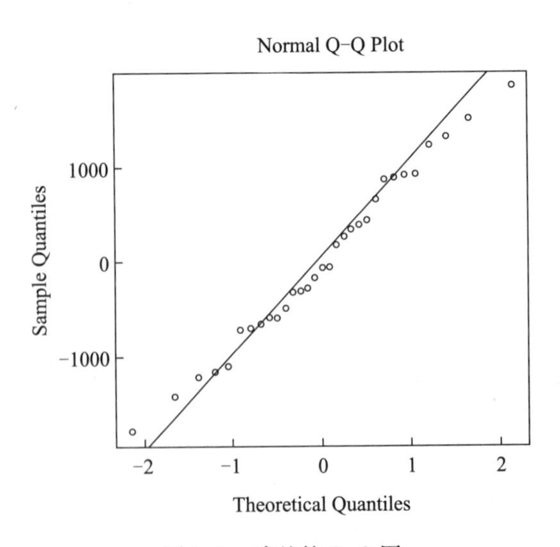

图 3-3　残差的 Q-Q 图

3.6 预测

与一元线性回归类似,如果对多元线性回归模型满意,我们就可以使用模型进行预测。对于某一给定的自变量值,可以预测相应的因变量 y_0 的值或者预测因变量的均值 μ_0 的值。

基于前面得到的多元线性回归模型,我们分别计算得到置信区间和预测区间:

```
>head(predict(cse.lm,int="c"))#置信区间
        fit        lwr        upr
1  37921.66   36635.64   39207.68
2  26924.04   25434.88   28413.21
3  15608.16   14959.47   16256.86
4  14890.54   13848.30   15932.77
5  19541.97   18570.74   20513.19
6  20203.15   19101.18   21305.12
>head(predict(cse.lm,int="p"))#预测区间
        fit        lwr        upr
1  37921.66   35445.73   40397.59
2  26924.04   24336.76   29511.32
3  15608.16   13395.20   17821.12
4  14890.54   12532.01   17249.06
5  19541.97   17213.95   21869.99
6  20203.15   17817.62   22588.68
Warning message:
In predict.lm(cse.lm,int="p"):
  predictions on current data refer to_future_responses
```

变量 *fit* 表示期望得到的值,在这里等于回归值(其他时候它们不一定相等),而 *lwr* 和 *upr* 分别是下界和上界。

3.7 小结

这一章详细介绍了多元线性回归模型 $y=\beta_0+\beta_1x_1+\cdots+\beta_px_p+\varepsilon$。我们始终围绕着这样一个问题:用一组自变量来解释和/或预测因变量。在本章中,我们首先对多元线性回归模型做了介绍和解释,然后以 n 组观测值为依据,使用最小二乘法对参数进行估计。还讨论了多元线性回归模型与一元线性回归模型的联系与区别。接着,我们结合数据对回归参数的检验、模型的评价以及因变量的拟合或预测等问题进行了讨论。

在回归分析中需要考虑的问题很多,要得到一个好的回归模型需要解决各种可能

的问题。本书以下的章节将结合数据和建模中的问题给读者一一阐述解决这些问题的方法。

练习题

1. 如何理解多元线性回归方程显著性检验中的拒绝原假设？

2. 对于线性回归模型 $Y=X\beta+\varepsilon, var(\varepsilon)=\sigma^2 I_n$，其中 X 为 $n\times p$ 的矩阵，秩为 p，$\sigma^2>0$ 不一定已知。

(1) 求$\hat{\beta}$以及相应的分布。

(2) 若 ε 服从正态分布，则$\frac{(n-p)\hat{\sigma}^2}{\sigma^2}$服从什么分布，其中$\hat{\sigma}^2$ 是 σ^2 的无偏估计。

3. 下表是四元线性回归模型的回归结果，请完成下表。

来源	平方和	自由度	均方
回归	65965	—	—
残差	—	—	—
总计	66042	14	

4. 根据下面 Excel 输出的回归结果，说明模型中涉及多少个自变量、多少个观察值？写出回归方程，并根据 F, Se, R^2 及调整的 R_a^2 的值对模型进行讨论。

SUMMARY OUTPUT

回归统计	
Multiple R	0. 842407
R Square	0. 709650
Adjusted R Square	0. 630463
标准误差	109. 429596
观测值	15

方差分析

	df	SS	MS	F	Significance F
回归	3	321946. 8018	107315. 6006	8. 961759	0. 002724
残差	11	131723. 1982	11974. 8400		
总计	14	453670			
		Coefficients	标准误差	t Stat	P-value
Intercept		657. 0534	167. 459539	3. 923655	0. 002378
X Variable	1	5. 710311	1. 791836	3. 186849	0. 008655
X Variable	2	-0. 416917	0. 322193	-1. 293998	0. 222174
X Variable	3	-3. 471481	1. 442935	-2. 405847	0. 034870

5. 对于多元回归方程$\hat{y}=-18.4+2.01x_1+4.74x_2$，已知样本量$n=10$，总平方和$TSS=6724.125$，回归平方和$ESS=6216.375$，$s_{\hat{\beta}_1}=0.0813$，$s_{\hat{\beta}_2}=0.0567$。

(1) β_1和β_2是否显著？($\alpha=0.05$)

(2) x_1、x_2与y的线性关系是否显著？($\alpha=0.05$)

(3) 写出估计的多元回归方程。

(4) 在y的总变差中，回归方程所解释的比例是多少？

6. 一家电器销售公司的管理人员认为，每月的销售额是广告费用的函数，并想通过广告费用对月销售额作出估计。下面是近8个月的销售额与广告费用数据(单位:万元)：

月销售额 y	电视广告费用 x_1	报纸广告费用 x_2
96	5.0	1.5
90	2.0	2.0
95	4.0	1.5
92	2.5	2.5
95	3.0	3.3
94	3.5	2.3
94	2.5	4.2
94	3.0	2.5

(1) 用电视广告费用作自变量，月销售额作因变量，确定回归方程。

(2) 用电视广告费用与报纸广告费用作自变量，月销售额作因变量，确定回归方程。

(3) 上述(1)与(2)所建立的估计方程，电视广告费用的系数是否相同？对其回归系数分别进行解释。

(4) 根据问题(2)所建立的回归方程，在销售额的总变差中，回归方程解释的比例是多少？

(5) 根据问题(2)所建立的回归方程，检验回归系数是否显著？($\alpha=0.05$)

7. 一家房地产评估公司想对某城市的房地产销售价格(y)与地产估价(x_1)、房产估价(x_2)和使用面积(x_3)建立一个模型，以便对销售价格作出合理的预测。为此，收集了20栋住宅的房地产评估数据见下表。

住宅编号	销售价格 y	地产估价 x_1	房产估价 x_2	使用面积 x_3
1	6890	596	4497	18730
2	4850	900	2780	9280
3	5550	950	3144	11260

续表

住宅编号	销售价格 y	地产估价 x_1	房产估价 x_2	使用面积 x_3
4	6200	1000	3959	12650
5	11650	1800	7283	22140
6	4500	850	2732	9120
7	3800	800	2986	8990
8	8300	2300	4775	18030
9	5900	810	3912	12040
10	4750	900	2935	17250
11	4050	730	4012	10800
12	4000	800	3168	15290
13	9700	2000	5851	24550
14	4550	800	2345	11510
15	4090	800	2089	11730
16	8000	1050	5625	19600
17	5600	400	2086	13440
18	3700	450	2261	9880
19	5000	340	3595	10760
20	2240	150	578	9620

(1) 计算 x_1 与 x_2 之间的相关系数,所得结果意味着什么?

(2) 写出估计的多元回归方程。

(3) 检验回归方程的线性关系是否显著?($\alpha=0.05$)

(4) 检验各回归系数是否显著?($\alpha=0.05$)

(5) 进行回归并对模型进行检验,所得的结论与(2)是否相同?

(6) 在销售价格的总变差中,被估计的回归方程所解释的比例是多少?

8. 下表是随机抽取的 15 家大型商场销售的同类产品的有关数据(单位:元)。

企业编号	销售价格 y	购进价格 x_1	销售费用 x_2
1	1238	966	223
2	1266	894	257
3	1200	440	387
4	1193	664	310
5	1106	791	339
6	1303	852	283
7	1313	804	302
8	1144	905	214

续表

企业编号	销售价格 y	购进价格 x_1	销售费用 x_2
9	1286	771	304
10	1084	511	326
11	1120	505	339
12	1156	851	235
13	1083	659	276
14	1263	490	390
15	1246	696	316

(1) 计算 y 与 x_1、y 与 x_2 之间的相关系数,是否有证据表明销售价格与购进价格、销售价格与销售费用之间存在线性关系?

(2) 根据上述结果,你认为用购进价格和销售费用来预测销售价格是否有用?

(3) 进行回归并检验模型的线性关系是否显著($\alpha=0.05$)。

(4) 解释判定系数 R^2,所得结论与问题(2)中是否一致?

(5) 计算 x_1 与 x_2 之间的相关系数,所得结果意味着什么?

(6) 模型中是否存在多重共线性?你对模型有何建议?

9. 下表给出了某地区每天家庭消费支出 y 与每天家庭的收入 x(元)的数据。

每天收入(x)	每天消费支出(y)
80	55,60,65,70,75
100	65,70,74,80,85,88
120	79,84,90,94,98
140	80,93,95,103,108,113,115
160	102,107,110,116,118,125
180	110,115,120,130,135,140
200	120,136,140,144,145
220	135,137,140,152,157,160,162
240	137,145,155,165,175,189
260	150,152,175,178,180,185,191

(1) 对每一收入水平,计算平均的消费支出,即条件期望。

(2) 以收入为横轴,消费支出为纵轴作散点图。

(3) 你认为 y 与 x 之间的关系怎样? y 与 x 的均值之间的关系如何?

(4) 写出回归模型。

(5) 回归模型是线性的还是非线性的?

10. 假设我国民航客运量的回归方程为(括号里是标准误差):

$$\hat{y}= 450.9 +0.354x_1-0.561x_2-0.0073x_3+21.578x_4+0.435x_5$$

$$(178.08)(0.085)\ (0.125)\ (0.002)\ \ (4.030)\ (0.052)$$

$$n=16, TSS=13843371.750, ESS=13818876.769$$

其中,y=民航客运量(万人);x_1 = 国民收入(亿元);x_2 = 消费额(亿元);x_3 = 铁路客运量(万人);x_4 = 民航航线里程(万公里);x_5 = 来华旅游入境人数(万人)。(附:$F_{0.05}(5,10)=3.33$,$t_{0.025}(10)=2.2281$)

(1) 解释回归方程中民航航线里程的回归系数;

(2) 检验回归方程的显著性($\alpha=0.05$);

(3) 计算回归方程的判定系数,并作出解释;

(4) 对模型中来华旅游入境人数作 t 检验;

(5) 建立 x_4 的回归系数 β_4 的置信水平为 95% 的置信区间。

11. 设二元线性回归模型的模型矩阵表示为 $\begin{cases} Y=X\beta+\varepsilon \\ E(\varepsilon)=0 \\ var(\varepsilon)=\sigma^2 I_n \end{cases}$,其中 $Y=\begin{pmatrix} y_1 \\ y_2 \\ \vdots \\ y_n \end{pmatrix}$,

$X=\begin{pmatrix} x_{11} & x_{12} \\ x_{21} & x_{22} \\ \vdots & \vdots \\ x_{n1} & x_{n2} \end{pmatrix}$,$\beta=\begin{pmatrix} \beta_1 \\ \beta_2 \end{pmatrix}$,$\varepsilon=\begin{pmatrix} \varepsilon_1 \\ \varepsilon_2 \\ \vdots \\ \varepsilon_n \end{pmatrix}$。另外设一元线性回归模型为:$y_i=\beta_1 x_{1i}+\varepsilon_i$,

$E(\varepsilon_i)=0, cov(\varepsilon_i,\varepsilon_j)=\begin{cases} \sigma^2, i=j \\ 0, i\neq j \end{cases}, i,j=1,2,\cdots,n$

(1) 求二元线性回归模型下 β_1,β_2 的最小二乘估计 $\hat{\beta}_1$,$\hat{\beta}_2$;

(2) 求一元线性回归模型下 β_1 的最小二乘估计 $\hat{\beta}_1$;

(3) 证明若二元模型正确,则一元模型回归系数 β_1 的最小二乘估计 $\hat{\beta}_1$ 是二元模型相应参数 β_1 的有偏估计;

(4) 简述自变量选择对回归方程估计和预测的影响。

12. 对于 R 中的程序包 faraway 自带的数据集 fat,以身体脂肪百分比 *siri* 作为因变量,除了 *brozek* 和 *density* 之外的其他变量作为自变量,建立多元线性回归模型。你觉得模型存在什么问题,你认为应该如何修改模型?

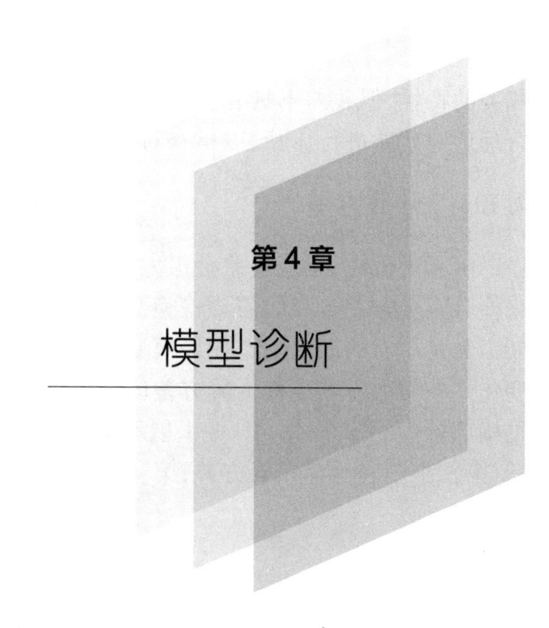

第4章

模型诊断

目的与要求

(1) 了解线性回归模型可能存在的问题;

(2) 掌握对误差假设的检验;

(3) 掌握对异常观测的检测;

(4) 掌握对模型结构的检验;

(5) 掌握模型诊断方法在 R 软件中的实现。

通常,在针对实际问题寻找一个好模型的过程中,我们最开始建立的模型可能并不合适。对回归模型进行诊断会给我们提出具体的改进建议。对于线性回归模型,问题可能出现在以下三种情形中:(1) **误差**。通常假定 $\varepsilon \sim N(0,\sigma^2 I)$,即假设误差独立、常数方差(constant variance)且服从正态分布。(2) **模型**。假设 $Ey=X\beta$,即模型的结构部分是线性的。(3) **异常的观测**。有时少数观测可能会改变模型的选择和拟合。因此,在使用估计出来的模型之前,我们需要对回归模型进行诊断,以便放心使用模型。模型诊断技术既可以是灵活但难明确解释的图形技术,也可以是仅需较少直觉的数字技术。因此,模型构建是一个迭代和交互的过程。

4.1 检验误差假设

我们希望检查误差 ε 的独立性、常数方差和正态性。虽然误差 ε 是不可观测的,但是我们可以检查残差 $\hat{\varepsilon}$。请注意:残差不能与误差互换,因为它们具有一些不同的性质。

回想 $\hat{y}=X(X^TX)^{-1}X^Ty=Hy$,其中 $H=X(X^TX)^{-1}X^T$ 是帽子矩阵,因此:

$$\hat{\varepsilon}=y-\hat{y}=(I-H)y=(I-H)X\beta+(I-H)\varepsilon=(I-H)\varepsilon$$

假定 $var\ \varepsilon=\sigma^2 I$,则 $var\ \hat{\varepsilon}=var\left[(I-H)\varepsilon\right]=(I-H)\sigma^2$。虽然误差具有相等的方差且不

相关的特性，但残差不具有这些特性。幸运的是，残差问题的影响通常很小，我们可以合理地对残差进行诊断，以检查对误差的假设是否合理。

4.1.1 常数方差

由于随机性，有些残差会很大，有些残差会很小，因而不能仅通过检验残差的大小来检验常数方差。我们需要检验残差的方差是否与其他一些变量有关。最有用的诊断工具是$\hat{\varepsilon}$与$\hat{y}$的散点图。如果模型合适，我们就可以看到残差$\hat{\varepsilon}$在垂直方向上的对称变化。非常数方差也称为**异方差**（heteroscedasticity）。在残差图中还可以检测到模型结构部分中的非线性。图 4-1 展示了三种不同的残差图。第一个图表示当前模型合适；第二个图表示存在异方差；第三个图表示存在非线性，这意味着模型结构形式要做调整。

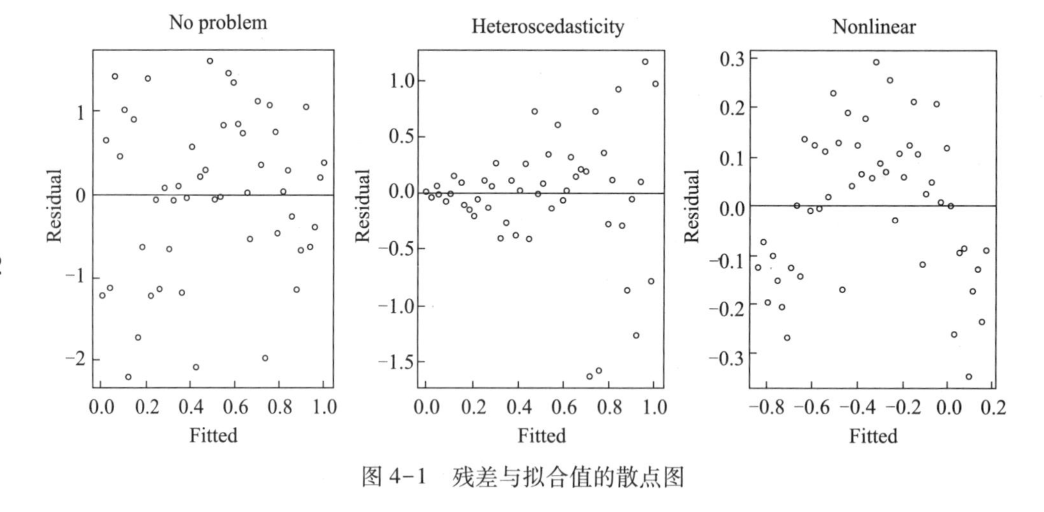

图 4-1　残差与拟合值的散点图

例 4.1　青原博士继续使用 2017 年我国居民人均消费支出数据，以例 3.1 建立的多元线性回归模型为基础说明如何分析残差。

接下来，绘制残差相对于拟合值的散点图，见图 4-2 的左图，在该图中还添加了水平线$\hat{\varepsilon}=0$。我们在这个图中看到残差大致对称，但是可能存在异方差，也可能有非线性关系。

```
>consumption=read.csv("E:/hep/data/consumption2017.csv",header=T)
>cse.lm=lm(cse~pop14+pop65+pgdp+dpgdp+dpi+ddpi,data=consumption)
>par(mfrow=c(1,2))
>plot(fitted(cse.lm),residuals(cse.lm),xlab="Fitted",ylab="Residuals")
>abline(h=0)
```

若误差服从正态分布，则$|\hat{\varepsilon}|$将遵循所谓的半正态分布（因为它的密度曲线只是正态密度曲线的上半部分）。虽然这种分布是相当偏斜的，但是这种影响可以通过平方根变换来减小。因此，如果我们想更仔细地研究同方差假设，可以绘制$\sqrt{|\hat{\varepsilon}|}$与$\hat{y}$的图。

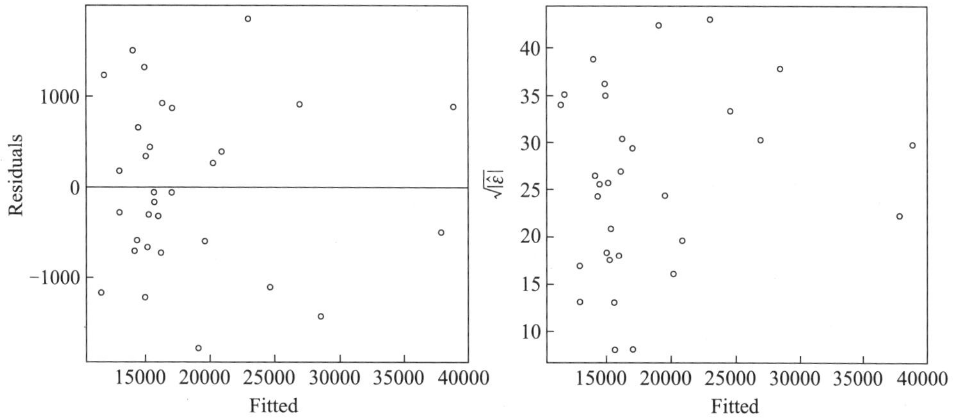

图 4-2　左图是消费数据的残差与拟合值的散点图，右图是相应的$\sqrt{|\hat{\varepsilon}|}$与$\hat{y}$的散点图

```
>plot(fitted(cse.lm),sqrt(abs(residuals(cse.lm))),xlab="Fitted",
  ylab=expression(sqrt(hat(epsilon))))
```

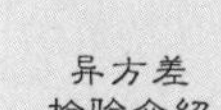

从图 4-2 的右图可以看出，该图确实可能存在异方差。

我们使用下面的回归模型对误差的非常数方差进行快速的检验，由于 fitted(cse.lm)的系数不显著，因而异方差现象不显著。注意：这个检验并不完全正确，因为它仅仅检验变化中的线性趋势。

```
>summary(lm(sqrt(abs(residuals(cse.lm)))~fitted(cse.lm)))
Call:
lm(formula=sqrt(abs(residuals(cse.lm)))~fitted(cse.lm))

Residuals:
     Min          1Q      Median        3Q         Max
-17.3895    -7.3274     0.6562     7.7884     16.3283

Coefficients:
                   Estimate    Std. Error    t value    Pr(>|t|)
(Intercept)       2.146e+01    5.058e+00      4.244     0.000206 ***
fitted(cse.lm)    2.390e-04    2.589e-04      0.923     0.363417
---
Signif. codes: 0'***'0.001'**'0.01'*'0.05'.'0.1' '1

Residual standard error: 9.582 on 29 degrees of freedom
Multiple R-squared: 0.02856,     Adjusted R-squared: -0.004935
F-statistic: 0.8527 on 1 and 29 DF, p-value: 0.3634
```

上述分析表明，任何这样的诊断检验都可能无法检测到意料之外的问题，而图形技术可以更有效地揭示你可能没有怀疑的结构。当然,有时对图的解释可能模棱两可,但至少我们可以肯定,假设没有严重错误。因此,我们通常使用图形诊断方法,并通过正式检验来澄清在图中发现的线索。

对于模型中的自变量,绘制$\hat{\varepsilon}$与 x_i 的图也都是有意义的。对于不在模型中的自变量的残差图,任何观察到的结构都可能表明该自变量应当包括在模型中。

例 4.2 青原博士继续分析 2017 年我国居民人均消费支出数据的残差与自变量的散点图。

我们以残差与自变量 *pop*65 为例说明如何诊断模型。我们绘制了残差与 *pop*65 的散点图,见图 4-3。

```
>plot(consumption $pop65,residuals(cse.lm),xlab="Population over 65",ylab="Residu-
als")
>abline(h=0)
```

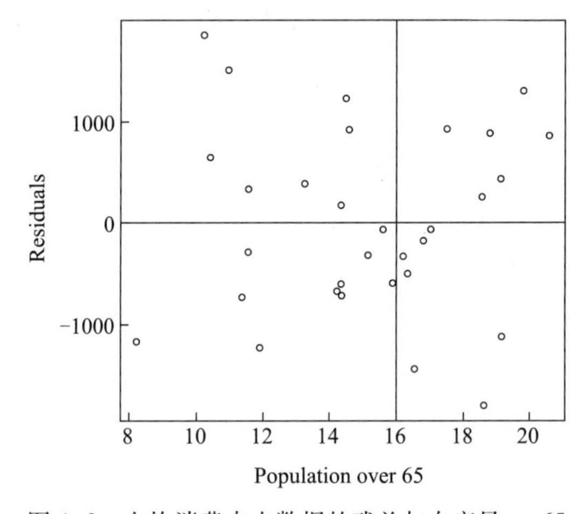

图 4-3 人均消费支出数据的残差与自变量 *pop*65

在图 4-3 中可以看到残差大致在 *pop*65 = 16 处分成了两组。我们对这些组中的方差进行比较和检验。给定正态分布的两个独立样本,我们可以使用两个方差比的检验统计量来检验等方差。零分布是 *F* 分布,自由度由两个样本量给出。

```
>var.test(residuals(cse.lm)[consumption $pop65>16],residuals(cse.lm)[consump-
tion $pop65<16])#F 检验比较两个方差
        F test to compare two variances


data: residuals(cse.lm)[consumption$pop65>16]and residuals(cse.lm)[consumption
 $pop65<16]
F=1.1404,num df=12,denom df=17,p-value=0.7842
alternative hypothesis: true ratio of variances is not equal to 1
95 percent confidence interval:
 0.4036863 3.5677996
```

```
sample estimates:
ratio of variances
           1.140368
```

结果显示这两组残差的方差没有显著的差别。

如果从这些诊断图中发现问题,我们需对模型进行一些修改。如果观察到一些非线性,也许需要考虑非常数方差,也可能应考虑对变量作变换。可以从图的形状中查看是否需要作变换(详见第9章)。

如果仅仅是非常数方差而不是非线性的问题,那么使用加权最小二乘法(见第6.2节)可能是合适的。当我们在$\hat{\varepsilon}$与$\hat{y}$的图中看到非常数方差时,可以对因变量y做变换$h(y)$,选择$h()$使得$var\ h(y)$恒定。为了选择h,我们看一下展开式:

$$h(y)=h(Ey)+(y-Ey)h'(Ey)+\cdots$$

$$var\ h(y)=0+h'(Ey)^2 var\ y+\cdots$$

我们忽略高阶项。为了使$var\ h(y)$恒定,我们需要:

$$h'(Ey)\propto (var\ y)^{-1/2}$$

于是得到:

$$h(y)=\int\frac{dy}{\sqrt{var\ y}}=\int\frac{dy}{SD(y)}$$

例如,如果$var\ y=var\ \varepsilon\propto(Ey)^2$,则建议$h(y)=\log y$。而如果$var\ \varepsilon\propto Ey$,则建议$h(y)=\sqrt{y}$。

在实践中,我们需要查看残差和拟合值的图,并猜测它们之间的关系。我们在这个图中看到的是$SD(y)$而不是$var\ y$的变化,因为标准差SD是以因变量的单位表示的。如果我们最初的猜测是错误的,对变量变换后得到的诊断图也不会令人满意,此时就需尝试另一种转换。

有时很难找到一个好的转换。例如,对于某些i,当$y_i\leqslant 0$时,平方根或对数转换将失效。这时候可以尝试对一些较小的d使用$\log(y+d)$,但这会使解释变得困难。我们将在9.1节专门讨论因变量的变换。

例4.3 青原博士继续考虑2017年我国居民人均消费支出数据的残差与拟合值的图。

```
>par(mfrow=c(1,2))
>plot(fitted(cse.lm),residuals(cse.lm),xlab="Fitted",ylab="Residuals")
>abline(h=0)
```

我们在图4-4的左图中可以看到非常数方差(以及非线性的证据)。

泊松分布是一个很好的计数模型,且分布具有均值等于方差的性质,因此平方根变换通常适用于计数因变量数据。因此建议进行平方根变换。我们尝试一下:

```
>cse.lm=lm(sqrt(cse)~pop14+pop65+dpi+ddpi+pgdp+dpgdp,consumption)
>plot(fitted(cse.lm),residuals(cse.lm),xlab="Fitted",ylab="Residuals")
>abline(h=0)
```

我们在图 4-4 的右图中看到方差现在大致恒定,并且非线性的迹象基本消失。我们进行的方差稳定变换在这里行得通。但如果不行的话,我们也可以尝试其他方法。

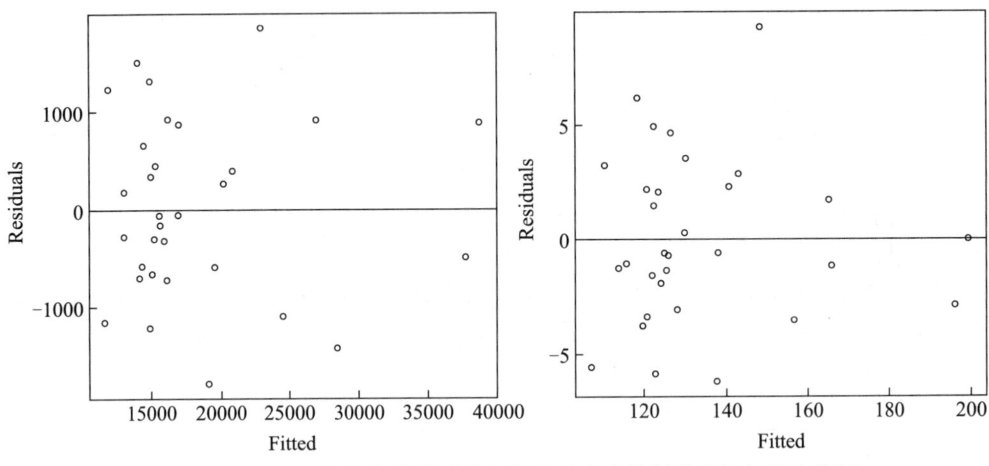

图 4-4　因变量平方根变换前后的人均消费支出数据的残差与拟合值图

4.1.2　正态性

我们使用的假设检验和置信区间都是基于误差服从正态性的假设。Q-Q 图可以用来评估残差的正态性。我们画出排序的残差与 $\Phi^{-1}\left(\frac{i}{n+1}\right)(i=1,\cdots,n)$ 的散点图,从而将残差与"理想的"正态观测值进行比较。

例 4.4　青原博士继续使用 2017 年我国居民人均消费支出数据来检验误差的正态性。

残差的 Q-Q 图如图 4-5 的左图所示。正态残差应近似遵循图中的直线。在这里,残差大致看起来是非正态的。

```
>cse.lm=lm(cse~pop14+pop65+pgdp+dpgdp+dpi+ddpi,data=consumption)
>qqnorm(residuals(cse.lm),ylab="Residuals",main="")
>qqline(residuals(cse.lm))
```

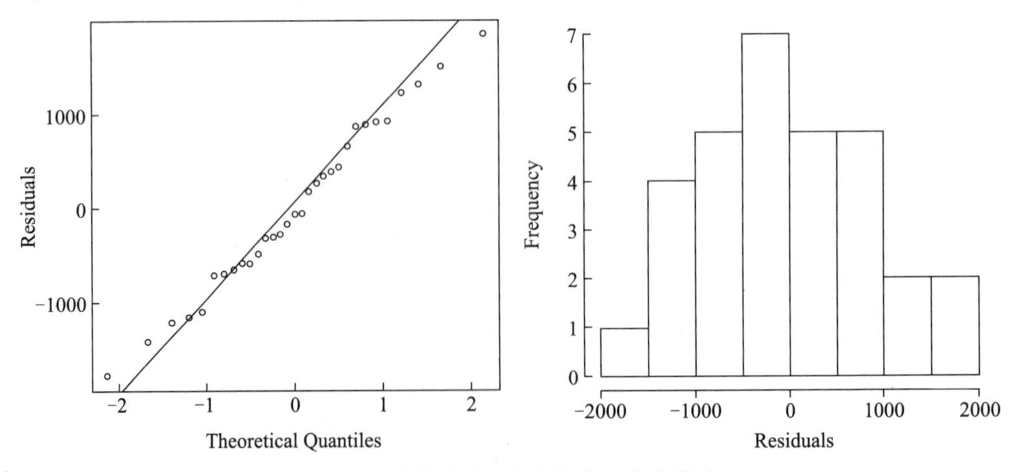

图 4-5　人均消费支出数据的正态性检验

通常直方图和箱线图不适于检验正态性：

```
>hist(residuals(cse.lm),xlab="Residuals",main="")
```

在图 4-5 的右图中，直方图不具有预期的钟形。这是因为我们必须将数据分组到箱中，这些箱的宽度和位置的选择并不容易，这使得直方图是不确定的。

在下面的模拟中，我们可以观察到 Q-Q 图各种预期的变化。我们用不同的分布生成数据：(1) 正态分布；(2) 对数正态分布——偏斜分布的例子；(3) 柯西分布——长尾(尖峰)分布的例子；(4) 均匀分布——短尾(低峰)分布的例子。我们每次对这些检验案例进行 9 次重复，在图 4-6 中显示了后三种分布情况的示例。

```
>par(mfrow=c(3,3))
>n=50
>for(i in 1:9){x=rnorm(n);qqnorm(x);qqline(x)}
>for(i in 1:9){x=exp(rnorm(n));qqnorm(x);qqline(x)}
>for(i in 1:9){x=rcauchy(n);qqnorm(x);qqline(x)}
>for(i in 1:9){x=runif(n);qqnorm(x);qqline(x)}
>par(mfrow=c(1,1))
```

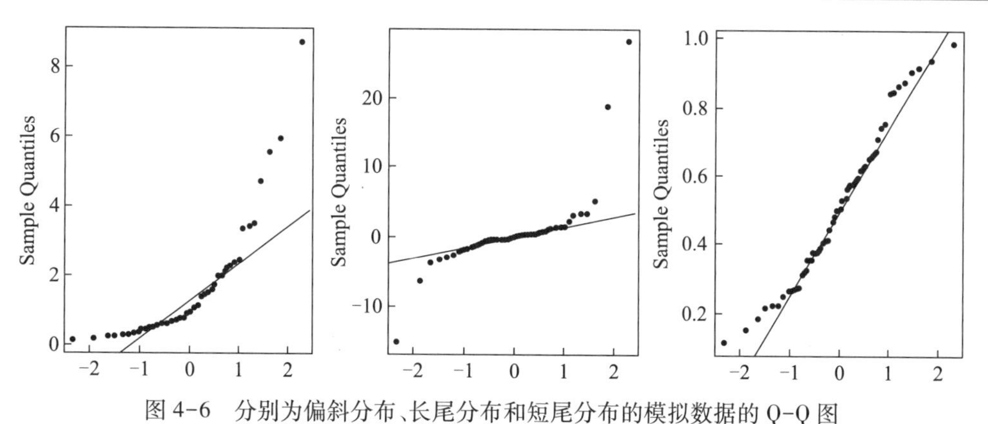

图 4-6　分别为偏斜分布、长尾分布和短尾分布的模拟数据的 Q-Q 图

使用 Q-Q 图诊断问题并不总是容易的。有时可能会出现像柯西分布那样的长尾误差的极端情况，或者也可能只是异常值。如果删除此类观察结果会导致其他点在图中变得更加突出，则问题可能是由长尾误差导致的。

当误差不服从正态分布时，最小二乘估计可能不是最优的，虽然它们仍然是线性无偏估计，但其他稳健估计可能更有效。此时的检验和置信区间也不准确。然而，中心极限定理将确保所构造的检验和置信区间对于较大样本量而言将是越来越精确的近似。因此，我们可以忽略这个问题，只要样本足够大或假设违反不特别严重。

当发现非正态分布时，解决的方案取决于所发现问题的类型。对于短尾分布，非正态分布的后果并不严重，可以合理地忽略。对于偏态误差，对因变量进行转换可以解决问题。对于长尾误差，我们可以接受非正态分布，以另一分布为基础或使用自举法(bootstrap)或置换检验(permutation tests)等重采样方法进行推断，或者使用稳健的方法对异常观测值赋予较少的权重，但可能需要再次对推断进行重采样。

Shapiro-Wilk 检验是正态性的正式检验,零假设是残差服从正态分布。结果显示残差的正态性检验的 p 值很大,所以我们暂时不拒绝正态性假设。

```
>shapiro.test(residuals(cse.lm))
        Shapiro-Wilk normality test


data: residuals(cse.lm)
W=0.97766,p-value=0.7449
```

然而,p 值并不能说明该采取什么行动。对于大数据集,即使可以检测到与正态性有轻微偏差,但是几乎没有理由放弃最小二乘法,因为大样本量减轻了非正态性的影响。而对于较小的样本量,正式检验缺乏效力。

此外,其他诊断方法可能建议对模型作变化。变化后的模型可能不会出现非正态误差问题,因此最好首先解决非线性和非常数方差的问题。

4.1.3 相关误差

通常很难检验相关误差,因为可能发生的相关模式太多,而我们没有足够的信息进行合理的检验。但是某些类型的数据有一个结构,它可以建议在哪里查找问题。在随时间收集的数据中,连续的误差可能相关。空间数据可能与附近测量的误差相关,以区块收集的数据也可能显示区块内的误差相关。

例 4.5 为了更好地展示相关误差,青原博士使用另一个人均消费支出的时间序列数据来说明对误差相关性的检验。

我们从 2012 年和 2018 年国家统计年鉴上收集了 1978—2017 年我国人均消费支出(*cse*)与人均 GDP(*pgdp*)的时间序列数据,见表 4-1。其中,2011 年之前的数据来自 2012 年国家统计年鉴,2011 年之后的数据来自 2018 年国家统计年鉴。

表 4-1 1978—2017 年全国人均消费支出数据 (单位:元)

年份	人均消费支出(*cse*)	人均 GDP(*pgdp*)	年份	人均消费支出(*cse*)	人均 GDP(*pgdp*)
1978	184	381	1990	833	1644
1979	208	419	1991	932	1893
1980	238	463	1992	1116	2311
1981	264	492	1993	1393	2998
1982	288	528	1994	1833	4044
1983	316	583	1995	2355	5046
1984	361	695	1996	2789	5846
1985	446	858	1997	3002	6420
1986	497	963	1998	3159	6796
1987	565	1112	1999	3346	7159
1988	714	1366	2000	3632	7858
1989	788	1519	2001	3887	8622

续表

年份	人均消费支出（*cse*）	人均 GDP（*pgdp*）	年份	人均消费支出（*cse*）	人均 GDP（*pgdp*）
2002	4144	9398	2010	10522	30015
2003	4475	10542	2011	12272	35181
2004	5032	12336	2012	14699	40007
2005	5596	14185	2013	16190	43852
2006	6299	16500	2014	17778	47203
2007	7310	20169	2015	19397	50251
2008	8430	23708	2016	21285	53935
2009	9283	25608	2017	22902	59660

一般来说，对该数据可以使用时间序列分析的方法，但我们将使用更具体的回归诊断方法，并组合使用图形和数值方法。

我们首先以人均消费支出作为因变量、人均 GDP 作为自变量建立一元线性回归模型。完整的分析将涉及其他步骤，可参见第 3 章。此处，我们集中讨论相关误差的问题。

```
>tscse=read.csv("E:/hep/data/consumption78-17.csv",header=T)
>year=tscse[,1]
>time-ces.lm=lm(cse~pgdp,data=tscse)
```


如果误差不相关，点将随机分布在 $\varepsilon=0$ 线上下。我们查看残差相对于时间的散点图，该图显示于图 4-7 的左图。

```
>plot(residuals(time-ces.lm)~year,ylab="Residuals")
>abline(h=0)
```

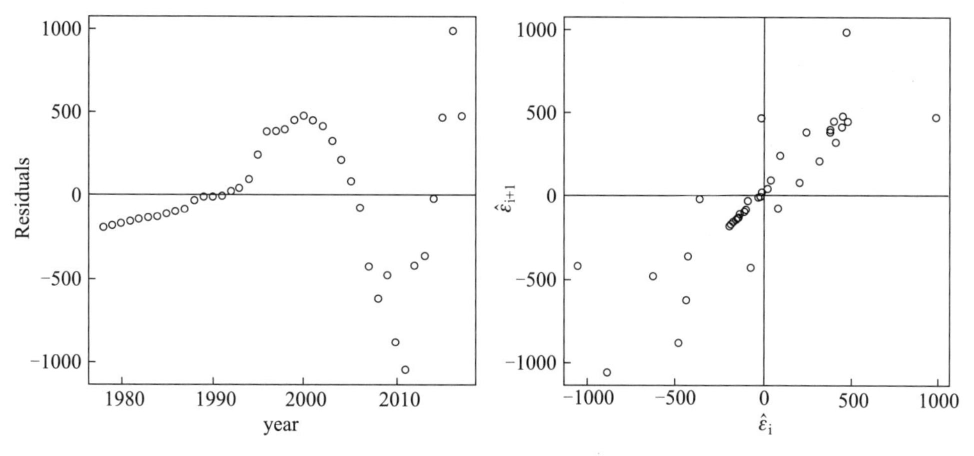

图 4-7　消费性支出数据中相关误差的诊断图

在图 4-7 的左图中，我们发现残差随着时间的推移呈现出曲线变化，这是残差序列可能存在相关的迹象。

检查序列相关性的另一种方法是绘制连续的残差对的散点图，如图 4-7 的右图所示。我们可以看到残差序列是正相关的。

```
>n=length(residuals(time-ces. lm))
>plot(tail(residuals(time-ces. lm),n-1) ~ head(residuals(time-ces. lm),n-1),xlab
=expression(hat(epsilon)[i]),ylab=expression(hat(epsilon)[i+1]))
>abline(h=0,v=0,col=grey(0. 75))
```

为了更好地把握残差序列的相关性，我们可以直接对其进行回归建模。我们省略截距项，因为残差的平均值为零。

```
>summary(lm(tail(residuals(time-ces. lm),n-1) ~ head(residuals(time-ces. lm),
n-1)-1))
Call:
lm(formula=tail(residuals(time-ces. lm),n-1) ~ head(residuals(time-ces. lm),n-1)-
1)Residuals:
    Min        1Q      Median       3Q        Max
-466.00    -16.03      4.27      58.59     580.90
Coefficients:
                                Estimate   Std. Error   t value   Pr(>|t|)
head(residuals(time-ces. lm),n-1)  0.86374    0.08665     9.969    3.72e-12 ***
---
Signif. codes: 0‘ *** ’0.001‘ ** ’0.01‘ * ’0.05‘. ’0.1‘ ’1
Residual standard error: 209.5 on 38 degrees of freedom
Multiple R-squared: 0.7234,      Adjusted R-squared: 0.7161
F-statistic: 99.38 on 1 and 38 DF,  p-value: 3.724e-12
```

结果显示，估计的系数为 0.86，p 值<0.001，非常显著，这也证实了序列存在相关性。如果我们怀疑存在一个更复杂的相依关系，可以绘制更多连续的残差对的散点图或建立回归模型。

我们还可以使用 Durbin-Watson 统计量来检验残差是否相关，零假设是误差是不相关。其检验统计量为：

$$\chi^2 = \frac{\sum_{i=2}^{n} (\hat{\varepsilon}_i - \hat{\varepsilon}_{i-1})^2}{\sum_{i=1}^{n} \hat{\varepsilon}_i^2}$$

基于误差不相关的零假设，该统计量服从 χ^2 分布。我们使用 lmtest 程序包来计算 Durbin-Watson 统计量：

```
>require(lmtest)
>dwtest(cse ~ pgdp,data=tscse)
          Durbin-Watson test
```

```
data: cse~pgdp
DW=0.29278,p-value=2.894e-14
alternative hypothesis: true autocorrelation is greater than 0
```

其中 p 值为 2.894e-14,是序列相关的较强证据。

有时,序列相关性可能是由缺失协变量引起的。例如,假设自变量和因变量之间存在二次关系,但我们仅仅使用了该自变量的线性项。统计诊断将显示残差存在序列相关性,但问题的真正根源是缺少二次项。可以通过改变模型的结构部分来消除误差相关,也可以将误差相关的性质直接反映到模型中,这可以用第 6 章的广义最小二乘法来实现。

4.2 检测异常观测

我们可能会发现一些观测与模型不太相符,可称之为**异常值**(outlier)。还有一些观测以实质性的方式改变了模型的拟合,这些观测被称为**有影响**的点(influential point)。一个观测可以同时具有这两个特性。还有一类观测称之为**杠杆点**(leverage point),它有可能影响拟合,但并不一定如此。确定这些点很重要,但是如何处理它们可能会很困难。

4.2.1 杠杆点

对于帽子矩阵 H,$h_i=H_{ii}$ 称为杠杆,它是有用的诊断工具。因为 $\mathrm{var}(\hat{\varepsilon}_i)=\sigma^2(1-h_i)$,一个大杠杆 h_i 将使 $\mathrm{var}(\hat{\varepsilon}_i)$ 变小,从而拟合就被吸引到相应的 y_i。h_i 出现高值是由于 X 空间中出现极值。h_i(平方)对应于由 $(x-\bar{x})\hat{\Sigma}^{-1}(x-\bar{x})$ 定义的 X 的马氏距离,其中 $\hat{\Sigma}$ 是估计的 X 的协方差矩阵。h_i 值仅依赖于 X 而不是 y,因此杠杆仅利用了观测值的部分信息。因为 $\sum_i h_i=p$,h_i 的平均值是 p/n。一个粗略的规则是,应该更仔细地观察大于 $2p/n$ 的杠杆点。

例 4.6 青原博士继续分析 2017 年我国居民人均消费支出数据,查看数据是否存在杠杆点。

我们以包含 6 个自变量的多元线性回归模型为基础。接下来,继续计算杠杆值:

```
>row.names(consumption)=consumption[,1]
>ces.lm=lm(cse~pop14+pop65+pgdp+dpgdp+dpi+ddpi,data=consumption)
>hatv=hatvalues(ces.lm)
>head(hatv)
   北京        天津        河北        山西       内蒙古        辽宁
0.36957     0.49547     0.09402     0.24252     0.21027     0.27122
>sum(hatv)
[1]7
```

我们验证杠杆的总和确实是 7,这是模型中参数的个数。

确定异常大的杠杆值的一个较好的方法是使用半正态图,其思想是将数据与正的正态分位数相比较。步骤如下:(1) 数据排序 $x_{[1]} \leqslant x_{[2]} \leqslant \cdots \leqslant x_{[n]}$;(2) 计算 $u_i = \Phi^{-1}\left(\frac{n+i}{2n+1}\right)$;(3) 绘制 $x_{[i]}$ 与 u_i 的图像。我们通常不期望 $x_{[i]}$ 与 u_i 存在直线关系,因为无法期望类似杠杆的数据呈正的正态分布。在这个图里,异常值将会与其他数据大相径庭,因此会显而易见。

我们使用下面的代码得到人均消费支出数据的半正态图,这里使用地区名而不是点来帮助识别两个最大的案例:西藏和天津,见图 4-8 的左图。

```
>par(mfrow=c(1,2))
>halfnorm(hatv,labs=regions,ylab="Leverages")
```

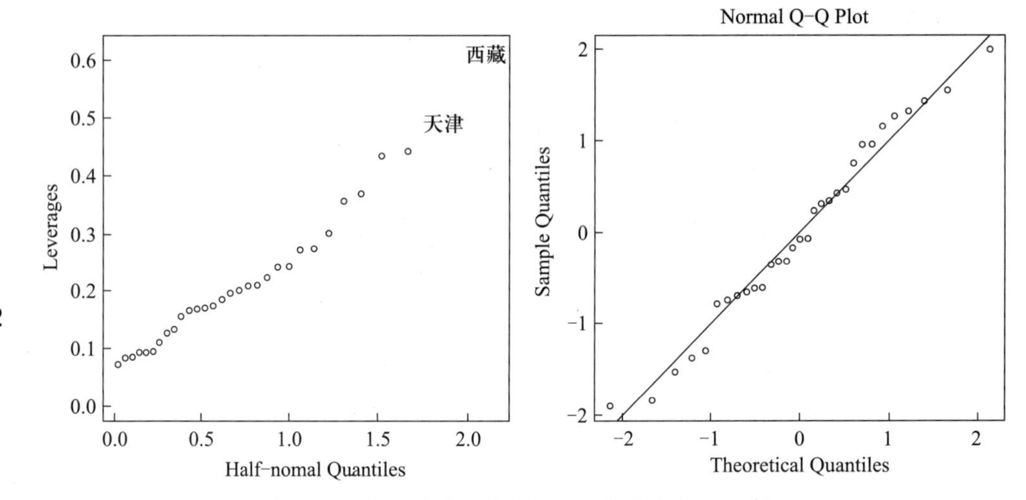

图 4-8　杠杆的半正态图和标准化残差的 Q-Q 图

杠杆也可用于缩放残差。根据 $\mathrm{var}(\hat{\varepsilon}_i) = \sigma^2(1-h_i)$,则标准化残差:

$$r_i = \frac{\hat{\varepsilon}_i}{\hat{\sigma}\sqrt{(1-h_i)}}$$

如果模型合理,$\mathrm{var}(r_i)=1$ 和 $corr(r_i, r_j)$ 将变小。在作残差图前标准化残差有时是必要的操作,因为标准化残差具有相等的方差。只有当误差具有常数方差时,标准化才能校正残差中天然的非常数方差。如果误差中存在一些潜在的异方差,标准化是无法纠正它的。

我们现在计算并绘制人均消费支出数据的标准化残差:

```
>qqnorm(rstandard(ces.lm))
>abline(0,1)
```

图 4-8 的右图显示了标准化残差的 Q-Q 图。因为这些残差已经被标准化,所以如果正态性成立,我们期望点近似落在直线 $y=x$ 上。标准化残差的另一个优点是可以容易地判断大小。虽然绝对值 2 很大,但对于标准化的残差来说并非例外,而在标准正态分布下,数值 4 将是非常不寻常的。

有时候,诊断图中使用标准化残差而不是原始残差。然而,在许多情况下,除了尺度变化之外,标准化残差与原始残差没有很大不同。只有当存在非常大的杠杆作用时，差异才会在图形上明显可见。

4.2.2 异常值

异常值（outlier）是不适合当前模型的点，可能会也可能不会显著影响拟合。我们需要注意异常值。异常值检验使我们能够将异常值与真正不寻常的较大但并非异常的观测值区分开来。

例 4.7 青原博士使用下面的模拟数据来说明异常值的影响。我们将首先模拟产生取值为 1、2、3、…、10 的自变量 x，然后在 x 上添加正态误差得到 y。最后考察在三种添加附加点的情况下，模型相对于没有添加附加点的变化。

下面的代码首先生成了模拟数据，然后建立了一元线性回归模型：

```
>set.seed(123)
>testdata=data.frame(x=1:10,y=1:10+rnorm(10))
>lmod=lm(y~x,testdata)
```

在第一种情况中，我们给 x 和 y 的数据集添加一个附加点（5.5，12），其中 5.5 是在 x 的取值范围内，而 12 超出了 y 的取值范围。重新建立一元线性回归模型，画出散点图：

```
>p1=c(5.5,12)
>lmod1=lm(y~x,rbind(testdata,p1))
>plot(y~x,rbind(testdata,p1))
>points(5.5,12,pch=4,cex=2)
>abline(lmod)
>abline(lmod1,lty=2)
```

在图 4-9 的第一个图中的实线显示只使用 10 个原始点拟合的回归线，而虚线显示包含附加点的拟合。用十字标记添加的附加点。我们发现两条回归线没有多大区别，特别是斜率非常相似。这个异常点没有很大的杠杆或影响力。

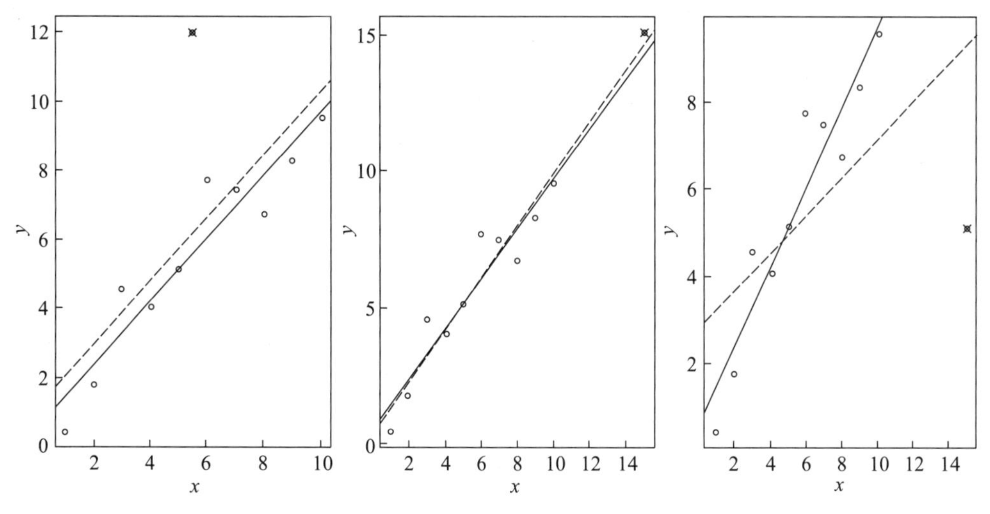

图 4-9 三种添加附加点的模型相对于没有添加附加点的变化图

在第二种情况中，我们给 x 和 y 的原始数据集重新添加了一个附加点(15,15.1)，其中15和15.1均超出了 x 和 y 的取值范围。重新建立一元线性回归模型，画出散点图：

```
>p2=c(15,15.1)
>lmod2=lm(y~x,rbind(testdata,p2))
>plot(y~x,rbind(testdata,p2))
>points(15,15.1,pch=4,cex=2)
>abline(lmod)
>abline(lmod2,lty=2)
```

从图4-9的第二个图中可以看出，两条回归线没有较大区别。附加点有较大杠杆，但不是异常点。

在第三种情况中，我们给 x 和 y 的原始数据集添加一个附加点(15,5.1)，其中15超出了 x 的取值范围，而5.1在 y 的取值范围内。重新建立一元线性回归模型，画出散点图。

```
>p3=c(15,5.1)
>lmod3=lm(y~x,rbind(testdata,p3))
>plot(y~x,rbind(testdata,p3))
>points(15,5.1,pch=4,cex=2)
>abline(lmod)
>abline(lmod3,lty=2)
```


从图4-9的第三个图中可以看出，这个附加点基本上改变了回归线。虽然该点具有较大的残差，但是随着该点的加入，其他点的残差也随着变大。因此，这一点既是异常点，也是有影响的点。我们必须注意发现这样的点，因为它们会对分析的结论产生重大的影响。就像在第三种情况中看到的那样，这些点将回归线拉近，从而隐藏了回归线的真实状态。为了检测这些异常点，我们排除疑似异常点 i 并重新计算估计值得到 $\hat{\beta}_{(i)}$ 及 $\hat{\sigma}^2_{(i)}$，其中 (i) 表示第 i 个案例已被排除在外。因此：

$$\hat{y}_{(i)} = x_i^T \hat{\beta}_{(i)}$$

如果 $\hat{y}_{(i)} - y_i$ 比较大，那么点 i 是异常的。为了判断潜在异常值的大小，我们需要适当地缩放。我们发现：

$$\operatorname{var}(y_i - \hat{y}_{(i)}) = \hat{\sigma}^2_{(i)}[1 + x_i^T(X_{(i)}^T X_{(i)})^{-1} x_i]$$

因此，我们将学生化（有时称为刀切法或交叉验证）残差定义为：

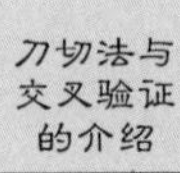

$$t_i = \frac{y_i - \hat{y}_{(i)}}{\hat{\sigma}_{(i)}[1 + x_i^T(X_{(i)}^T X_{(i)})^{-1} x_i]^{1/2}}$$

如果模型合适且 $\varepsilon \sim N(0, \sigma^2 I)$，则 t_i 服从 $t(n-p-1)$ 分布。更简单的计算 t_i 的方法如下：

$$t_i = \frac{\hat{\varepsilon}_i}{\hat{\sigma}_{(i)}(1 - h_i)^{1/2}} = r_i\left(\frac{n - p - 1}{n - p - r_i^2}\right)^{1/2}$$

这避免了进行 n 次回归。其中,r_i 是前面提到的标准化残差。

因为 $t_i \sim t(n-p-1)$,如果我们只是检验一个预先选择的点是否是异常值,这是很好实现的。然而,如果 $n=100$ 并且需要检验所有点;在使用 5% 的显著性水平的情况下,我们将期望使用以下的方法找到大约 5 个异常值。尽管我们可能只能明确地检验一个或两个大的 t_i,但是实际上已经检验了所有的点,因为我们需要考虑所有的残差来找出哪些是大的值。为避免识别过多的异常值有必要对检验的水平进行一些调整。

假设我们要做水平 α 的检验,那么

$$P(\text{接受所有检验}) = 1 - P(\text{至少拒绝一个}) \geqslant 1 - \sum_i P(\text{检验 } i \text{ 被拒绝}) = 1 - n\alpha$$

这表明如果要进行总体水平 α 的检验,则应在每个检验中使用水平 α/n。这种方法称为 Bonferroni 校正。它最大的特点是保守,比名义置信水平 α 发现的异常值要少。n 越大,它就越保守。

例 4.8 计算 2017 年我国居民人均消费支出数据的学生化残差,找出最大值:

```
>cse.lm=lm(cse~pop14+pop65+pgdp+dpgdp+dpi+ddpi,data=consumption)
>stud=rstudent(cse.lm)
>stud[which.max(abs(stud))]
    广东
2.120086
```

最大残差 2.12 对于标准正常尺度来说是相当大的,但它是异常值吗?计算 Bonferroni 双侧检验的临界值:

```
>qt(0.05/(31*2),24) #31 是样本量,24 是自由度,0.05 是显著性水平
[1]-3.553689
```

由于 2.12 小于 $|-3.55|$,因此,广东不是一个异常点。这表明,除非残差绝对值超过 3.5,否则不值得计算异常值检验的 p 值。

发现异常值后,我们应该对异常值做些什么呢?

(1) 检查数据输入错误。如果能确定这一点确实是一个输入错误,并且没有被实际观察到,那么解决方案很简单:放弃它。但是要注意以自动方式排除异常值是危险的。美国国家航空航天局 1985 年发射了 Nimbus 7 号卫星以记录大气信息。几年后,英国南极调查观察到南极上空大气臭氧大幅度减少。在检查 NASA 数据时,发现数据处理程序自动丢弃了极低的观测值,并假定这些观测值是错误的,因此南极臭氧洞的发现推迟了几年。如果早些时候知道这一点,逐步停止使用含氯氟烃的协议就可能会早点达成,从而减少对人类的损害。

(2) 检查物理环境为什么会发生这种情况?有时,异常值的发现可能具有独特的意义。一些科学发现源于注意到意想不到的反常现象。异常值重要性的另一个例子是信用卡交易的统计分析。异常值可能表示有欺诈行为。在这些例子中,发现异常值是建模的主要目的。

(3) 假设异常值不能被合理地识别为错误或异常,而是被视为自然发生的。特

别是如果有大量这样的点，使用稳健回归会更有效和可靠，如第 6.4 节所述。常规的异常值剔除与最小二乘法相结合不是一种好的估计方法。在这种情况下，有必要对推断方法进行一些调整。特别地，用于预测的不确定性评估需要反映极值可能发生的事实。

4.2.3 有影响的观测

有影响的观测(影响点)是从数据集中删除将导致拟合发生较大变化的点。一个有影响力的点可能是也可能不是异常值，并且可能具有也可能不具有大的杠杆作用，但是它将倾向于具有这两个属性中的至少一个。在图 4-9 中，第三个图显示了一个影响点。

有几种寻找影响点的方法。我们可以考虑拟合的变化 $X^T(\hat{\beta}-\hat{\beta}_{(i)})=y-\hat{y}_{(i)}$，下标 (i) 表示没有案例 i 的拟合。为了更紧凑地诊断，我们可以考虑系数的变化 $\hat{\beta}-\hat{\beta}_{(i)}$。

Cook 统计量是受欢迎的影响点诊断方法，因为它们将每个样本的信息减少到一个值。它被定义为：

$$D_i=\frac{(\hat{y}-\hat{y}_{(i)})^T(\hat{y}-\hat{y}_{(i)})}{p\hat{\sigma}^2}=\frac{1}{p}r_i^2\frac{h_i}{1-h_i}$$

第一项 r_i^2 是残差效应，第二项是杠杆效应。两者的结合会产生影响。D_i 的半正态图可用于识别有影响的观测。

例 4.9 青原博士继续使用 2017 年我国居民人均消费支出数据，分析是否存在有影响的观测。

我们以包含 6 个自变量的多元线性回归模型为基础。接下来，计算 Cook 统计量：

```
>cse.lm=lm(cse~pop14+pop65+pgdp+dpgdp+dpi+ddpi,data=consumption)
>cook=cooks.distance(cse.lm)
>halfnorm(cook,3,labs=regions,ylab="Cook's distances")
```

Cook 统计量见图 4-10 的左图，确定了最大的三个案例，分别为西藏、天津和上海。我们现在排除最大的一个(西藏)，看看拟合的变化：

```
>cse.lmi=lm(cse~pop14+pop65+pgdp+dpgdp+dpi+ddpi,consumption,subset=(cook
<max(cook))
>summary(cse.lmi)
Call:
lm(formula=cse~pop14+pop65+pgdp+dpgdp+dpi+ddpi,
    data=consumption,subset=(cook<max(cook)))

Residuals:
     Min         1Q     Median        3Q       Max
-1654.87   -693.15    -34.26    766.65   1643.71
```

```
Coefficients:
              Estimate      Std. Error   t value   Pr(>|t|)
(Intercept)   2744.52009    2208.21981    1.243    0.226
pop14          -92.15774      56.75414   -1.624    0.118
pop65          -42.26026      68.06718   -0.621    0.541
pgdp             0.01135       0.01918    0.592    0.560
dpgdp         -270.91398     148.94169   -1.819    0.082
dpi              0.57550       0.04872   11.813    3.02e-11 ***
ddpi           518.28997     322.37599    1.608    0.122
---
Signif. codes: 0'***'0.001'**'0.01'*'0.05'.'0.1''1

Residual standard error: 970.8 on 23 degrees of freedom
Multiple R-squared: 0.9837,     Adjusted R-squared: 0.9794
F-statistic: 231 on 6 and 23 DF, p-value: <2.2e-16
```

与完全数据拟合相比,模拟得到改善,F、R^2 和 R_a^2 值都有提高,残差标准误降低。此外,*dpi* 和 *pgdp* 的系数没有太大变化,而 *pop*14、*pop*65、*ddpi* 和 *dpgdp* 的系数变化较大。


```
>summary(cse.lm)
```

输出结果略,可参看例 3.1。

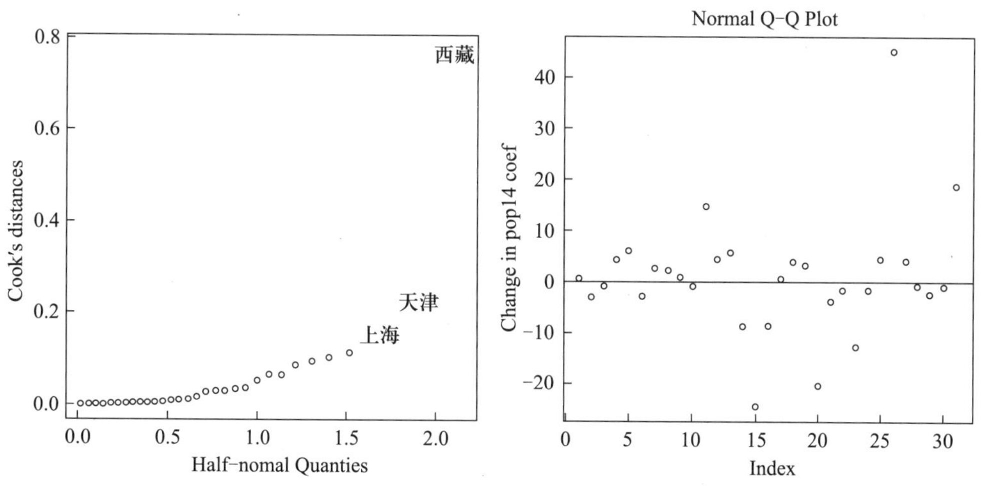

图 4-10　人均消费支出数据中 Cook 统计量的半正态曲线图和 *pop*14 的系数差$\hat{\beta}-\hat{\beta}_{(i)}$

当然,我们不希望参数估计对一个地区的存在如此敏感。我们研究了留一系数差,即当不考虑一个案例时第二个参数估计值($\hat{\beta}_{pop14}$)的变化,如图 4-10 的右图所示。该命令允许在图上使用鼠标完成点的交互式识别。

```
>plot(dfbeta(cse.lm)[,2],ylab="Change in pop14 coef")
>abline(h=0)
```

对于其他变量,重复应用此图。第 26 个地区西藏在这个图上比较突出,所以我们检查移除它的影响:

```
>cse.lmj=lm(cse~pop14+pop65+pgdp+dpgdp+dpi+ddpi,consumption,subset=(cse
!=10320.12))  #根据 cse 排除西藏
>summary(cse.lmj)
Call:
lm(formula=cse~pop14+pop65+pgdp+dpgdp+dpi+ddpi,
    data=consumption,subset=(cse!=10320.12))

Residuals:
     Min         1Q     Median        3Q        Max
-1654.87    -693.15    -34.26    766.65    1643.71

Coefficients:
               Estimate    Std. Error    t value    Pr(>|t|)
(Intercept)  2744.52009    2208.21981      1.243    0.226
pop14         -92.15774      56.75414     -1.624    0.118
pop65         -42.26026      68.06718     -0.621    0.541
pgdp            0.01135       0.01918      0.592    0.560
dpgdp        -270.91398     148.94169     -1.819    0.082
dpi             0.57550       0.04872     11.813    3.02e-11 ***
ddpi          518.28997     322.37599      1.608    0.122
---
Signif. codes: 0'***'0.001'**'0.01'*'0.05'.'0.1''1

Residual standard error: 970.8 on 23 degrees of freedom
Multiple R-squared: 0.9837,     Adjusted R-squared: 0.9794
F-statistic: 231 on 6 and 23 DF,    p-value: <2.2e-16
```

与完全数据拟合相比,我们发现 F、R^2 和 R_a^2 值都略微提高,残差标准误降低。我们还可以使用一些有用的残差图,如图 4-11 所示。

```
>par(mfrow=c(2,2))
>plot(cse.lm)
```

第一个图显示了通常的残差与拟合的散点图,并添加了平滑拟合线以辅助解释。第二个图是标准化残差的 Q-Q 图,还有一些极端的案例被贴上了标签。第三个图显示了$\sqrt{|\hat{\varepsilon}|}$与$\hat{y}$的散点图,再次添加了平滑拟合。第四个图显示了相对于杠杆的标准化残差。由于 *Cook* 统计量是表示这两个变量的函数,我们可以绘制等高线。超出这些等高线的任何一点都可能具有影响力,需要密切的关注。

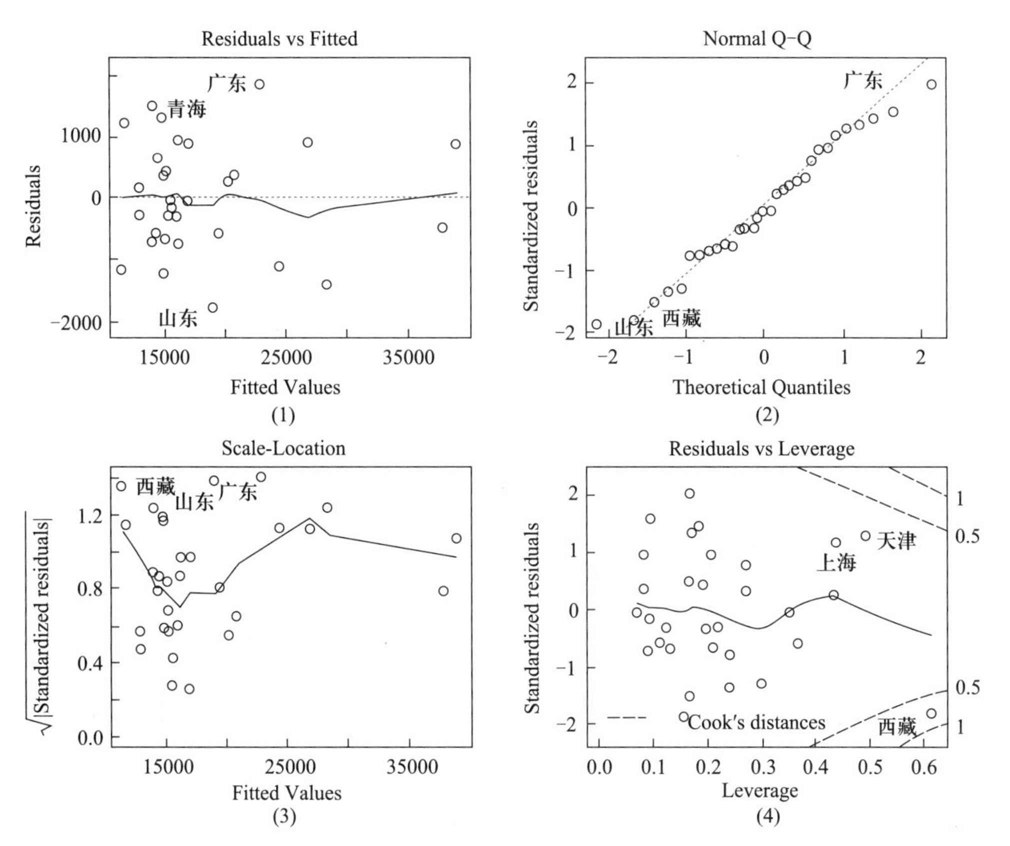

图 4-11　人均消费支出数据的诊断图

4.3 检查模型结构

我们也可以检测模型结构部分 $Ey=X\beta$ 的不足。残差是最好的线索，因为残差中如果出现系统结构，可能表明模型出了问题。一个好的诊断通常也会建议如何改进模型。我们也可以使用后面第 6.3 节介绍的拟合不足的检验，该检验可以在通常需要重复有限次的情况下使用。但即使这样的检验，也不能说明如何改进模型。

我们已经讨论过$\hat{\varepsilon}$分别与$\hat{y}$和 x_i的散点图，可以用这些图来检验关于误差的假设。它们也可以建议对变量进行变换，因而也可以用来改进模型的结构形式。我们也可以绘制 y 与每个 x_i 的散点图。实际上，在模型拟合开始之前，这些散点图的绘制应该是任何探索性分析的一部分。这些图的缺点是其他自变量经常影响给定自变量和因变量之间的关系。

偏回归图(partial residual plot)有助于分离 x_i 对 y 的影响。我们首先建立 y 对除 x_i 外的所有 x 的回归，得到残差$\hat{\delta}$，它表示 y 中其他 x 变量的效应已去掉了。类似地，我们建立 x_i 在除 x_i 之外的所有 x 的回归，并得到残差$\hat{\gamma}$。这样我们把除 x_i 之外的其他 x 变量的影响都去掉了。因而，偏回归图显示了$\hat{\delta}$与$\hat{\gamma}$的关系，在偏回归图中可以寻找非线性和异常值以及有影响的观测值。

与简单回归一样，偏回归图允许我们关注一个自变量与因变量之间的关系。我们

偏回归的介绍

可以研究在去除其他自变量的影响后，因变量和自变量之间的边际关系。但对于多元回归，我们不能可视化全部关系。

例 4.10 再次使用 2017 年我国居民人均消费支出数据集来说明偏回归图。

我们构造 *pop*65 的偏回归图：

```
>d=residuals(lm(cse~pop14+pgdp+dpgdp+dpi+ddpi,consumption))
>m=residuals(lm(pop65~pop14+pgdp+dpgdp+dpi+ddpi,consumption))
>plot(m,d,xlab="pop65 residuals",ylab="Consumption residuals")
```

图 4-12 的左图中没有显示明显的非线性或异常点的迹象。通过考虑回归线，我们发现它与包括全部自变量的完全回归的 *pop*65 的相应系数基本相同，因此偏回归图为回归系数的含义提供了直观的认识。

```
>coef(lm(d~m))
   (Intercept)              m
8.168258e-14    1.892843e-01
>cse.lm=lm(cse~.,data=consumption)
>coef(cse.lm)
(Intercept)      pop14     pop65      pgdp       dpgdp      dpi      ddpi
4435.846       -47.297     0.189     0.017    -244.313    0.575    77.590
>abline(0,coef(lm(d~m))[2])
```

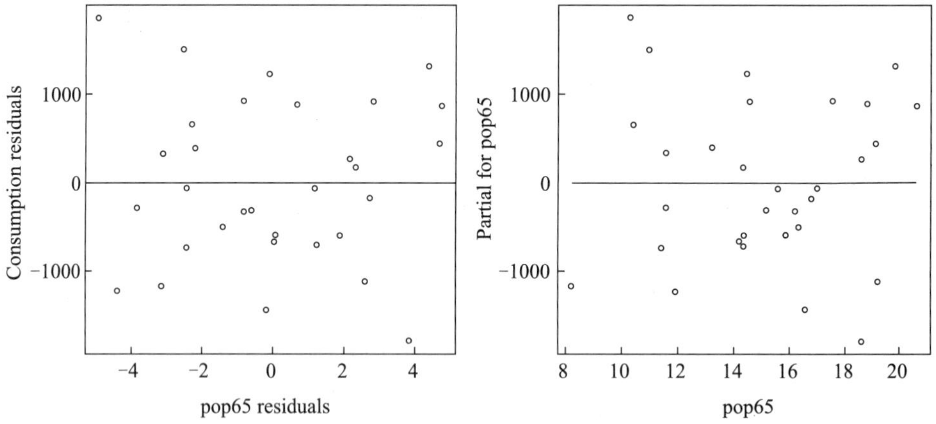

图 4-12　人均消费支出数据的偏回归(左)和偏残差(右)图

偏残差图可替代偏回归图。我们对因变量去掉除 x_i 之外的其他所有 x 的自变量的影响：

$$y-\sum_{j\neq i}x_j\hat{\beta}_j=\hat{y}+\hat{\varepsilon}-\sum_{j\neq i}x_j\hat{\beta}_j=x_i\hat{\beta}_i+\hat{\varepsilon}$$

然后建立 $\hat{\varepsilon}+x_i\hat{\beta}_i$ 相对 x_i 的偏残差图。同样，该图的斜率是 $\hat{\beta}_i$，解释是一样的。偏残差图被认为对于非线性检测效果更好，而偏回归图对于异常值或影响点检测效果更好。

偏残差图易于构建。termplot() 命令可对 x_i 进行中心化，$\hat{\varepsilon}+\hat{\beta}_i(x_i-\bar{x}_i)$ 可称为偏残差，其均值为零。

```
>termplot(cse.lm,partial.resid=TRUE,terms=2)#terms=2 表示针对第二个自变量 pop65
```

我们在偏残差图中看到偏残差大概可分为两组，见图 4-12 的右图。这表明这两个区域之间可能存在不同的关系。我们对两组数据分别建立多元回归模型：

```
>mod1=lm(cse~pop14+pop65+pgdp+dpgdp+dpi+ddpi,consumption,subset=(pop65>16))
>mod2=lm(cse~pop14+pop65+pgdp+dpgdp+dpi+ddpi,consumption,subset=(pop65<16))
>summary(mod1)
Call:
lm(formula=cse~pop14+pop65+pgdp+dpgdp+dpi+ddpi,
    data=consumption,subset=(pop65>16))

Residuals:
    Min        1Q      Median      3Q       Max
-1055.0    -120.4     122.6     326.6     689.3

Coefficients:
                Estimate      Std. Error     t value    Pr(>|t|)
(Intercept)    122.90091     3279.67982      0.037     0.971
pop14          -99.12357      107.42574     -0.923     0.392
pop65          263.90929      164.18377      1.607     0.159
pgdp            -0.04650        0.02266     -2.052     0.086
dpgdp          516.98531      406.73778      1.271     0.251
dpi              0.69524        0.05358     12.975     1.29e-05 ***
ddpi          -343.64467      648.24414     -0.530     0.615
---
Signif. codes: 0‘ *** ’0.001‘ ** ’0.01‘ * ’0.05‘. ’0.1‘’1

Residual standard error: 734.4 on 6 degrees of freedom
Multiple R-squared: 0.9961,       Adjusted R-squared: 0.9922
F-statistic: 254.6 on 6 and 6 DF,   p-value: 5.951e-07

>summary(mod2)
Call:
lm(formula=cse~pop14+pop65+pgdp+dpgdp+dpi+ddpi,
    data=consumption,subset=(pop65<16))

Residuals:
    Min        1Q      Median      3Q       Max
-1233.3    -511.3    -159.2     417.6    1511.2
```

```
Coefficients:
              Estimate      Std. Error    t value    Pr(>|t|)
(Intercept)   4748.02840    4949.61449     0.959     0.3580
pop14          -34.06308      62.24008    -0.547     0.5951
pop65          -65.28599     136.14212    -0.480     0.6409
pgdp             0.03780       0.04674     0.809     0.4358
dpgdp         -225.52804     169.47397    -1.331     0.2102
dpi              0.56506       0.17817     3.171     0.0089 **
ddpi            -4.11937     337.18956    -0.012     0.9905
---
Signif. codes: 0'***'0.001'**'0.01'*'0.05'.'0.1''1

Residual standard error: 1019 on 11 degrees of freedom
Multiple R-squared: 0.9662,      Adjusted R-squared: 0.9477
F-statistic: 52.37 on 6 and 11 DF,  p-value: 1.872e-07
```


在对老龄人口抚养比较高地区与较低地区的两个回归模型中，我们发现第一个回归模型的效果好于全数据拟合模型(R^2 增大，残差标准误明显减小)，而第二个回归弱于全数据拟合模型(R^2 减小，残差标准误略微减小)。我们还发现两个回归模型中，均只有自变量 *dpi* 显著，其他自变量不显著，这与全数据的模型是相同的，但是第一个回归模型里的系数大于全数据拟合，而第二个回归模型里的系数小于全数据拟合。之所以发生这样的现象，可能是由于异常值或者意料之外的变换造成的。从前面的分析中知道西藏地区是异常值，西藏的老龄人口抚养比 8.22% 非常低，而其参与了第二个回归和全数据的拟合模型。

图形分析显示了数据中的关系，而纯粹的数值分析很容易忽略这种关系。有时，使用颜色、绘图符号或大小将额外的维度引入诊断图中是很有帮助的。或者，图可以是多方面的。ggplot2 程序可以很方便地实现该目标。下面是几个示例：

```
>consumption$status=ifelse(consumption$pop65>16,"old","young")
>require(ggplot2)
>ggplot(consumption,aes(x=dpgdp,y=cse,shape=status))+geom_point()
>ggplot(consumption,aes(x=dpgdp,y=cse))+geom_point()+facet_grid(~status)+
stat_smooth(method="lm")
```

图 4-13 中的曲线显示了以两种不同的方式区分老龄人口抚养比得出的分类变量两个水平的差异。在这种情况下，第二个图更有效。请注意，我们添加了一条包括 95% 置信区间的回归线，从而明确了两组之间的关系的不同。

更高维度的图也可用于检测在二维中看不到的结构。我们可以绘制三维图，其中使用颜色、点大小和旋转来给出三维的错觉。我们还可以把两个或多个图连接起来，以便在一个图中刷过的点在另一个图中高亮显示。但是这些工具使用起来比较困难，主要是难以输出。

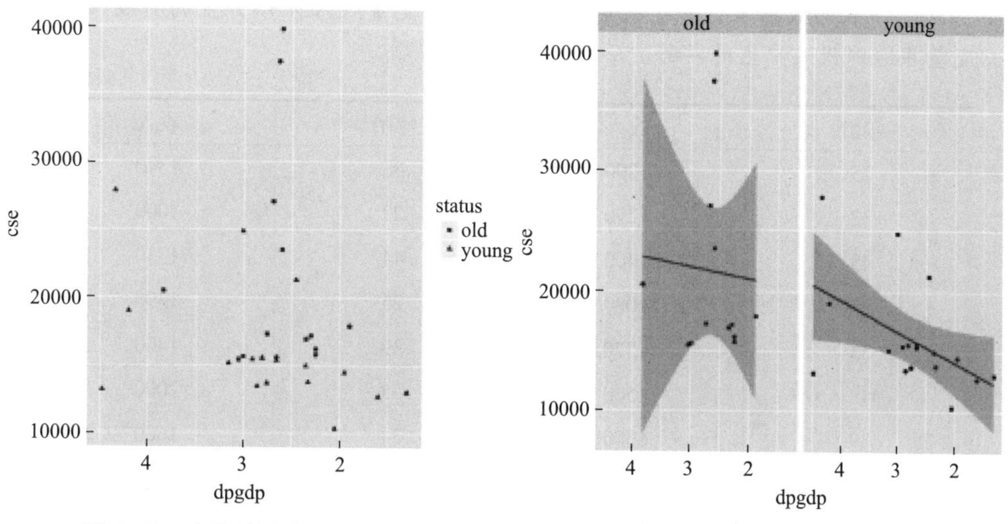

图 4-13　为诊断图引入另一个维度。左侧的 shape 表示状态变量,右侧用块来显示。

除了图形技术,用于检查模型结构形式的非图形技术通常涉及变量的替代变换或重组,具体见第 8 章介绍的收缩方法。

4.4 小结

这一章对回归建模过程中一些可能出现的问题进行了讨论,主要涉及三个方面的问题:(1) 误差的假设违反;(2) 存在异常观测;(3) 线性模型不合适。其中误差的问题又分为:非常数方差、非正态误差以及相关误差。对每种情况,我们都用例子来阐明如何识别、检验是否已违反模型假设,提供了某些诊断工具以及一些改进方法。用诊断工具做的探索性分析并非总是有用的,改进方法也不总是能为我们提供令人满意的结果的。但不管怎样,若对这些类型的问题能有所察觉,可能对提供更有效和有用的分析有帮助。

练习题

1. 举例说明异方差产生的原因。
2. 如果在回归分析中诊断出异方差,可以对因变量作什么变换获得同方差?
3. 如果误差方差与因变量 y 的期望成正比,则可通过哪种变换将方差常数化?
4. 什么原因会引起序列相关性?序列相关性会产生什么后果?
5. 说明引起异常值的原因和消除异常值的方法。
6. 什么是自相关?会造成什么影响?举例说明自相关产生的原因。

7. 下表的数据来自一个老城区的小样本。变量收入表示户主的月收入，而变量年龄则代表户主的年龄。

年龄	收入	年龄	收入
25	1200	33	1340
32	1290	22	1000
43	1400	44	1330
26	1000	25	1390
33	1370	39	1400
48	1500	55	2000
39	6500	34	1600
59	1900	58	1680
62	1500	61	2100
51	2100	55	2000

(1) 作一个收入对年龄的线性回归，并绘制残差图。请问残差是否表明存在异常值？

(2) 计算回归的学生化残差。请问这些残差说明了什么？对得到的结果展开讨论。

8. R 中的程序包 faraway 自带的数据集 aatemp 来自美国历史气候学网络，包含了近 150 年的年平均气温数据。

(1) 气温变化是否有线性趋势？

(2) 连续几年的观察可能是相关的，检验是否存在序列相关性。这是否会改变你对趋势的看法？

9. 对于 R 中的程序包 faraway 自带的数据集 sat，将 *total*（SAT 的平均总分）作为因变量，*expend*（学生日常开支）、*ratio*（生师比）、*salary*（教师薪水）、*takers*（符合条件参加 SAT 的学生比例）作为自变量来建立一个线性回归模型。对该模型执行回归诊断，以回答下列问题。

(1) 检查误差的常数方差假设；

(2) 检查正态性假设；

(3) 检查杠杆点；

(4) 检查离群值；

(5) 检查有影响的点；

(6) 检查自变量与因变量之间的关系结构。

10. 对于 R 中的程序包 faraway 自带的数据集 cheddar，将 *taste*（味道）作为因变量，其他三个变量作为自变量来建立一个线性回归模型。对该模型执行回归诊断，以回答下列问题。

(1) 检查误差的常数方差假设;

(2) 检查正态性假设;

(3) 检查杠杆点;

(4) 检查离群值;

(5) 检查有影响的点;

(6) 检查自变量与因变量之间的关系结构。

11. 对于 R 中的程序包 faraway 自带的数据集 happy,将 *happy*(快乐)作为因变量,其他四个变量作为自变量来建立一个线性回归模型。对该模型执行回归诊断,以回答下列问题。

(1) 检查误差的常数方差假设;

(2) 检查正态性假设;

(3) 检查杠杆点;

(4) 检查离群值;

(5) 检查有影响的点;

(6) 检查自变量与因变量之间的关系结构。

12. 对于 R 中的程序包 faraway 自带的数据集 tvdoctor,将 *life*(平均期望寿命)作为因变量,另外两个变量作为自变量来建立一个线性回归模型。对该模型执行回归诊断,以回答下列问题。

(1) 检查误差的常数方差假设;

(2) 检查正态性假设;

(3) 检查杠杆点;

(4) 检查离群值;

(5) 检查有影响的点;

(6) 检查自变量与因变量之间的关系结构。

第 5 章

自变量的问题

目的与要求

(1) 了解在回归建模时处理自变量问题的必要性；
(2) 掌握自变量存在测量误差时的处理方法；
(3) 掌握共线性的处理方法；
(4) 掌握共线性处理在 R 软件中的实现。

到目前为止，回归模型 $Y=X\beta+\varepsilon$ 允许 Y 通过 ε 项具有测量误差。但是，如果 X 有测量误差怎么办？在测量 X 时可能会有错误并非不合理。例如，研究暴露于潜在危险物质（如雾霾）对健康影响的问题时，对于暴露这个自变量可能在一段时间内很难准确地对它进行衡量。此外，当某些自变量是其他自变量的线性组合时，这对 β 的估计有什么影响呢？此时又该怎么办？

5.1 测量误差

假设我们观察到的数据 (x_i^O, y_i^O) $(i=1,2,\cdots,n)$ 是与真实值 (x_i^A, y_i^A) 相关的值：

$$y_i^O=y_i^A+\varepsilon_i$$

$$x_i^O=x_i^A+\delta_i$$

其中误差 ε_i 和 δ_i 是独立的。如图 5-1 所示。

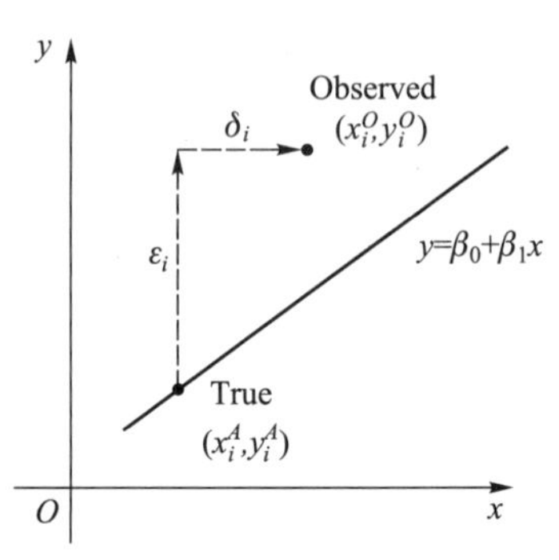

图 5-1 测量误差：真实数据与观测数据

y_i^A 与 x_i^A 的真正潜在关系是：

$$y_i^A=\beta_0+\beta_1x_i^A$$

但是我们只看到 (x_i^O, y_i^O)，将其代入上式得到：

$$y_i^O=\beta_0+\beta_1x_i^O+(\varepsilon_i-\beta_1\delta_i)$$

假设 $E\varepsilon_i=E\delta_i=0$，$var\ \varepsilon_i=\sigma_\varepsilon^2$，$var\ \delta_i=\sigma_\delta^2$。我们可以得到 $\sigma_x^2=\sum(x_i^A-\bar{x}^A)^2/n$，$\sigma_{x\delta}=cov(x^A,\delta)$。

假设我们使用最小二乘法来估计β_0和β_1，得到

$$\hat{\beta}_1=\sum(x_i^O-\bar{x}^O)y_i^O\Big/\sum(x_i^O-\bar{x}^O)^2$$

以及

$$E\hat{\beta}_1=\beta_1\frac{\sigma_x^2+\sigma_{x\delta}}{\sigma_x^2+\sigma_\delta^2+2\sigma_{x\delta}}$$

有两种情况值得注意：

(1) 如果x^A和δ之间没有关系，则$\sigma_{x\delta}=0$，此时$E\hat{\beta}_1=\beta_1\dfrac{1}{1+\sigma_\delta^2/\sigma_x^2}$。如果$\sigma_\delta^2$相对于$\sigma_x^2$较小，换句话说，如果$x$的观测误差的方差相对于$x$的方差非常小，此时$\hat{\beta}_1$将是$\beta_1$的近似无偏估计，此时我们就不必太担心自变量的测量误差。对于多个自变量的情况也类似。

(2) 在受控实验中，x出现误差可能有两种方式。在第一种方式下，我们测量x，虽然真值是x^A，但我们观察到x^O。如果我们重复测量，我们会得到相同的x^A和不同的x^O。在第二种方式下，我们可以固定x^O。如果我们重复测量，我们会得到相同的x^O和不同的x^A。例如，配制具有指定浓度x^O的化学溶液，真正的浓度是x^A。如果重复配置该溶液，这会得到相同的x^O和不同的x^A。在后一种方式下，我们有$\sigma_{x\delta}=cov(x^O-\delta,\delta)=-\sigma_\delta^2$，可以得到$E\hat{\beta}_1=\beta_1$，所以此时的估计是无偏的。这似乎自相矛盾，但请注意第二种方式颠倒了x^A和x^O的角色。如果观察到真正的x，那么将得到β_1的无偏估计。

在x的误差不能简单忽略的情况下，我们应该考虑β的最小二乘估计的替代方法。简单的最小二乘回归方程可以写成：

$$\frac{y-\bar{y}}{SD_y}=r\frac{(x-\bar{x})}{SD_x}$$

此时$\hat{\beta}_1=rSD_y/SD_x$。其中SD_x，SD_y分别是x和y的标准差。请注意：如果颠倒x和y的角色，我们不会得到相同的回归方程。

另一种方法是使用Cook和Stefanski(1994)提出的SIMEX方法，我们将在下面进行说明。

例5.1 R软件自带的数据集cars包含了50辆汽车的速度和停车距离的数据，我们可以探索这些数据的变换和诊断，但这里将只关注测量误差，基于该数据来说明自变量测量误差对模型的影响。

对数据作出散点图，如图5-2所示，并拟合一个线性模型将回归线添加到散点图中。

```
>cars=read.table("E:/hep/data/cars.txt",header=T)
>plot(dist~speed,cars,ylab="distance")
>cars.lm=lm(dist~speed,cars)
>coef(cars.lm)
(Intercept)     speed
-17.579095      3.932409
>abline(cars.lm)
```

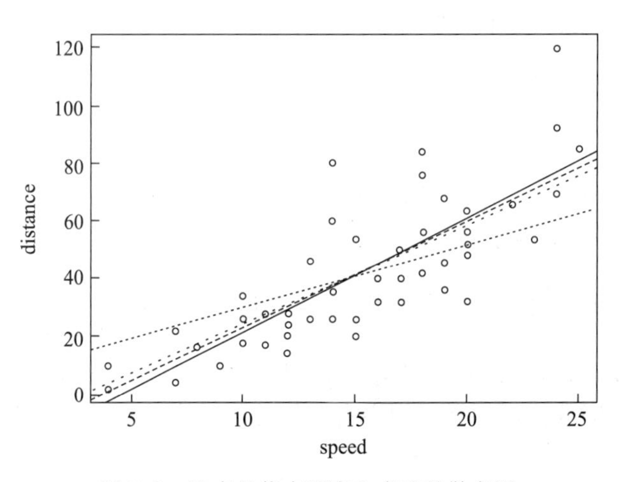

图 5-2　汽车的停车距离和车速的散点图

注：实线为最小二乘拟合。速度上增加三个逐渐增大的测量误差量的拟合以虚线示出，其中斜率随着误差增加而变低。

我们考虑自变量的三种测量误差，研究测量误差对回归模型的影响。我们在图 5-2 中添加三条新的回归直线。


```
>cars.lm1=lm(dist~I(speed+rnorm(50)),cars)
>coef(cars.lm1)
(Intercept)      I(speed+rnorm(50))
-15.0619         3.7582
>abline(cars.lm1,lty=2)
>cars.lm2=lm(dist~I(speed+2*rnorm(50)),cars)
>coef(cars.lm2)
(Intercept)      I(speed+2 *rnorm(50))
-5.3503          3.1676
>abline(cars.lm2,lty=3)
>cars.lm5=lm(dist~I(speed+5*rnorm(50)),cars)
>coef(cars.lm5)
(Intercept)      I(speed+5 *rnorm(50))
15.1589          1.8696
>abline(cars.lm5,lty=4)
```

可以看到，随着误差的增加，斜率变得更低。假设原始数据中的自变量（速度）是用已知的误差方差（例如 0.5）来产生测量误差的，结合在模拟的测量误差模型中看到的情况，我们可以外推出在没有测量误差情况下的斜率估计值。这是 SIMEX 背后的想法。

为了看得更清楚，我们分析添加的正态随机误差的方差从 0.1 变到 0.5 的时候对模型的影响，对每个设置重复 1000 次实验。

```
>vv=rep(1:5/10,each=1000)
>slopes=numeric(5000)
>for(i in 1:5000)slopes[i]=lm(dist~I(speed+sqrt(vv[i])*rnorm(50)),cars)$coef[2]
```

我们画出斜率和方差的散点图(图 5-3)。假设数据的方差为 0.5,我们将该方差添加到此值中。

```
>betas=c(coef(cars.lm)[2],colMeans(matrix(slopes,nrow=1000)))
>variances=c(0,1:5/10)+0.5
>plot(variances,betas,xlim=c(0,1),ylim=c(3.86,4))
```

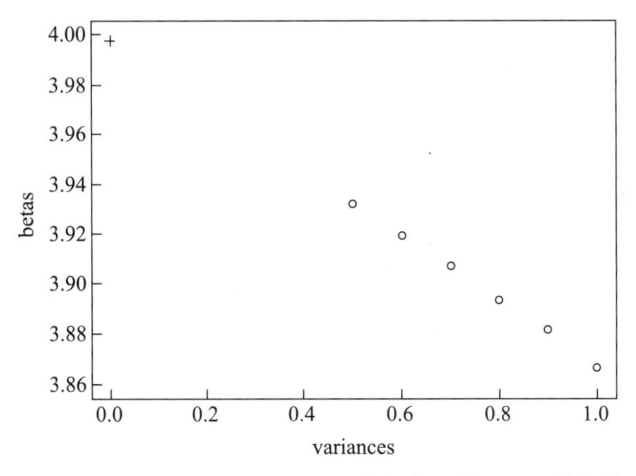

图 5-3　自变量存在测量误差时无偏斜率的模拟——外推估计

我们拟合一个线性模型,并外推至零方差。

```
>gv=lm(betas~variances)
>coef(gv)
(Intercept)      variances
3.99975          -0.13552
>points(0,gv$coef[1],pch=3)
```

我们发现$\hat{\beta}$的预测值在方差等于 0 时(即没有测量误差)为 4.0。

该方法也可以在 simex 包中实现。

```
>require(simex)
>set.seed(123)
>lmod=lm(dist~speed,cars,x=TRUE)
>simout=simex(lmod,"speed",0.5,B=1000)
>simout
Naive model:
lm(formula=dist~speed,data=cars,x=TRUE)
```

```
SIMEX-Variables: speed
Number of Simulations: 1000

Coefficients:
(Intercept)      speed
    -18.01       3.96
```

结果是大致相同的,牢记该方法依赖于模拟。由于是随机生成的,因此输出不会相同。

5.2 测量尺度

当变量取的值都非常大或非常小时,改变测量尺度通常是有用的。例如,我们得到$\hat{\beta}=0.000000351$。这个估计值可能会产生误导,因为我们很容易忘记小数点后0的数量。我们通常更善于解释中等大小的数字,比如$\hat{\beta}=3.51$。因此,为了避免产生错误,对测量尺度进行变化可能是有益的。在某些极端的情况下,可能需要改变尺度以确保数值的稳定性。尽管许多算法对不同尺度的变量具有鲁棒性,但还是可能会遇到计算误差。大多数方法在变量的尺度大致相似时工作更可靠。

假设我们将 x_i 表示为$(x_i+a)/b$。缩放 x_i 后 t 检验、F 检验、$\hat{\sigma}^2$ 和 R^2 都保持不变,$\hat{\beta}_i$ 变为原来的 b 倍。以相同的方式缩放 y 后 t 检验、F 检验和 R^2 都保持不变,但是$\hat{\beta}_2$变为原来的$\frac{1}{b}$,$\hat{\sigma}^2$ 变为原来的$\frac{1}{b^2}$。

例 5.2 青原博士继续使用2017年我国居民人均消费支出数据进行说明。

```
>consumption=read.csv("E:/hep/data/consumption2017.csv",header=T)
>cse.lm=lm(cse~pop14+pop65+pgdp+dpgdp+dpi+ddpi,data=consumption)
>summary(cse.lm)
Call:
lm(formula=cse~pop14+pop65+pgdp+dpgdp+dpi+ddpi,data=consumption)

Residuals:
     Min         1Q     Median       3Q        Max
-1793.62    -630.02    -66.23    759.05    1850.08

Coefficients:
               Estimate    Std. Error    t value    Pr(>|t|)
(Intercept)  4435.84855    2141.74610      2.071    0.0493 *
pop14         -47.29737      54.71340     -0.864    0.3959
pop65           0.18928      68.04626      0.003    0.9978
```

```
pgdp                0.01695         0.02002      0.847      0.4055
dpgdp            -244.31283       156.59150     -1.560      0.1318
dpi                 0.57526         0.05144     11.183      5.3e-11 ***
ddpi               77.58985       241.27187      0.322      0.7505
---
Signif. codes: 0' *** '0.001' ** '0.01' * '0.05'. '0.1' '1
Residual standard error: 1025 on 24 degrees of freedom
Multiple R-squared: 0.9819,      Adjusted R-squared: 0.9774
F-statistic: 217.3 on 6 and 24 DF,  p-value: <2.2e-16
```

此时得到的 *pgdp* 系数很小。我们对 *pgdp* 进行单位变换,用千元来衡量 GDP,然后重新拟合。让我们看看哪些系数改变了,哪些系数保持不变。

```
>cse.lm1=lm(cse~pop14+pop65+I(pgdp/1000)+dpgdp+dpi+ddpi,consumption)
>summary(cse.lm1)
Call:
lm(formula=cse~pop14+pop65+I(pgdp/1000)+dpgdp+dpi+ddpi,data=consumption)

Residuals:
     Min          1Q      Median         3Q         Max
-1793.62     -630.02      -66.23     759.05     1850.08

Coefficients:
                  Estimate     Std. Error    t value     Pr(>|t|)
(Intercept)     4435.84855     2141.74610      2.071     0.0493 *
pop14            -47.29737       54.71340     -0.864     0.3959
pop65              0.18928       68.04626      0.003     0.9978
I(pgdp/1000)      16.95040       20.01747      0.847     0.4055
dpgdp           -244.31283      156.59150     -1.560     0.1318
dpi                0.57526        0.05144     11.183     5.3e-11 ***
ddpi              77.58985      241.27187      0.322     0.7505
---
Signif. codes:0' *** '0.001' ** '0.01' * '0.05'. '0.1' '1

Residual standard error: 1025 on 24 degrees of freedom
Multiple R-squared: 0.9819,      Adjusted R-squared: 0.9774
F-statistic: 217.3 on 6 and 24 DF,  p-value: <2.2e-16
```

我们可以发现除了 *pgdp* 的系数是原来的 1000 倍,其他系数没有变化。而且,收入的 t 检验、残差的标准误、R^2 都没有变化。

一种相当彻底的缩放方法是使用 scale() 命令将所有变量都转换为标准单位(均值为 0 和方差为 1):

```
>sccse=data.frame(scale(consumption))
>cse.lm2=lm(cse~.,sccse)
>summary(cse.lm2)
Call:
lm(formula=cse~pop14+pop65+pgdp+dpgdp+dpi+ddpi,data=sccse)

Residuals:
      Min          1Q        Median          3Q          Max
-0.263013   -0.092384   -0.009712    0.111305    0.271291

Coefficients:
               Estimate    Std. Error    t value    Pr(>|t|)
(Intercept)  -4.551e-16    2.700e-02     0.000     1.000
pop14        -4.399e-02    5.088e-02    -0.864     0.396
pop65         8.886e-05    3.195e-02     0.003     0.998
pgdp          6.854e-02    8.094e-02     0.847     0.405
dpgdp        -5.205e-02    3.336e-02    -1.560     0.132
dpi           8.915e-01    7.972e-02    11.183     5.3e-11 ***
ddpi          1.316e-02    4.094e-02     0.322     0.751
Signif. codes: 0'***'0.001'**'0.01'*'0.05'.'0.1''1

Residual standard error: 0.1503 on 24 degrees of freedom
Multiple R-squared: 0.9819,      Adjusted R-squared: 0.9774
F-statistic: 217.3 on 6 and 24 DF,  p-value: <2.2e-16
```

结果显示截距为零。这是因为回归平面始终通过平均点,而由于中心化,该点现在位于原点。这样的缩放将所有自变量和因变量放在可比较的尺度上,这使得比较更简单。它还允许将系数视为一种偏相关,值始终介于-1 和 1 之间。它还避免了当变量具有许多不同的尺度时可能出现的一些数值问题。这种缩放的解释效果是回归系数现在表示自变量一个标准单位增加对因变量标准单位的影响。

当自变量是可比尺度时,如图 5-4 所示,构建包含置信区间估计值的图会很有帮助。

```
>edf=data.frame(coef(cse.lm2),confint(cse.lm2))[-1,]
>names(edf)=c('Estimate','lb','ub')
>require(ggplot2)
>p=ggplot(aes(y=Estimate,ymin=lb,ymax=ub,x=row.names(edf)),data=edf)+
geom_pointrange()
>p+coord_flip()+xlab("Predictor")+geom_hline(yintercept=0,col=gray(0.75))
```

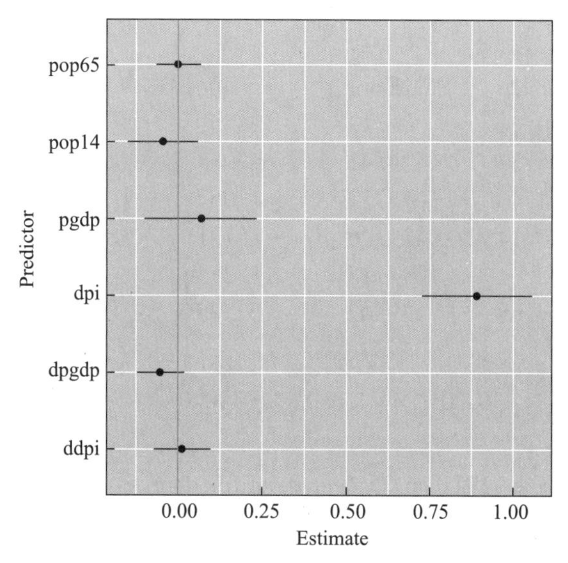

图 5-4　人均消费支出模型的标准化系数图以及 95% 置信区间

在存在二分自变量的情况下,缩放可能会有所不同。例如,我们注意到人均消费支出数据中的地区可以根据老龄人口抚养比分为两组。我们可以把 *pop*65 按照 16 来划分。

```
>consumption $pop65 = ifelse( consumption $pop65> 16,0,1)
```

现在老龄人口抚养比高的地区被编码为 0,而抚养比低的地区被编码为 1。以相等概率取 0/1 值的二分类自变量具有一倍的标准差,这意味着将其他连续自变量按两倍标准差进行缩放。

```
>consumption $pgdps = ( consumption $pgdp - mean ( consumption $pgdp ))/(2 * sd
(consumption $pgdp))
>consumption $dpgdps = ( consumption $dpgdp - mean ( consumption $dpgdp ))/(2 * sd
(consumption $dpgdp))
>consumption $dpis = ( consumption $dpi-mean( consumption $dpi))/(2 * sd( consump-
tion $dpi))
>consumption $ddpis = ( consumption $ddpi- mean( consumption $ddpi))/(2 * sd( con-
sumption $ddpi))
>summary(lm( cse ~ pop65+pgdps+dpgdps+dpis+ddpis, consumption))
Call:
lm( formula = cse ~ pop65+dpis+ddpis+pgdps+dpgdps, data = consumption)

Residuals:
     Min        1Q    Median       3Q       Max
-1919.45   -828.41     46.93   663.60   1738.81
```

```
Coefficients:
             Estimate  Std. Error  t value  Pr(>|t|)
(Intercept)  18350.71      307.12   59.750  < 2e-16 ***
pop65           36.37      424.41    0.086  0.9324
pgdps         1144.40     1072.15    1.067  0.2960
dpgdps        -756.14      439.26   -1.721  0.0975
dpis         12292.64     1094.15   11.235  2.91e-11 ***
ddpis         -129.68      439.02   -0.295  0.7701
---
Signif. codes: 0 '***' 0.001 '**' 0.01 '*' 0.05 '.' 0.1 ' ' 1

Residual standard error: 1021 on 25 degrees of freedom
Multiple R-squared: 0.9813,     Adjusted R-squared: 0.9776
F-statistic: 262.9 on 5 and 25 DF,  p-value: <2.2e-16
```

现在系数的解释变得更容易。*pop*65 的系数是 36.37，说明老龄人口抚养比低的地区的人均消费支出比抚养比高的地区的人均消费支出高出 36.37。这是两个标准差的差异。注意这里的 *pop*65 并不显著，因此，不同老龄人口抚养比地区的人均消费支出实际上没有差别。

此外，对其他连续变量来说，原来的两个标准差的变化现在是变换后新标度中的一个差异。因此，我们可以说，一个可支配收入高增长的典型地区的人均消费支出比低增长地区高出 12292.64。而人均可支配收入（*dpi*）实际上是一个连续变量，因此这种解释只是为了更加直观。实现类似效果的另一种方式是使用-1/+1 编码而不是 0/1，以便可以在连续自变量上使用标准缩放。

5.3 共线性

当某些自变量是其他自变量的线性组合时，X^TX 是奇异的，此时 β 的最小二乘估计不唯一。这个问题就是**共线性**（collinearity）问题，有时称为**多重共线性**（multicollinearity）问题。当 X^TX 接近奇异但不完全如此时，就会出现更具挑战性的问题。

（1）对 β 的估计不精确，β 系数的符号可能与自变量的实际影响相反。

（2）β 的标准误差被夸大，以致 t 检验无法揭示显著因素。

（3）拟合对于测量误差变得非常敏感，其中 y 的细微变化可能会导致$\hat{\beta}$巨大的变化。

共线性可以使用以下几种方法检测：

（1）对自变量相关矩阵的检查可发现接近于-1 或+1 的值，其指示大的成对共线性。

（2）将 x_i 对所有其他自变量回归，可以得到 R_i^2。如果 R_i^2 接近 1 表示存在共线性问题，因为它意味着一个自变量几乎可以通过其他自变量的线性组合来精确预测。对所有自变量重复上述步骤。通过检查这些回归的模型回归系数可以发现有问题的线性组合。

（3）检查 X^TX 的特征值 $\lambda_1 \geqslant \lambda_2 \geqslant \cdots \geqslant \lambda_p \geqslant 0$。零特征值表示精确共线性，而一些小

特征值表示存在多重共线性。我们可以使用**条件数** κ 测量特征值的相对大小，κ 定义为：

$$\kappa=\sqrt{\frac{\lambda_1}{\lambda_p}}$$

一般认为，若 $0<\kappa<10$ 时，设计矩阵 X 没有多重共线性；若 $10\leqslant\kappa<100$ 时，认为 X 存在较强的多重共线性；当 $\kappa\geqslant100$ 时，则认为 X 存在严重的多重共线性。

其他条件数 $\sqrt{\lambda_1/\lambda_i}$ 也值得考虑，因为它们表明是否仅仅是一个独立的线性组合导致了共线性。可选的计算包括标准化自变量和/或在 X 中包括截距项。

(4) 使用**方差膨胀因子**(variance inflation factor, VIF)来衡量共线性。自变量 x_i 的方差膨胀因子为

$$VIF_i=C_{ii}=\frac{1}{1-R_i^2}(i=1,2,\cdots,p)$$

其中 C_{ii} 为 $(X^TX)^{-1}$ 中第 i 个对角元素。R_i^2 为以 x_i 为因变量，其余自变量为自变量的回归模型的判定系数。VIF 越大，则共线性越严重。如果 R_i^2 接近 1，则方差膨胀因子 VIF_i 会很大。经验判断方法表明：当 $0<VIF<10$，不存在多重共线性；当 $10\leqslant VIF<100$，存在较强的多重共线性；当 $VIF\geqslant100$，存在严重多重共线性。

(5) 使用**容忍度**(tolerance, Tol)来衡量共线性。容忍度实际上是 VIF 的倒数，即 $Tol_i=\frac{1}{VIF_i}(i=1,2,\cdots,p)$。

例 5.3 青原博士继续使用我国 2017 年居民人均消费支出数据，对数据中的共线性进行分析。

在前面的分析中，我们建立的多元回归模型已经显示了共线性的迹象。模型拟合较好，然而有多个自变量不显著。我们看看配对相关系数，发现该数据集中的多组自变量之间存在相关，如 *dpi* 和 *pgdp* 的相关系数达到 0.933。

```
>consumption=read.csv("E:/hep/data/consumption2017.csv",header=T)
>cse.lm=lm(cse~pop14+pop65+pgdp+dpgdp+dpi+ddpi,data=consumption)
>summary(cse.lm)
>round(cor(consumption),2)
```

输出结果略，可参看例 3.1，现在看看 X^TX 的特征分解(不包括 X 中的截距)，计算条件数 κ：

```
>x=model.matrix(cse.lm)[,-1]
>e=eigen(t(x)%*%x)
>e$val
[1] 1.613515e+11 4.471962e+08 6.568112e+03 4.106594e+02 4.778272e+01
[6] 2.202155e+01

>sqrt(e$val[1]/e$val) #计算条件数
[1]  1.00000    18.99492    4956.39895    19821.91739    58110.02956
85597.80688
```

矩阵分解

结果显示特征值的范围很宽，几个条件数超过了 100，这意味着共线性是由不止一个线性组合引起的。

再检查方差膨胀因子。我们使用 faraway 程序包中的 vif() 函数进行计算①。

```
>require(faraway)
>vif(x)
   pop14      pop65       pgdp      dpgdp        dpi       ddpi
3.437851   1.355011   8.698068   1.477956   8.438614   2.224968
```

如何理解 VIF 呢？例如，我们可以把 sqrt(8.698068)≈2.95 解释为 *pgdp* 的标准误差是没有共线性时的 2.95 倍。

我们注意到，虽然方差膨胀因子都没有超过 10，但是有 2 个接近 10。再结合条件数，综合来看，自变量之间是存在多重共线性的。此时，参数的估计有很大的不稳定性。我们可以通过仔细去除一些变量来降低共线性，以便对系数进行更稳定的估计，并准确得出在模型中保留的自变量对因变量的影响。但我们不能认为放弃的变量就与因变量无关。

再次检查 6 个自变量的相关矩阵，我们发现多组变量相互之间有很强的相关性，它们中的任何一个都可以很好地表示另一个变量。


```
>round(cor(consumption[,3:8]),2)
        pop14  pop65   pgdp  dpgdp    dpi   ddpi
pop14    1.00  -0.42  -0.62   0.41  -0.63   0.63
pop65   -0.42   1.00   0.30   0.06   0.32  -0.30
pgdp    -0.62   0.30   1.00  -0.18   0.93  -0.14
dpgdp    0.41   0.06  -0.18   1.00  -0.14   0.44
dpi     -0.63   0.32   0.93  -0.14   1.00  -0.20
ddpi     0.63  -0.30  -0.14   0.44  -0.20   1.00
```

我们选择 *dpi* 和 *dpgdp* 作为自变量。这并不是说其他自变量与因变量无关，只是我们目前不需要用它们来预测因变量。

```
>lmod2=lm(cse~ dpi+dpgdp,consumption)
>summary(lmod2)
Call:
lm(formula=cse~dpi+dpgdp,data=consumption)
```

---

① 也可以使用 VIF 定义来计算。比如对于第一个变量：

```
>summary(lm(x[,1]~x[,-1]))$r.squared
[1] 0.7091206
>1/(1-0.7091206)
[1] 3.437851
```

```
Residuals:
     Min         1Q     Median        3Q        Max
-1748.29    -725.45      85.58    513.67    1797.04

Coefficients:
               Estimate    Std. Error    t value    Pr(>|t|)
(Intercept)  3981.08805    1006.66284      3.955    0.000474 ***
dpi             0.63172       0.01721     36.703    < 2e-16 ***
dpgdp        -301.74326     125.20085     -2.410    0.022766 *
---
Signif. codes: 0 '***' 0.001 '**' 0.01 '*' 0.05 '.' 0.1 ' ' 1

Residual standard error: 986.3 on 28 degrees of freedom
Multiple R-squared: 0.9805,       Adjusted R-squared: 0.9791
F-statistic: 703.1 on 2 and 28 DF,  p-value: <2.2e-16
```

与包含 6 个自变量的拟合相比,我们模型的拟合效果得到了改善,R_a^2 提高了,残差标准误降低了,自变量个数从 6 个减少为 2 个,更重要的是系数估计值更稳定了,如实反映了经济现象。如果要在模型中保留所有变量,则应考虑其他估计方法,如第 8 章介绍的收缩方法。

然而,要注意的是共线性对预测的影响较小。预测的精度取决于要进行预测的变量的位置,预测结果与观测数据的距离越大,预测就越不稳定。当然,这对所有数据都是正确的。

5.4 小结

这一章对回归建模时自变量可能存在的问题进行了讨论。首先我们讨论了测量误差的影响。当 X 的误差不能简单忽略时,我们应该考虑 β 的最小二乘估计的替代方法。此外,为了更好地对参数进行解释,我们也要注意对 X 测量尺度的合理使用。自变量间存在多重共线性是回归建模中的常见问题。尽管多重共线性并没有严重违反假定,但是它的存在却会降低回归系数的估计精度,进而使对它们的解释也变得更加困难。我们可以使用条件数、方差膨胀因子等指标来对多重共线性进行度量,进而改进模型。

练习题

1. 简述测量误差对回归模型的可能影响。
2. 简述多重共线性产生的原因,对回归参数的估计有何影响?
3. 多重共线性的产生与样本量的个数 n 和自变量的个数 p 有什么关系?

4. 多重共线性的度量方法主要有哪几种？

5. 消除多重共线性的方法主要有哪几种？

6. 下面是随机抽取的15家大型商场销售的同类产品的有关数据(单位:元)。

企业编号	销售价格 y	购进价格 x_1	销售费用 x_2
1	1238	966	223
2	1266	894	257
3	1200	440	387
4	1193	664	310
5	1106	791	339
6	1303	852	283
7	1313	804	302
8	1144	905	214
9	1286	771	304
10	1084	511	326
11	1120	505	339
12	1156	851	235
13	1083	659	276
14	1263	490	390
15	1246	696	316

(1) 计算 y 与 x_1、y 与 x_2 之间的相关系数,是否有证据表明销售价格与购进价格、销售价格与销售费用之间存在线性关系？

(2) 根据上述结果,你认为用购进价格与销售费用来预测销售价格是否有用？

(3) 求回归方程,并检验模型的线性关系是否显著。($\alpha=0.05$)

(4) 解释判定系数 R^2,所得结论与问题(2)中是否一致？

(5) 计算 x_1 与 x_2 之间的相关系数,所得结果意味着什么？

(6) 模型中是否存在多重共线性？你对模型有何建议？

7. 某农场通过试验取得早稻收获量与春季降雨量、春季温度的相关数据如下表所示：

收获量 y(kg/hm^2)	降雨量 x_1/mm	温度 x_2/℃
2250	25	6
3450	33	8
4500	45	10
6750	105	13
7200	110	14
7500	115	16
8250	120	17

(1) 试确定早稻收获量对春季降雨量与春季温度的二元线性回归方程。

(2) 解释回归系数的实际意义。

(3) 根据你的判断,模型中是否存在多重共线性?

8. 对于某民航客运量回归方程,下面的括号内给出了每个变量的VIF值:

$$\hat{y}=450.9+0.354x_1-0.561x_2-0.0073x_3+21.578x_4+0.435x_5$$

$$(1963)\quad(1741)\quad(3.171)\quad(55.5)\quad(25.2)$$

其中,y=民航客运量(万人);x_1=国民收入(亿元);x_2=消费额(亿元);x_3=铁路客运量(万人);x_4=民航航线里程(万公里);x_5=来华旅游入境人数(万人)。

(1) 写出方差膨胀因子VIF的定义;

(2) 结合VIF的结果分析民航客运量模型中存在的问题;

(3) 讨论怎样消除民航客运量模型中存在的问题。

9. 对于R中的程序包faraway自带的数据集prostate,以*lpsa*(前列腺特异性抗原)作为因变量,其他变量作为自变量,建立一个多元线性回归模型。

(1) 计算条件数和方差膨胀因子。

(2) 讨论自变量之间的相关性如何影响回归模型。

10. 对于R软件自带的数据集stackloss,将*stack.loss*(累计损耗)作为因变量,其他三个变量作为自变量,建立一个多元线性回归模型。

(1) 计算条件数和方差膨胀因子。

(2) 讨论自变量之间的相关性如何影响回归模型。

11. 对于R中的程序包faraway自带的数据集cheddar,将*taste*(味道)作为因变量,其他三个变量作为自变量,建立一个多元线性回归模型。

(1) 该模型中的自变量*Lactic*是否具有统计显著性?

(2) 用R命令提取检验*Lactic*=0的p值。提示:查看summary()$coef。

(3) 对*Lactic*添加均值为1、标准差为0.01的正态分布误差,并重新拟合模型,此时检验*Lactic*=0的p值是多少?

(4) 重复同样的计算,在for循环中向*Lactic*添加1000次误差。将p值保存到一个向量中。报告平均p值。这种测量误差是否会对结论产生质的差异?

(5) 重复上一个问题,但是此时标准差为0.1。这么多的测量误差是否会产生重要的差异?

12. 对于R中的程序包faraway自带的数据集happy,将*happy*(快乐)作为因变量,其他变量作为自变量,建立一个多元线性回归模型。通过解释模型拟合来讨论变量可能的重新尺度化。

13. 对于R中的程序包faraway自带的数据集fat,以*siri*(身体脂肪百分比)作为因变量,除了*brozek*和*density*之外的其他变量作为自变量,建立一个多元线性回归模型。

(1) 计算条件数和方差膨胀因子。数据中观察到的共线程度如何?

(2) 案例39和42是不寻常的。删除这两个案例重新拟合模型,计算共线性诊断统计量。这与全数据拟合中观察到的共线性差异如何?

(3) 以 *brozek* 作为因变量,以 *age*,*weight* 和 *height* 作为自变量来拟合一个模型。计算共线性诊断统计量,并与全数据拟合进行比较。

(4) 对于 *age*,*weight* 和 *height* 的中值,计算 *brozek* 的 95% 预测区间。

(5) 对于 $age=40$,$weight=200$ 和 $height=73$,计算 *brozek* 的 95% 预测区间。该区间与先前的预测相比如何?

(6) 对于 $age=40$,$weight=130$ 和 $height=73$,计算 *brozek* 的 95% 预测区间。自变量的值是否与众不同?将其与以前的两个答案进行比较。

第6章

误差的问题

目的与要求

(1) 了解研究误差问题的重要性;

(2) 掌握广义最小二乘法和加权最小二乘法;

(3) 掌握如何判断回归模型拟合不足;

(4) 掌握几种稳健的回归方法;

(5) 掌握分位数回归方法;

(6) 掌握解决误差问题的各种方法在R软件中的实现。

对于回归模型,通常假设误差 ε 是**独立同分布的**(independent and identically distributed,i. i. d.),有时也假设 ε 服从正态分布以便于进行统计推断。然而,这些假设在实践中往往并不成立。经常会出现以下四类问题:(1)相关误差;(2)误差独立而分布不相同;(3)残差可能比预期大得多;(4)非正态误差。面对这些情况,我们必须为普通最小二乘估计找好替代方案。这一章将对回归模型误差的这四类问题进行讨论。

6.1 广义最小二乘

$$y=X\beta+\varepsilon$$

到目前为止,对于回归模型,我们都是假定 $var\ \varepsilon=\sigma^2 I$。但有时误差可能具有非常数方差或彼此相关,则可用 $var\ \varepsilon=\sigma^2\Sigma$ 来代替,其中 σ^2 是未知的,但 Σ 是已知的。换句话说,我们知道误差之间相关性和协方差的大小,但却不知道方差是多大。假设 $\Sigma=SS^T$,其中 S 是使用Choleski分解的三角矩阵,可以将其看作矩阵的平方根。

我们可以通过对回归模型左乘 S^{-1},将回归模型转化为标准情形。

$$S^{-1}y=S^{-1}X\beta+S^{-1}\varepsilon$$

$$y'=X'\beta+\varepsilon'$$

得到：

$$var\ \varepsilon' = var(S^{-1}\varepsilon) = S^{-1}var(\varepsilon)S^{-T} = S^{-1}\sigma^2 SS^T S^{-T} = \sigma^2 I$$

因此，将 $y' = S^{-1}y$ 对 $X' = S^{-1}X$ 回归可以将**广义最小二乘**（generalized least squares, GLS）简化为普通最小二乘（OLS），其中误差 $\varepsilon' = S^{-1}\varepsilon$ 是独立同分布的。在这个变换模型中，残差平方和是：

$$(S^{-1}y - S^{-1}X\beta)^T(S^{-1}y - S^{-1}X\beta) = (y - X\beta)^T S^{-T}S^{-1}(y - X\beta) = (y - X\beta)^T \Sigma^{-1}(y - X\beta)$$

通过将其最小化得到：

$$\hat{\beta} = (X^T\Sigma^{-1}X)^{-1}X^T\Sigma^{-1}y$$

进而得到：

$$var\ \hat{\beta} = (X^T\Sigma^{-1}X)^{-1}\sigma^2$$

由于 $\varepsilon' = S^{-1}\varepsilon$，我们可以对残差 $S^{-1}\hat{\varepsilon}$ 进行诊断。如果我们有准确的 Σ，那么这些残差应该是 i.i.d。但是在实践中应用 GLS 时，我们可能不知道 Σ，必须先估计它。

例 6.1 为了更好地分析误差之间的相关性对回归模型的影响，青原博士继续分析例 4.5 中 1978—2017 年我国人均消费支出（*cse*）与人均 GDP（*pgdp*）的时间序列数据。为了更好地反映人均 GDP 对人均消费支出的影响，我们使用 GLS 建模。

在 4.1.3 节，我们发现连续残差之间的相关系数为 0.86，这说明残差序列存在正相关。因此，在建立人均消费支出关于人均 GDP 的回归模型中，需要考虑残差的影响。

我们可以对残差建立一阶自回归：

$$\varepsilon_{i+1} = \phi\varepsilon_i + \delta_i$$

其中 $\delta_i \sim N(0, \tau^2)$，$\phi \neq 0$ 表明残差之间存在相关性。

自回归简介

接下来，我们将使用 R 软件 nlme 程序包中的 gls() 函数来对数据重新建模，此时把残差的序列相关性纳入建模过程[①]：

```
>require(nlme)
>glmod=gls(cse~pgdp,correlation=corAR1(form=~year),data=tscse)
>summary(glmod)
Generalized least squares fit by REML
  Model: cse~pgdp
  Data: data
        AIC          BIC          logLik
  543.2371     549.7874     -267.6185
Correlation Structure: AR(1)
  Formula: ~year
  Parameter estimate(s):
      Phi
0.9257506
```

① lm() 函数会默认丢失缺失值，而 gls() 却不会做这些，需要使用 na.omit 函数删除缺失值。

```
Coefficients:
                Value      Std. Error    t-value     p-value
(Intercept)   212.14332    412.7932      0.51392     0.6103
pgdp            0.37587      0.0106     35.31051     0.0000
 Correlation:
     (Intr)
pgdp-0.521
Standardized residuals:
         Min            Q1            Med           Q3          Max
-2.086490430  -0.271742630  -0.007752153  0.490499645  1.435469367
Residual standard error: 557.6421
Degrees of freedom: 40 total; 38 residual
```

我们注意到,在 GLS 情况下的残差的标准误差$\hat{\sigma}$(557.6421)比 OLS 情况下的标准误差$\hat{\sigma}$(399.7)大一些。此外,$\hat{\beta}$的标准误差也要大得多。但是,我们发现系数$\hat{\beta}$的大小并没有很大的变化,OLS 中为 0.3720,GLS 中为 0.3759,因此人均 GDP 确实可以很好地解释人均消费水平。模型的结果说明随着国民经济的发展,居民生活确实得到了相应的改善,人均 GDP 越高,人均消费支出也越高。

我们看到 ϕ 的估计值是 0.926,这再次表明残差之间存在正相关。由于用人均 GDP 预测人均消费水平,因此残差变量中还包含了一些人均消费的信息。

我们检查 ϕ 的置信区间,区间(0.172,0.996)明显不包含零,表明残差存在显著的正相关。

```
>intervals(glmod,which="var-cov")
Approximate 95% confidence intervals
 Correlation structure:
          lower         est.        upper
Phi 0.1715969     0.9257506     0.995804
attr(,"label")
[1]"Correlation structure:"
 Residual standard error:
      lower        est.        upper
 135.9480     557.6421     2287.3794
```

对于该例,还可以使用 corARMA()函数对误差使用更复杂的 ARMA 模型进行分析,有兴趣的读者可以尝试。

以某种方式对观测值进行分组是可能导致误差存在相关性的另一种情况。空间数据是其他可能出现相关误差的例子,其中观测的相对位置可用于对误差进行建模。

例 6.2 研究者想比较八种小麦品种的产量。将种植区域划分为五个区块,每个品种在每个块内播种一次,并记录相应产量。数据如表 6-1 所示,其中变量分别为:

产量(*yield*)、品种(*variety*)和区块(*block*)。

表 6-1　不同区块下不同品种的小麦产量

variety	block				
	Ⅰ	Ⅱ	Ⅲ	Ⅳ	Ⅴ
1	296	357	340	331	348
2	402	390	431	340	320
3	437	334	426	320	296
4	303	319	310	260	242
5	469	405	442	487	394
6	345	342	358	300	308
7	324	339	357	352	220
8	488	374	401	338	320

通常,我们认为每个区块内的观测值(产量)可能具有相关性或误差相关,即在同一个区块中的品种 i 和 j,$cor(\varepsilon_i,\varepsilon_j)$ 为 $\rho(\neq 0)$。事实果真如此吗?

我们使用下面的代码建模,结果表明同一区块内的误差之间存在大约 0.4 的相关性。

```
>data(oatvar,package="faraway")
>glmod=gls(yield~variety,oatvar,correlation=corCompSymm(form=~1 | block))
>intervals(glmod)
Approximate 95% confidence intervals
Correlation structure:
        lower      est.     upper
Rho   0.065964    0.396    0.74937
```


需要注意,自变量之间的相关性和误差之间的相关性是不同的现象,两者之间没有必然的联系。

6.2 加权最小二乘

有时候,误差之间虽然不相关但方差可能不相等,此时相应的 Σ 是对角阵,但对角线元素不相等。我们可以使用**加权最小二乘**(WLS),它是 GLS 的特例。我们设 $\Sigma=\mathrm{diag}(1/w_1,1/w_2,\cdots,1/w_n)$,其中 w_i 是权重,因此 $S=\mathrm{diag}(\sqrt{1/w_1},\sqrt{1/w_2},\cdots,\sqrt{1/w_n})$。然后,我们对 $\sqrt{w_i}y_i$ 关于 $\sqrt{w_i}x_i$ 回归(此时 X 矩阵中的一列 1 需要用 $\sqrt{w_i}$ 替代),残差相应地被修改为 $\sqrt{w_i}\hat{\varepsilon}_i$。我们发现低变异程度的样本权重较高,而变异程度高的样本权重较低。下面是一些例子:

(1) 误差与预测变量成比例 $var(\varepsilon_i)\propto x_i$ 表明 $w_i=x_i^{-1}$。观察到 $|\hat{\varepsilon}_i|$ 相对 x_i 的图中存在正相关之后可以选择这个选项。

(2) 当 y_i 是 n_i 个观测值的平均值时,则 $var(y_i)=var(\varepsilon_i)=\sigma^2/n_i$,这表明 $w_i=n_i$。

(3) 当观察到的因变量特征不同时,可以赋予权重 $w_i=1/SD(y_i)$。

在 ε 的方差形式不完全已知的例子中,我们可以使用少量参数对 Σ 进行建模。例如:

$$SD(\varepsilon_i)=\gamma_0+x_1^{\gamma_1}$$

请注意,我们不需要 x_1 前面的系数。

例 6.3 青原博士继续使用 2017 年我国居民人均消费支出数据,分析数据中存在的异方差,并建立加权最小二乘估计模型。

这里只使用人均消费支出(*cse*)和人均可支配收入(*dpi*)。注意此时的数据不是时间序列。

我们首先读取数据,建立一元线性回归模型:

```
>consumption=read.csv("E:/hep/data/consumption2017.csv",header=T)
>attach(consumption)
>dpi.lm=lm(cse~dpi,consumption)
>summary(dpi.lm)

Call:
lm(formula=cse~dpi,data=consumption)

Residuals:
    Min        1Q    Median       3Q       Max
-1732.9    -895.6    164.3     547.6    2392.9

Coefficients:
              Estimate   Std. Error   t value   Pr(>|t|)
(Intercept)  1843.1873    513.8414     3.587    0.00121 **
dpi             0.6376      0.0184    34.657    < 2e-16 ***
---
Signif. codes:  0 '***' 0.001 '**' 0.01 '*' 0.05 '.' 0.1 ' ' 1

Residual standard error: 1065 on 29 degrees of freedom
Multiple R-squared: 0.9764,     Adjusted R-squared: 0.9756
F-statistic: 1201 on 1 and 29 DF,   p-value: <2.2e-16
>plot(dpi,resid(dpi.lm),data=consumption)
```

图 6-1 的散点图显示居民人均消费水平的残差变化与人均可支配收入相关。该问题的一个解决办法是根据上述公式设置权重,同时使用最大似然方法估计 β 和 γ。我们可以用下面的程序得到:

```
>require(nlme)
>wlmod=gls(cse~dpi,data=consumption,weight=varConstPower(1,form=~dpi))
>summary(wlmod)
Generalized least squares fit by REML
  Model: cse~dpi
```

```
Data: consumption

     AIC          BIC          logLik
520.5696   527.4061   -255.2848
Variance function:
 Structure: Constant plus power of variance covariate
 Formula: ~dpi
 Parameter estimates:
          const                   power
5.434669e+05       1.249354e+00

Coefficients:
                        Value      Std.Error        t-value      p-value
(Intercept)       1675.5289      600.8827       2.788446       0.0093
dpi                    0.6444        0.0246      26.219699       0.0000

Correlation:
          (Intr)
dpi      -0.952

Standardized residuals:
         Min                  Q1                 Med                 Q3               Max
-1.62123460       -0.86173622        0.06050674       0.59596519       1.80322904

Residual standard error: 0.00121614
Degrees of freedom: 31 total; 29 residual
```

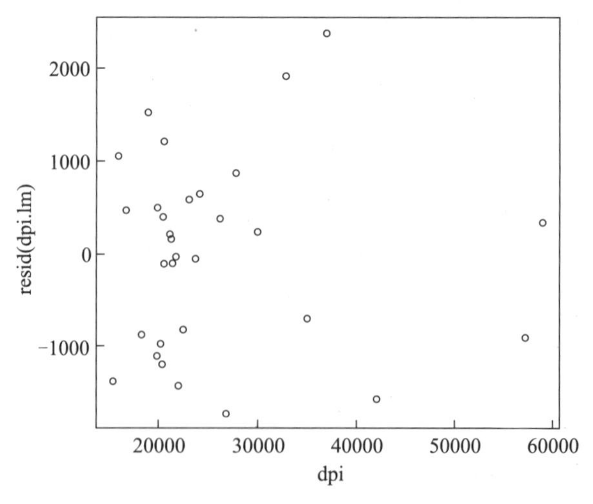

图 6-1　人均消费支出的残差与人均可支配收入的散点图

考虑了不同地区人均消费支出的异方差后,我们发现人均可支配收入的系数略变大,由原来的 0.6376 变为 0.6444,但二者差距不大,说明各地区人均可支配收入对居民消费水平的影响非常稳定,可以较好地解释相关信息。同时$\hat{\gamma}_0 = 543466.9$ 和$\hat{\gamma}_1 = 1.249$,由于后者非常接近 1,可以看到这个方差函数采用了相当简单的形式。

6.3 拟合不足的检验

如何判断模型是否很好地拟合了数据呢?如果模型是正确的,那么$\hat{\sigma}^2$ 应该是 σ^2 的无偏估计。如果我们用一个简单的模型或者错误的模型来拟合数据,那么$\hat{\sigma}^2$ 往往会高估 σ^2。图 6-2 说明了这种情况,其中不正确的常数拟合得到的残差会导致高估 σ^2。而如果我们的模型过于复杂并且过度拟合数据,那么$\hat{\sigma}^2$ 将会被低估。

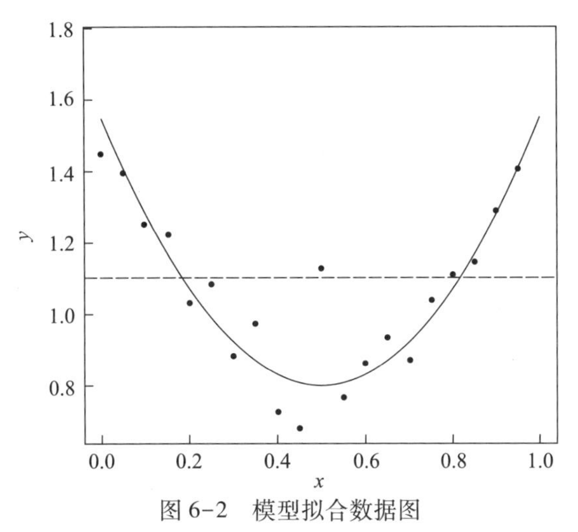

图 6-2 模型拟合数据图

注:实线表示真实的二次拟合,虚线表示不正确的线性拟合。对于二次模型来说,σ^2 的估计将是无偏的,但对于线性模型而言$\hat{\sigma}^2$ 的估计误差太大

因此,我们可以通过比较$\hat{\sigma}^2$ 和 σ^2 来判断模型的拟合程度。但我们在实践中难以知道 σ^2。因而,我们希望获得"纯粹误差"或 σ^2 的无模型估计$\hat{\sigma}^2$,以便将其与我们希望选择的回归模型的$\hat{\sigma}^2$ 进行比较。

为了获得"纯粹误差"或 σ^2 的无模型估计,我们需要对一个或多个 x 的固定值的因变量进行重复观测。这些重复观测需要真正独立,不能只是在同一观测对象上重复测量,而是需要不同的观测对象,但具有相同的预测值。这将允许我们构建一个不依赖于特定模型的 σ^2 估计。因此,"纯粹误差"或 σ^2 的无模型估计由 SS_{pe}/df_{pe} 给出,其中 $SS_{pe} = \sum_i \sum_j (y_{ij} - \bar{y}_j)^2$,$y_{ij}$ 为重复组 j 中的第 i 个观测值,$\bar{y}_j$ 是重复组 j 内的平均值。自由度 $df_{pe} = \sum_j$ (组 j 的水平数-1)$= n-$组数。

检验拟合不足的过程如下:(1) 对数据进行常规的回归建模,模型形式是我们希望获得的。(2) 对固定 x 的每组观测值配一个模型,它只对每组重复值拟合一个均值。来自该模型的$\hat{\sigma}^2$ 将是纯粹误差$\hat{\sigma}^2$。这个模型没有提供自变量和因变量之间关系的任何信息。(3) 将(1)和(2)中的模型进行比较,若二者有显著差异,就可以给出拟合不足的检验。

例 6.4 为了更好地说明如何检验拟合不足,青原博士继续使用例 5.1 的 50 辆汽车的速度和停车距离的数据来介绍。

在例 5.1 中我们已经拟合了一个线性回归模型,它的 R^2 为 0.65。我们在散点图上添加回归线,如图 6-3 图所示:

```
>data(cars)
>plot(dist~speed,cars,ylab="distance")
>lmod=lm(dist~speed,cars)

>abline(coef(lmod))
```

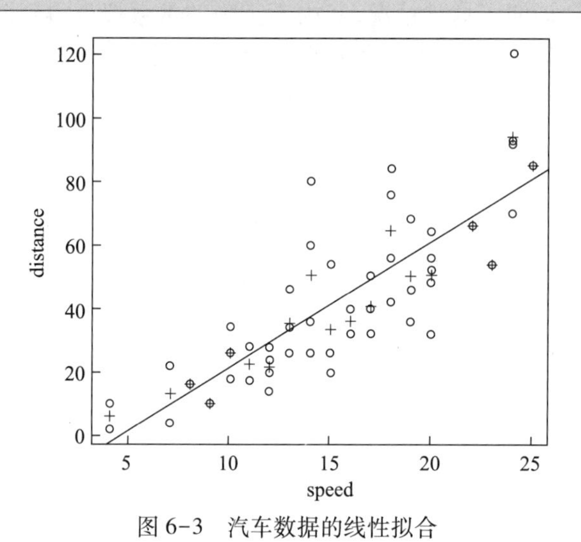

图 6-3　汽车数据的线性拟合

注:加号表示组均值

我们现在拟合一个新模型以获得纯粹误差。这需要为每组数据保留一个具有相同 x 值的参数,就是把自变量设置为一个因子。拟合值是每组中的平均值,我们将它们放在图 6-3 上:

```
>lmoda=lm(dist~factor(speed),cars)
>points(cars$speed,fitted(lmoda),pch=3)
```

我们现在比较这两个模型有什么差异:

```
>anova(lmod,lmoda)
Analysis of Variance Table

Model 1: dist~speed
Model 2: dist~factor(speed)
    Res.Df      RSS   Df   Sum of Sq        F    Pr(>F)
1       48  11353.5
2       31   6764.8   17      4588.7   1.2369    0.2948
```

大的 p 值 0.2948 表示纯粹的模型与前面的直线模型区别不大。原因是纯粹的残差标准误=14.77($=\sqrt{6764.8/31}$)非常接近回归标准误 15.38。

我们还可以使用除直线以外的其他模型进行检验。在考虑其他模型之前,我们首先要弄清楚重复观测是否是合适的。它们可能不是真正的重复观测。另一个可能是存在隐藏的第三个变量导致拟合不足。

这些方法适用于检验拟合不足。但不拒绝零假设却不能确保我们得到了真正的模型。这可能是因为没有足够的数据来检验模型的不足之处。我们只能说这个模型没有与数据相矛盾。

当没有重复时,可以对相似 x 的因变量进行分组。还可以通过前面章节介绍的图形方法来检验拟合不足。

6.4 稳健回归

当误差服从正态分布时,最小二乘回归拟合效果最好。但是当误差服从其他分布时,可以考虑其他模型拟合方法。短尾误差并不是一个问题,但长尾误差分布可能会造成困难,因为少数极端情况会对拟合模型产生较大影响。一般来说,我们希望以某种方式将异常值自动排除在分析之外。但在某些情况下,极端值可以进入建模过程。本小节介绍的**稳健回归**不用担心异常值,而且在建模时需要考虑异常值。

作为一种常用的稳健回归方法,M 估计通过最小化修正的残差平方和来获得 β 的估计:

$$\sum_{i=1}^{n}\rho(y_i - x_i^T\beta)$$

ρ 函数有许多可能的选择:

(1) $\rho(x)=x^2$ 是普通最小二乘。

(2) $\rho(x)=|x|$ 称为最小绝对偏差(LAD)回归或 L_1 回归。

(3) $\rho(x)=\begin{cases}x^2/2 & |x|\leqslant c\\ c|x|-c^2/2 & 其他\end{cases}$ 称为 Huber 方法,是最小二乘法和 LAD 回归之间的折中。c 是 σ 的稳健估计。

我们比较 M 估计与加权最小二乘估计。回顾普通最小二乘回归的正则方程:

$$\sum_{i=1}^{n}\left(y_i - \sum_{j=1}^{p}x_{ij}\beta_j\right)x_{ij} = 0 \quad j = 1,\cdots,p$$

对残差使用 ρ 函数得到 $\rho\left(y_i - \sum_{j=1}^{p}x_{ij}\beta_j\right)$ 代入上式,并关于 β_j 求偏导并令其为 0,得到:

$$\sum_{i=1}^{n}\rho'\left(y_i - \sum_{j=1}^{p}x_{ij}\beta_j\right)x_{ij} = 0 \quad j = 1,\cdots,p$$

令 $u_i=y_i-\sum_{j=1}^{p}x_{ij}\beta_j$,可得:

$$\sum_{i=1}^{n}\frac{\rho'(u_i)}{u_i}x_{ij}\left(y_i - \sum_{j=1}^{p}x_{ij}\beta_j\right) = 0 \quad j = 1,\cdots,p$$

这与加权最小二乘非常类似:

$$\sum_{i=1}^{n}w_i x_{ij}\left(y_i - \sum_{j=1}^{p}x_{ij}\beta_j\right) = 0 \quad j = 1,\cdots,p$$

因此,我们可以将权重函数确定为 $w(u)=\rho'(u)/u$。于是,针对上述 ρ 函数的三种选择,我们设置 $w(u)$,进而得到 ρ 的选择:

(1) 普通最小二乘法:$w(u)$ 是常数,估计量就是普通最小二乘的估计。

(2) LAD:$w(u)=1/|u|$。权重会随着离零点距离的增加而下降,这样更加极端观测值的权重就会下降。

(3) Huber 方法:$w(u)=\begin{cases}1 & |u|\leqslant c\\ c/|u| & \text{其他}\end{cases}$

因为权重取决于残差,所以计算 M 估计需要一些迭代,具体来说需要在使用 WLS 和重新计算基于残差的权重之间反复交替,直到收敛。我们可以通过 WLS 获得 $\hat{\beta}$ 的标准误差 $var(\hat{\beta})=\hat{\sigma}^2(X^TWX)^{-1}$,但我们需要使用 σ^2 的稳健估计。

注意:与一般回归不同的是,在稳健回归下 R^2 没有意义,因此回归结果中没有给出 R^2。虽然我们可以根据估计量的渐近正态性使用 t 值进行近似推理,但回归结果中也没给出 p 值。

例 6.5 青原博士继续使用 2017 年我国居民人均消费支出数据来演示稳健回归。

前面对该数据的多元线性回归建模显示,残差大致服从厚尾分布,而且存在异常值。因此,我们可以考虑对该数据进行稳健回归建模。Huber 方法是函数 rlm()的默认选择。


```
>consumption=read.csv("E:/hep/data/consumption2017.csv",header=T)
>row.names(consumption)=consumption[,1]
>attach(consumption)
>require(MASS)
>rlmod=rlm(cse~pop14+pop65+pgdp+dpgdp+dpi+ddpi,data=consumption)
>summary(rlmod)
Call: rlm(formula=cse~pop14+pop65+pgdp+dpgdp+dpi+ddpi,
    data=consumption)
Residuals:
    Min        1Q     Median       3Q       Max
-1906.6    -641.2    -104.8     725.0    1999.5

Coefficients:
                  Value   Std. Error    t value
(Intercept)   3934.5459    2277.3013     1.7277
pop14          -41.7172      58.1585    -0.7173
pop65           28.0464      72.3475     0.3877
pgdp             0.0181       0.0213     0.8481
dpgdp         -252.0391     166.5497    -1.5133
dpi              0.5716       0.0547    10.4488
ddpi            79.9136     256.4540     0.3116

Residual standard error: 978 on 24 degrees of freedom
```

结果显示，相对于例 3.1 的多元线性回归，稳健拟合的模型得到了改善，残差标准误从 1025 减少到 978。自变量 *dpi* 依然相当显著，系数变化不大。其他变量的系数值都略有变化，除了 *pop*65 的系数变化较大，从 0.135 变到 28.046。此外，几乎所有变量的标准误都变大了。

值得关注的是最终拟合模型里分配的权重。我们提取并命名最小的 10 个权重，剩下的权重都是 1。

```
>wts=rlmod$w
>names(wts)=row.names(consumption)
>round(head(sort(wts),10),3)
 广东    山东    青海    浙江    北京    天津    河北    山西   内蒙古    辽宁
0.658  0.690  0.825  0.941  1.000  1.000  1.000  1.000   1.000  1.000
```

可以看到，几个地区在稳健拟合的计算中实际上是打折扣的，因为其相应的权重小于 1。我们相信地区的数据没有错误，因而我们应该仔细考虑这些地区可能会发生什么。

尽管稳健拟合的输出数值不同，但对解释因变量的自变量的总体印象却没有改变。此外，它还确定了一些模型拟合得不好的地区。如果两组回归结果之间存在更多的分歧，我们会知道哪些地区是可靠的，值得仔细研究。如果两个拟合结果之间存在实质性差异，我们会发现稳健拟合更可靠。

但是，稳健回归不是万能的。M 估计不涉及大杠杆点，它也不能帮助我们选择哪些自变量或决定自变量要作什么变换。因此，稳健方法只是回归建模工具包的一部分，而不是替代品。

我们也可以使用 quantreg 程序包进行 LAD 回归，默认选项是 LAD。

```
>require(quantreg)
>l1mod=rq(cse~pop14+pop65+pgdp+dpgdp+dpi+ddpi,data=consumption)
>summary(l1mod)
Call: rq(formula=cse~pop14+pop65+pgdp+dpgdp+dpi+ddpi,
    data=consumption)

tau: [1] 0.5

Coefficients:
             coefficients     lower bd      upper bd
(Intercept)    2084.01030   -889.49180   11655.90939
pop14           -73.60959   -129.17935      47.61550
pop65           114.15793   -176.61571     240.11831
pgdp             -0.00473     -0.05105       0.06144
dpgdp          -272.17250   -536.52212     -70.55408
dpi               0.60330      0.45765       0.68641
ddpi            273.11720   -346.10380     763.00117
```

同样,系数有一些变化,置信区间表明变量 *dpgdp* 现在变得重要了。

对于这个例子,我们看到系数没有什么大的差异。由于缺乏足够的证据,我们使用最小二乘作为最简单的建模方式。如果某些地区的观测值没有被拟合得很好,稳健回归就会排除这些点。稳健回归可以解决长尾误差问题,但是它们无法克服模型及其方差结构的选择问题。

6.5 分位数回归

在实际研究中,误差项均值为零、同方差的假设常常不能够满足。例如当数据中存在严重的异方差或尖峰厚尾时,最小二乘估计将缺乏优良性质。此外,在前面的线性回归模型中,我们主要考察了自变量 x 对因变量 y 的条件均值 $E(y\mid x)$ 的影响。但是,条件均值 $E(y\mid x)$ 仅仅刻画了条件分布 $y\mid x$ 的集中趋势,而对条件分布 $y\mid x$ 的其他影响了解不够。

为了弥补普通最小二乘法(OLS)的不足,除了前面介绍的 GLS 和 WLS,我们也经常根据实际需要使用**分位数回归**(quantile regression)。分位数回归探讨了因变量 y 的条件分位数对自变量 x 的回归,得到所有分位数下的回归模型,因此能够拟合数据的全部分布信息。

本节主要介绍分位数回归的基本思想,只涉及基本的**线性分位数回归**(linear quantile regression)。我们首先介绍分位数的概念。

假设随机变量 Y 的分布函数为

$$F(y)=P(Y\leqslant y)$$

Y 的 τ 分位数定义为满足 $F(y)\geqslant\tau$ 的最小值,即

$$Q_\tau(y)=inf\{y\in R:F(y)\geqslant\tau),\quad 0<\tau<1$$

如果知道足够多的分位数,就可以基本上确定随机变量的分布。

为了刻画自变量对因变量的影响,我们需要考察条件分位数。如果随机变量 Y 在 X 给定下的条件累积分布函数为 $F_{Y|X}(y\mid x)$,则其 τ 条件分位数为:

$$Q_\tau(Y\mid X)=inf\{y\in R:F_{Y|X}(y\mid x)\geqslant\tau\}$$

因此,$Q_\tau(Y\mid X)$ 是 X 的函数。如果将其表示为 X 的线性函数,即 $Q_\tau(Y\mid X)=X^T\beta_\tau$,则

$$Y=X^T\beta_\tau+\varepsilon$$

其中,β_τ 是未知参数,ε 满足分位数约束 $Q_\tau(\varepsilon\mid X)=0$。该模型就称之为线性分位数回归。此时,参数 β_τ 满足如下关系:

$$\hat{\beta}_\tau=\underset{\beta}{\mathrm{argmin}}E(\rho_\tau(Y-X^T\beta_\tau))$$

式中,argmin 函数表示取函数最小值时 β 的取值。ρ_τ 称为检查函数(check function),定义为

$$\rho_\tau(u)=(\tau-I(u<0))u \quad \text{或者} \quad \rho_\tau(u)=\begin{cases}\tau u & u\geqslant 0\\(\tau-1)u & u<0\end{cases}$$

其中的 $I(\cdot)$ 为示性函数。容易看出,ρ_τ 是非对称的分段函数,由两条从原点出发的分别位于第一和第二象限的射线组成,其斜率比为 $\tau:\tau-1$。$\rho_\tau(u)$ 的函数图像如图 6-4 所示。

假定有 n 组观测样本$(x_i,y_i)(i=1,2,\cdots,n)$,$\beta_\tau$ 的估计就可以通过下面的式子得到

$$\hat{\beta}_\tau=\underset{\beta}{\mathrm{argmin}}\sum_{i=1}^{n}\rho_\tau(y_i-x_i^T\beta_\tau)$$

注意到 ρ_τ 也可以表示为

$$\rho_\tau(u)=u[\tau I(u\geqslant 0)-(1-\tau)I(u<0)]$$

因此,损失函数 $\sum_{i=1}^{n}\rho_\tau(y_i-x_i^T\beta_\tau)$ 可以表示为加权误差绝对值之和

$$\sum_{i:y_i>\hat{y}_i}\tau|y_i-\hat{y}_i|+\sum_{i:y_i\leqslant\hat{y}_i}(1-\tau)|y_i-\hat{y}_i|$$

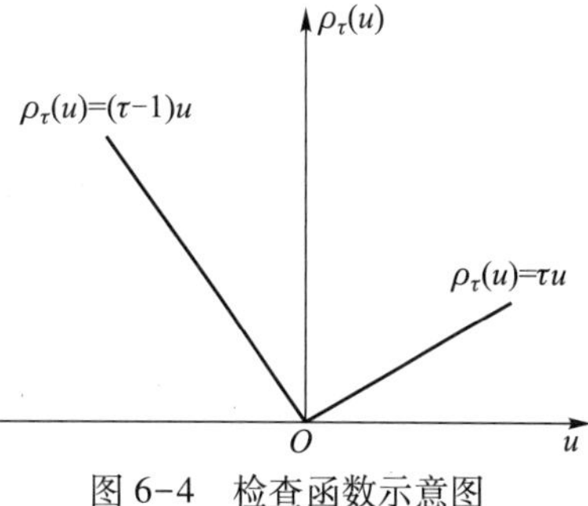

图 6-4　检查函数示意图

其中在拟合曲线之上的样本权重为 τ,在拟合曲线之下的样本权重为 $1-\tau$。

当 $\tau=1/2$ 时得到中位数回归,也就是 6.4 节介绍的 LAD 回归模型。

我们可以使用 R 的程序包 quantreg 中的 rq() 函数进行分位数回归。其中,参数 tau(即 τ)设置分位数,可以同时计算多个分位数回归的结果,如 tau=c(0.1,0.5,0.9)是同时计算 10%、50%、90% 分位数下的回归结果。如果 tau 不在[0,1]中,表示按最细的分位数划分方式得到分位数序列。

例 6.6　R 的程序包 quantreg 中自带的数据集 engel 考察了食品支出与家庭收入之间的关系,其中因变量 *foodexp* 代表食品支出,自变量 *income* 代表每个家庭的收入。青原博士使用分位数回归研究了食品支出与家庭收入的关系。

加载程序包,获取数据。

```
>library(quantreg)
>data(engel)
```

Q-Q 图 6-5 显示因变量 *foodexp* 不服从正态分布。

```
>qqnorm(engel$foodexp,main='Q-Q plot')
>qqline(engel$foodexp,col='red',lwd=2)
```

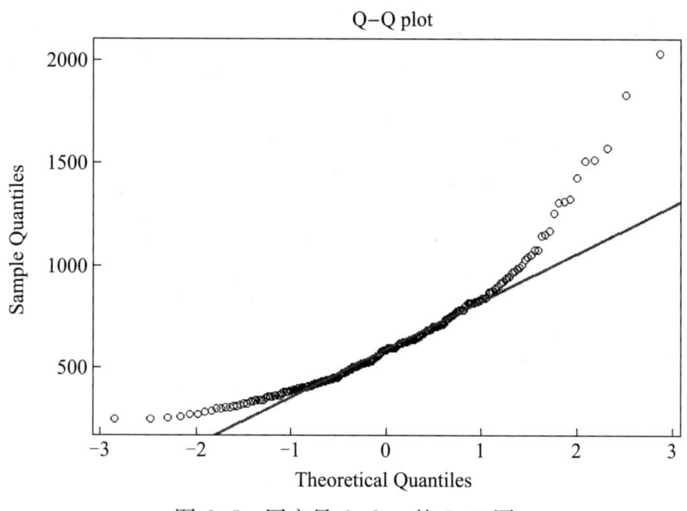

图 6-5　因变量 *foodexp* 的 Q-Q 图

分位数回归不要求因变量服从正态分布,而且对异常值点也不敏感。因此,我们可以对因变量*foodexp*建立分位数回归模型。我们首先建立50%分位数回归,即中位数回归:

```
>foodexprq=rq(foodexp~income,tau=0.5,data=engel) # tau=0.5 表示取50%分位数
```

使用summary()显示分位数回归的模型和系数以及更加详细的显示结果:

```
>summary(foodexprq,se="nid") # 通过参数se的设置可以得到系数的假设检验①

Call: rq(formula=foodexp~income,tau=0.5,data=engel)

tau: [1] 0.5

Coefficients:
              Value      Std. Error    t value     Pr(>|t|)
(Intercept)   81.48225   19.25066      4.23270     0.00003
income        0.56018    0.02828       19.81032    0.00000
```


模型估计结果显示,*income*的系数值0.56是有意义的(p值远远小于0),即*income*变动一个单位,*foodexp*的50%分位数变动0.56个单位。

当分位数不同时,分位数回归有什么变化?我们将分位数取值范围设定为从0.02到0.98,每隔0.01做一次分位数回归。我们在图6-6中绘制了不同分位数回归的拟合线。其中,粗实线代表50%分位数回归,粗虚线代表线性回归,其余的线分别代表其他的分位数回归。我们可以看到50%分位数回归和线性回归的斜率不相同,而且不同的分位数回归的斜率也明显不同。这表明家庭收入(*income*)对食品支出(*foodexp*)不同分位数的影响不同。

```
>attach(engel)
>plot(income,foodexp,cex=0.25,type="n",xlab="家庭收入",ylab="食品支出")
>points(income,foodexp,cex=0.5) #添加数据点
>taus=c(2:49/100,51:98/100) #除50%分位数外的2%~98%分位数
>for(i in 1:length(taus)){#绘制不同分位数下的拟合直线,颜色为灰色
+abline(rq(foodexp~income,tau=taus[i]),col="gray" )
+}
>abline(lm(foodexp~income),lud=3,lty=2) #普通最小二乘回归,黑色虚线
>abline(rq(foodexp~income,tau=0.5),lud=4) #中位数回归,黑色实线
```

① summary()函数se参数的说明:(1)se="rank":按照Koenker(1994)的排秩方法计算得到的置信区间,默认残差为独立同分布。请注意,上下限是不对称的。(2)se="iid":假设残差独立同分布,用KB(1978)的方法计算得到近似的协方差矩阵。(3)se="nid":使用Huber方法逼近得到估计量。(4)se="ker":使用Powell(1990)的核估计方法。(5)se="boot":使用Bootstrap方法估计系数的标准误。

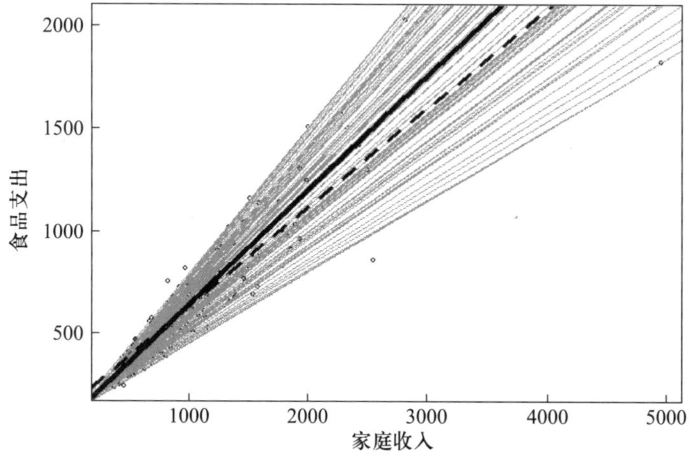

图 6-6　不同分位数回归拟合直线比较

我们也可以直接比较不同的分位数回归的系数，见图 6-7 中。我们也同样发现家庭收入（*income*）对食品支出（*foodexp*）不同分位数的影响不同。具体来说，随着分位数的增大，截距项在逐渐变小，而回归系数在逐渐变大。

```
>fit1 = summary( rq(foodexp ~ income, tau = 2:98/100) )
>plot(fit1)
```


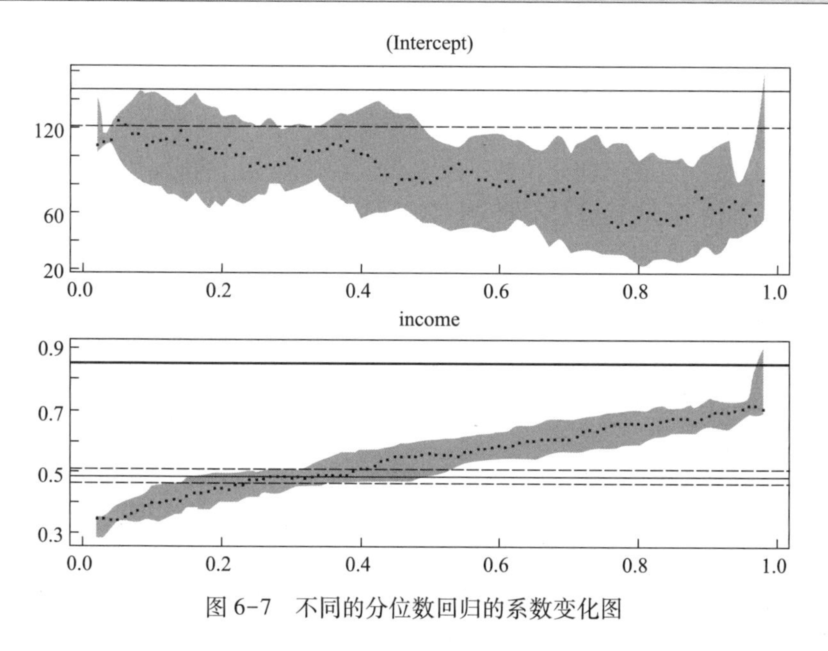

图 6-7　不同的分位数回归的系数变化图

为了进一步探讨家庭收入（*income*）对食品支出（*foodexp*）的影响，我们绘制了分位数回归系数的置信区间，见图 6-8。其中黑色实心点代表分位数回归的系数值，阴影部分代表 95% 置信区间，实线和虚线分别代表的是线性回归的系数值和置信区间。从图 6-8 中可以看出，家庭收入（*income*）对食品支出（*foodexp*）的 10% 分位数的影响在 0.4 左右，而对 90% 分位数的影响在 0.7 左右。因此，不同收入的家庭食品支出存在较大的差异。

```
>engel=within(engel,income=income-mean(income))
>fit=summary(rq(foodexp~income,tau=2:98/100,data=engel))
>plot(fit,mfrow=c(1:2))
```

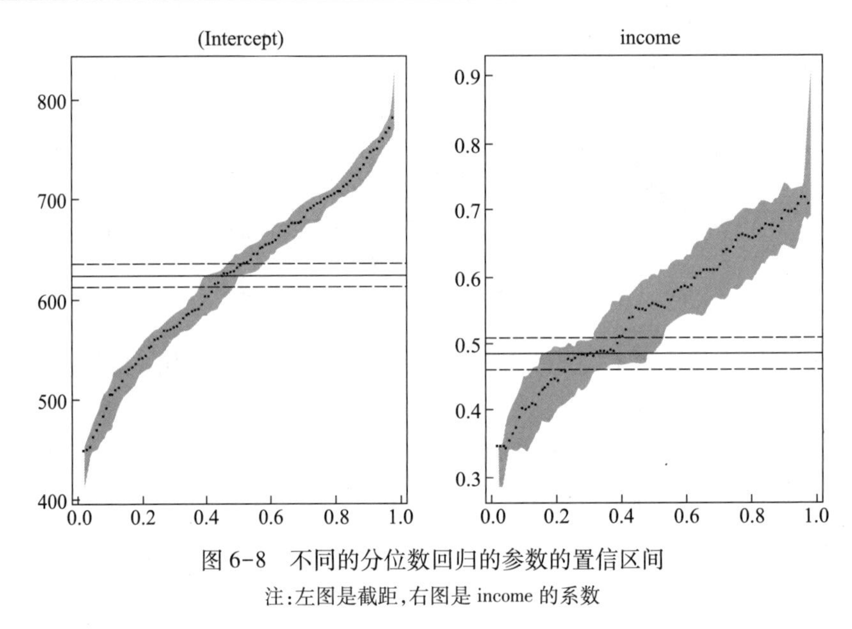

图 6-8　不同的分位数回归的参数的置信区间

注:左图是截距,右图是 income 的系数

那么,家庭收入对食品支出的影响机制是否相同?也就是说,不同的分位数(比如 10% 和 90% 分位数)下的回归系数 β_τ 是否存在差异?我们将对不同分位数下的模型进行比较,以便确定在不同分位数下家庭收入对食品支出的影响机制是否相同。

我们可以使用 Wald 检验对不同分位数回归模型的回归系数进行检验。结果显示,p 值远小于 0.05,因此不同分位数下家庭收入对食品支出的影响机制确实有显著差异。

```
>fit1=rq(foodexp~income,tau=0.1,data=engel)
>fit2=rq(foodexp~income,tau=0.5,data=engel)
>fit3=rq(foodexp~income,tau=0.9,data=engel)
>anova(fit1,fit2,fit3)
Quantile Regression Analysis of Deviance Table

Model: foodexp~income
Joint Test of Equality of Slopes: tau in {   0.1 0.5 0.9   }

    Df    Resid Df    F value        Pr(>F)
1    2         703     18.901    1.01e-08 ***
---
Signif. codes:  0 '***' 0.001 '**' 0.01 '*' 0.05 '.' 0.1 ' ' 1
```

总的来看,与最小二乘回归相比,分位数回归的应用条件更加宽松,挖掘的信息更加丰富。相比普通的最小二乘回归仅拟合均值信息而言,分位数回归能够更加精确地描述自变量 x 对因变量 y 的变化范围以及条件分布形状的影响。分位数回归常用于处理异方差、偏态分布数据、厚尾数据等不满足正态假设的数据。

表 6-2 对最小二乘回归和分位数回归进行了简单对比。

表 6-2　最小二乘回归和分位数回归的比较

	最小二乘回归	分位数回归
原理	以平均数为基准,最小化残差平方和	以不同的分位数为基准,最小化加权残差绝对值之和
前提条件	独立、正态、同方差	独立
假设要求	强假设	弱假设
求解方法	最小二乘估计	加权最小一乘估计
检验类型	参数检验	非参数检验
异方差	影响大	影响小
拟合曲线	一条拟合曲线	一簇拟合曲线

6.6 小结

误差可以为回归模型提供大量的信息。本章针对误差可能出现的问题,提供了一些有助于对可能的违反做出补救的方法。当误差相关时,可以使用广义最小二乘(GLS)。当误差独立而分布不相同时,可以使用加权最小二乘法(WLS),它是 GLS 的特例。有时候,我们知道误差应该有多大,但残差可能比预期的大得多,这表明模型对数据的拟合不足。此外,当误差不是正态分布时,我们可以使用稳健回归和分位数回归。

练习题

1. 简述广义最小二乘法的思想。

2. 怎样确定加权最小二乘法中的权重?

3. 请阐述用加权最小二乘法消除线性回归中异方差的思想与方法。

4. 有人认为当数据存在异方差时,加权最小二乘回归方程与普通最小二乘回归方程之间必然有很大的差异,异方差越严重,两者之间的差异越大。你同意这种观点吗?说明原因。

5. 对于模型 $y_i=\beta_0+\beta_1x_i+\varepsilon_i$,如果在异方差检验中发现 $\mathrm{var}(\varepsilon_i)=\sigma^2x_i$,则用加权最小二乘法估计模型参数时,如何设置权数?

6. 为什么要检验拟合的不足?如何检验拟合不足?

7. 简述经典回归与稳健回归之间有什么相同点和不同点?

8. 下表是某地区的 11 条新公路建设的招投标信息,请根据该表回答以下问题。

项目号	公路长度 x（千米）	中标价 y（万元）	项目号	公路长度 x（千米）	中标价 y（万元）
1	2.0	10.1	7	7.0	71.1
2	2.4	11.4	8	11.5	132.7
3	3.1	24.2	9	10.9	108.0
4	3.5	26.5	10	12.2	126.2
5	6.4	66.8	11	12.6	140.7
6	6.1	53.8			

(1) 使用最小二乘法拟合中标价 y 与公路长度 x 的线性模型。

(2) 计算回归残差并描绘残差关于 x 的散点图。你是否能够检测出异方差的证据?

(3) 进行加权最小二乘法分析。

(4) 画出加权最小二乘法所获残差关于 x 的散点图以确定方法是否是齐性的。

9. 设消费函数为 $y_i=\beta_0+\beta_1x_{1i}+\beta_2x_{2i}+\varepsilon_i$,式中,$y_i$ 为消费支出,x_{1i} 为个人可支配收入,x_{2i} 为个人的流动资产,ε_i 为随机误差项,并且 $E(\varepsilon_i)=0, var(\varepsilon_i)=\sigma^2x_{1i}^2$(其中 σ^2 为常数)。试回答以下问题:

(1) 选用适当的变换修正异方差,要求写出变换过程;

(2) 写出修正异方差后的参数估计量的表达式。

10. 对于 R 软件自带的数据集 stackloss,将 *stack. loss*(累计损耗)作为因变量,其他三个变量作为自变量,分别使用以下方法拟合模型:

(1) 最小二乘法;

(2) 最小绝对偏差法;

(3) Huber 方法;

对以上三种模型进行比较,你认为哪种模型比较好。

11. 对于 R 中的程序包 faraway 自带的数据集 cheddar,将 *taste*(味道)作为因变量,其他三个变量作为自变量,拟合一个线性模型。

(1) 假设是按时间顺序进行的观测。创建一个时间变量,根据时间绘制模型的残差图。你觉得该残差图有什么信息?

(2) 对上述形式进行 GLS 拟合,但允许误差之间具有 AR(1)相关性。是否存在这种相关性的证据?

(3) 对上述形式进行 LS 拟合，但增加时间变量作为自变量。检验时间变量的显著性。

(4) 后面两种模型都涉及时间的影响，它们有什么区别呢？

(5) 假设观测不是按照时间收集的，那么对(3)中的模型解释有什么变化呢？

12. R 中的程序包 quantreg 自带的数据集 barro 记录了世界各国 GDP 的增长率和相关因子，共有 14 个变量，161 个观测。其中，前 71 个观测是在 1965—1975 年间取得的，后 90 个观测是在 1985—1987 年间取得的。将 *y. net*(GDP 年增长率)作为因变量，其余 13 个变量作为自变量，拟合分位数回归模型。

第7章 模型选择

目的与要求

（1）理解模型选择的必要性；

（2）掌握 R_a^2、C_p 和 AIC 等常见的模型选择标准；

（3）掌握逐步回归等基于假设检验的模型选择方法；

（4）掌握不同的模型选择方法在 R 软件中的实现。

除了最简单的情况外，我们都面临着为数据选择好的回归模型。事实上，一个好的回归模型，并不是自变量越多越好，而是尽可能少而精。为什么我们不能在模型中包含所有可用的变量呢？有以下几个原因：

（1）奥卡姆剃刀原则指出，在一个现象的几个合理的解释中，最简单的是最好的。应用于回归分析，这意味着充分拟合数据的最小模型是最好的。

（2）不必要的自变量会增加对我们感兴趣的对象的估计噪声。在某些情况下，收集附加变量的数据需要花费更多的时间和金钱，因此较小的预测模型可能更经济。

（3）如果自变量在回归模型中全部都使用的话，就会出现多重共线性等问题。不仅模型的解释可能会很困难，而且预测性也会降低。

当比较潜在模型时，我们可以使用一些基于标准或者检验的方法做出选择。

7.1 基于标准的方法

下面介绍的几种模型选择标准 R_a^2、C_p 和 AIC 都是在回归模型的残差平方和（RSS）和模型复杂度 p 之间的平衡（trade-off）。

7.1.1 R_a^2 统计量

一个常用的选择标准是第三章介绍的调整后的 R^2,即 R_a^2,计算公式如下:

$$R_a^2=1-\frac{RSS/(n-p-1)}{TSS/(n-1)}=1-\frac{(n-1)}{(n-p-1)}(1-R^2)$$

其中 n 为样本量,p 为自变量个数,TSS、RSS 分别表示总的平方和与残差平方和。

由于 $R^2=1-\frac{RSS}{TSS}$,向模型添加变量会减少 RSS,因而会增加 R^2。因此,R^2 本身并不是一个好的标准,因为它总会选择最大可能的模型。R_a^2 通过引进自变量数量 p,对自变量增加进行了约束。因此,我们可以从拟合优度的角度在一系列回归模型中选择 R_a^2 最大的回归模型作为最优模型。

例 7.1 对于 2017 年我国居民人均消费支出数据,青原博士希望使用 R_a^2 标准选择最优模型。

Leaps 程序包可以彻底搜索自变量的所有可能组合。因此可以得到对于每个规模为 $p(p=1,2,\cdots,6)$ 时产生最小残差平方和的变量集合。

```
>consumption=read.csv("E:/hep/data/consumption2017.csv",header=T)
>attach(consumption)
>require(leaps)
>b=regsubsets(cse~pop14+pop65+pgdp+dpgdp+dpi+ddpi,data=consumption)#搜索自变量所有可能的组合
>rs=summary(b)
>rs$which#产生最小残差平方和的变量集合
  (Intercept)  pop14  pop65  pgdp   dpgdp  dpi   ddpi
1      TRUE    FALSE  FALSE  FALSE  FALSE  TRUE  FALSE
2      TRUE    FALSE  FALSE  FALSE  TRUE   TRUE  FALSE
3      TRUE    FALSE  FALSE  TRUE   TRUE   TRUE  FALSE
4      TRUE    TRUE   FALSE  TRUE   TRUE   TRUE  FALSE
5      TRUE    TRUE   FALSE  TRUE   TRUE   TRUE  TRUE
6      TRUE    TRUE   TRUE   TRUE   TRUE   TRUE  TRUE
```

在这里,我们看到 6 个模型中 dpi 都是 TRUE,所以最好的预测模型使用 dpi(人均消费支出)。

下面的代码输出了图 7-1 中的左图,结果显示包含 dpi(人均消费支出)、$dpgdp$(人均 GDP 增长)、$pgdp$(人均 GDP)的模型有最大的 R_a^2。

```
>plot(2:7,rs$adjr2,xlab="参数数量",ylab="调整的 R-square")
>which.max(rs$adjr2)
[1]3
```

7.1.2 C_p 统计量

一个好的模型应该可以很好地进行预测,所以预测值与期望值的相对偏差平方和可能是一个很好的标准:

$$\frac{1}{\sigma^2}\sum_i E(\hat{y}_i - Ey_i)^2$$

这可以通过马斯洛的 C_p 统计量来估计:

$$C_p = \frac{RSS_p}{\hat{\sigma}^2} + 2(p+1) - n$$

其中$\hat{\sigma}^2$ 来自包含全部 p 个自变量的模型,有 $p+1$ 个参数。类似的,RSS_p 来自包含 p 个自变量(即 $p+1$ 个参数)的模型的 RSS。对于完全模型,$C_p=p+1$。对于 p 个自变量的模型,$E(RSS_p)=(n-p-1)\sigma^2$,因而 $E(C_p)\approx p+1$。不合适的模型将使得 C_p 比 $p+1$ 大得多,因此,我们通常画出 C_p 相对于 $p+1$ 的图来进行判断。我们希望模型有较小的 $p+1$、C_p 接近或小于 $p+1$。

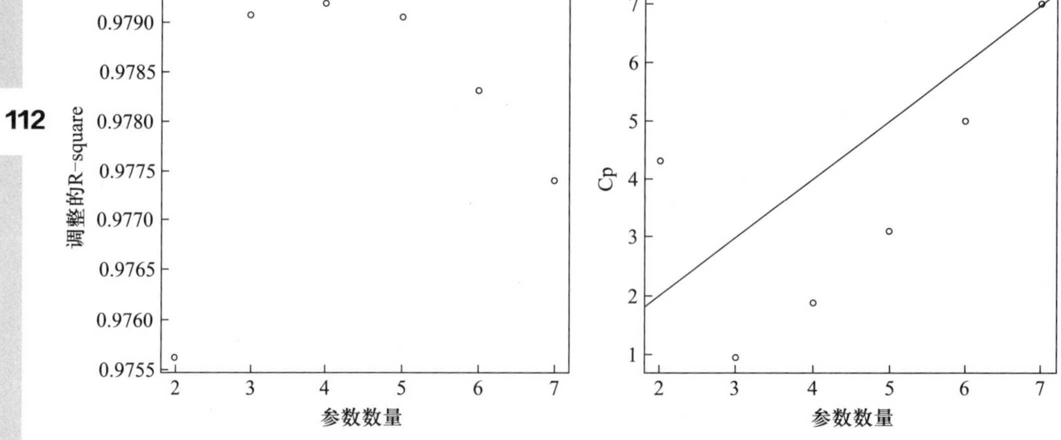

图 7-1 左侧是消费支出数据的回归模型的 R_a^2,右侧是相同数据的 C_p 图。

例 7.2 青原博士希望继续在 2017 年我国居民人均消费支出数据上演示 C_p 的作用。重新执行下面的命令:

```
>require(leaps)
>b=regsubsets(cse~pop14+pop65+pgdp+dpgdp+dpi+ddpi,data=consumption)
>rs=summary(b)
```

然后,我们绘制 C_p 图:

```
>plot(2:7,rs$cp,xlab="参数数量",ylab="Cp")
>abline(0,1)
```

如图 7-1 的右图所示。模型选择是在包含在三个参数、两个自变量 *dpi*(人均消费支出)和 *dpgdp*(人均 GDP 增长)的模型以及仅包括 *pgdp*(人均 GDP)的模型之间进行的。两种模型的 C_p 值都低于 $C_p=p+1$ 线，表明拟合良好。按照奥卡姆剃刀原则，选择是在较小的模型和较大的模型之间进行的，看谁拟合得更好。就模型在直线 $C_p=p+1$ 之上或之下而言，有些 C_p 值甚至更大的模型也适合，但我们不会在有适合的较小模型的情况下选择这些大模型。

7.1.3 AIC 和 BIC

如果了解建模的目的，我们可以用一些标准来衡量给定模型是否达到该目的，然后选择那些可以优化该标准的模型。一个自然的做法是选择参数为 θ 的模型 g 来逼近真实的模型 f。我们可以使用下面的公式来度量 g 和 f 之间的距离：

$$I(f,g)=\int f(x)\ln\left[\frac{f(x)}{g(x\mid\theta)}\right]\mathrm{d}x$$

这就是所谓的 **kullback-leibler 距离**（简称 KL 距离），也叫作**相对熵**（relative entropy）。KL 距离是一个正值，除了 $g=f$ 时为零。然而，因为不知道 f，所以无法直接计算 KL 距离。

我们可以用 θ 的 MLE 进行替换并重新得到：

$$\hat{I}(f,g)=\int f(x)\ln f(x)\,\mathrm{d}x-\int f(x)\ln g(x\mid\hat{\theta})\,\mathrm{d}x$$

其中，第一项是一个常数，不依赖于我们选择的模型 g。

Akaike（1974）证明了 $E\,\hat{I}(f,g)$ 可以通过 $-\ln L(\hat{\theta})+p+$ 常数来估计，其中 $L(\hat{\theta})$ 是 $\hat{\theta}$ 的对数似然函数，p 是模型中参数的数量，常数取决于未知的真实模型。由于“历史”的原因，Akaike 对该式乘以 2 获得了“信息标准”AIC（Akaike Information Criterion）：

$$AIC=-2\ln L(\hat{\theta})+2p$$

上式右边第一项是对数似然函数的 -2 倍，由于似然函数越大得到的估计量就越好，因此 $-2\ln L(\hat{\theta})$ 越小越好，这一项刻画了模型的精度或拟合程度，但是模型的自变量个数不能太大，上式右边第二项是对模型参数个数的惩罚项。因此，AIC 自然地在模型选择中为拟合性和简洁性提供了平衡。我们将选择最小化 AIC 的模型。

在多元线性回归模型中，假定回归模型的随机误差项服从正态分布，此时 $-2\ln L(\hat{\theta})=n\ln(RSS/n)+$ 另一个常数，则 AIC 公式为[①]：

$$AIC=n\ln(RSS)+2p$$

其中 n 为样本量，p 为参数个数，RSS 表示有 p 个参数的回归模型的误差平方和。

研究者也提出了许多其他的信息准则。其中最有名的是 Bayes 信息标准（BIC）：

$$BIC=-2\ln L(\hat{\theta})+p\ln n$$

BIC 对较复杂模型的惩罚更为沉重，因此与 AIC 相比，它更倾向于选择较简洁的模型。AIC 和 BIC 也经常用作其他类型模型的选择标准。关于这两个标准的相对优点存在一些争议，当目标是预测时，AIC 通常被认为更好。

例 7.3 青原博士继续在 2017 年我国人均消费支出数据上演示 AIC 的作用。

重新执行下面的命令：

---

① 对线性回归模型，-2 倍的最大对数似然值为 $-2\ln L(\hat{\theta})=n\ln(RSS/n)+$ 另一个常数。由于常数对给定的数据集和假定的误差分布是相同的，因此对相同数据的回归模型比较可以忽略不计。其他类型的比较需要额外注意。

```
>require(leaps)
>b=regsubsets(cse~pop14+pop65+pgdp+dpgdp+dpi+ddpi,data=consumption)
>rs=summary(b)
```

我们计算并绘制 AIC,见图 7-2。

```
>AIC=31*log(rs$rss/31)+(2:7)*2
>par(mfrow=c(1,1))
>plot(AIC~I(1:6),ylab="AIC",xlab="Number of Predictors")
```

在图 7-2 中看到,选择上述逻辑矩阵确定的 *dpi* 和 *dpgdp* 两个自变量会使得 AIC 最小。

如果有 q 个潜在自变量,那么就有 2^q 个可能的模型。对于较大的 q,这可能太耗时,我们可能需要通过限制搜索来节约时间。在这种情况下,step()函数是更方便的选择。step()可以按照 AIC 准则选择模型。该函数的参数 direction="forward"表示向前选择法、direction="backward"表示向后消除法和 direction="both"表示向前向后逐步回归法。这里我们使用向前向后逐步回归法。

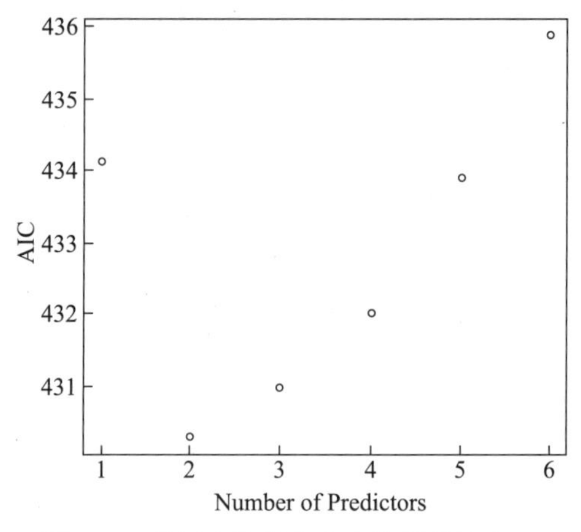

图 7-2　使用人均消费支出数据的具有不同自变量数量模型的 AIC

step()函数不会评估所有可能模型的 AIC,但会使用搜索方法依次比较模型。因此,它与 7.2 节介绍的基于检验的逐步回归方法类似,但仅在搜索方法中比较,而且没有假设检验。

```
>cse.lm=lm(cse~pop14+pop65+pgdp+dpgdp+dpi+ddpi,data=consumption)
>step(cse.lm,direction="both")    #向前向后逐步回归
Start:AIC=435.88
cse~pop14+pop65+pgdp+dpgdp+dpi+ddpi

          Df   Sum of Sq        RSS      AIC
-pop65     1           8   25218000   433.88
-ddpi      1      108667   25326658   434.01
-pgdp      1      753426   25971417   434.79
-pop14     1      785210   26003202   434.83
<none>                     25217992   435.88
-dpgdp     1     2557735   27775726   436.88
-dpi       1   131410938  156628930   490.50
```

```
Step：AIC=433. 88
cse~pop14+pgdp+dpgdp+dpi+ddpi

           Df   Sum of Sq        RSS      AIC
-ddpi       1      111165   25329165   432. 02
-pgdp       1      755288   25973288   432. 80
-pop14      1      826979   26044979   432. 88
<none>                      25218000   433. 88
-dpgdp      1     2806605   28024605   435. 15
+pop65      1           8   25217992   435. 88
-dpi        1   131411589  156629589   488. 50

Step：AIC=432. 02
cse~pop14+dpi+pgdp+dpgdp

           Df   Sum of Sq        RSS      AIC
-pop14      1      800110   26129275   430. 98
-pgdp       1     1038553   26367718   431. 26
<none>                      25329165   432. 02
-dpgdp      1     2709725   28038890   433. 17
+ddpi       1      111165   25218000   433. 88
+pop65      1        2507   25326658   434. 01
-dpi        1   132646598  157975763   486. 76

Step：AIC=430. 98
cse~dpi+pgdp+dpgdp
           Df   Sum of Sq        RSS      AIC
-pgdp       1     1110593   27239868   430. 27
<none>                      26129275   430. 98
+pop14      1      800110   25329165   432. 02
+pop65      1       85868   26043407   432. 88
+ddpi       1       84296   26044979   432. 88
-dpgdp      1     4844172   30973447   434. 25
-dpi        1   147648976  173778251   487. 72

Step：AIC=430. 27
cse~dpi+dpgdp
```

```
          Df    Sum of Sq          RSS     AIC
<none>                        27239868  430.27
+pgdp      1      1110593     26129275  430.98
+pop14     1       872150     26367718  431.26
+pop65     1        93507     27146361  432.17
+ddpi      1         2359     27237509  432.27
-dpgdp     1      5650769     32890636  434.12
-dpi       1   1310508516   1337748384  548.99

Call:
lm(formula=cse~dpi+dpgdp,data=consumption)

Coefficients:
(Intercept)        dpi        dpgdp
3981.0880       0.6317     -301.7433
```

首先我们看到"Start: AIC=435.88",最开始的模型是"cse~pop14+pop65+pgdp+dpgdp+dpi+ddpi"表示最开始的包含6个变量的模型AIC值为435.88。在接下来的表里看到"-pop65",变量名前面的减号表示剔除*pop*65变量,在同一行之后的AIC这一列可以看到剔除*pop*65变量后模型的AIC值为433.88。类似的,剔除*ddpi*变量后的模型的AIC值为434.01,剔除*pgdp*变量后的模型的AIC值为434.79,剔除*pop*14变量后的模型的AIC值为434.83,剔除*dpgdp*变量后的模型的AIC值为436.88,剔除*dpi*变量后的模型的AIC值为490.50,因此,这表明该模型剔除*pop*65变量可以得到更优的模型。

现在,从模型AIC=433.88出发继续对模型进行筛选,可以发现,剔除*ddpi*、*pgdp*、*pop*14变量后AIC都下降了,其中剔除*ddpi*变量后AIC为最小值432.02;而剔除*dpgdp*、*dpi*后都不能使AIC下降。因此,这表明继续剔除*ddpi*变量就可以得到更优的模型。

然后从模型AIC=432.02出发继续对模型进行筛选,剔除*pop*14、*pgdp*变量后AIC都下降了,其中剔除*pop*14变量后AIC为最小值430.98;而剔除*dpgdp*、*dpi*后都不能使AIC下降。因此,这表明继续剔除*pop*14变量就可以得到更优的模型。

然后从模型AIC=430.98出发继续对模型进行筛选,剔除*pgdp*变量后AIC下降到430.27,而剔除*dpgdp*、*dpi*后都不能使AIC下降。因此,这表明继续剔除*pgdp*变量就可以得到更优的模型。

然后从模型AIC=430.27出发继续对模型进行筛选,可以发现剔除*dpi*变量或者*dpgdp*变量都不能使得模型的AIC值下降。因此,最优模型就只包括*dpi*和*dpgdp*变量,此时截距的系数为3981.0880,*dpi*的系数为0.6317,*dpgdp*的系数为-301.7433。该模型与后文按照p值大小依次剔除*pop*65、*ddpi*、*pop*14、*pgdp*得到的cse.lm4模型的是一样的。

为了判定变量选择方法是否对异常值和影响点敏感。让我们来检查高杠杆点:

```
>h=lm.influence(cse.lm)$hat
>row.names(consumption)=consumption[,1]#将第一列地区名给行命名
>names(h)=region
>rev(sort(h))#将h排序查看
      西藏         天津         上海         甘肃         北京       黑龙江
0.61708378  0.49547369  0.44179214  0.43346675  0.36956997  0.35595103
      江苏         新疆         辽宁         山西         广西         云南
0.30100400  0.27364010  0.27122438  0.24251670  0.24168177  0.22309547
    内蒙古         重庆         吉林         福建         四川         贵州
0.21026860  0.20867874  0.20049141  0.19529681  0.18522236  0.17454999
      广东         安徽         浙江         山东         江西         陕西
0.16974251  0.16823358  0.16579960  0.15559871  0.13347205  0.12776899
      河南         青海         河北         海南         宁夏         湖南
0.11246655  0.09514613  0.09402173  0.09340474  0.08618120  0.08455509
      湖北
0.07260145
```

我们可以看到西藏的杠杆率很高。我们可以排除它：

```
>b=regsubsets(cse~pop14+pop65+pgdp+dpgdp+dpi+ddpi,data=consumption,
subset=(cse!=10320.12))#根据cse排除西藏
>rs=summary(b)
>rs$which[which.max(rs$adjr),]#找到R_a^2最大的模型
(Intercept)      pop14      pop65      pgdp      dpgdp      dpi      ddpi
TRUE             FALSE      FALSE      TRUE      TRUE       TRUE     FALSE
```

此时，我们看到 *pgdp* 纳入了模型。这说明变量选择方法对影响点敏感。

此外，变换自变量也会对模型产生影响。看看这些变量：

```
>stripchart(data.frame(scale(consumption)),method="jitter",las=2,vertical=
TRUE)#画出标准化数据的带状图
```

跳动会增加少量噪声（在本例中为水平方向）。它用于移动可能会相互叠印的点。

在图 7-3 中，我们看到 *dpi*、*ddpi*、*pgdp* 是偏态的，我们尝试对它们取对数：

```
>b=regsubsets(cse~pop14+pop65+log(dpi)+log(ddpi)+log(pgdp)+dpgdp,consumption)
>rs=summary(b)
>rs$which[which.max(rs$adjr),]
(Intercept)   pop14   pop65   log(pgdp)   dpgdp   log(dpi)   log(ddpi)
TRUE          TRUE    TRUE    FALSE       TRUE    TRUE       TRUE
```

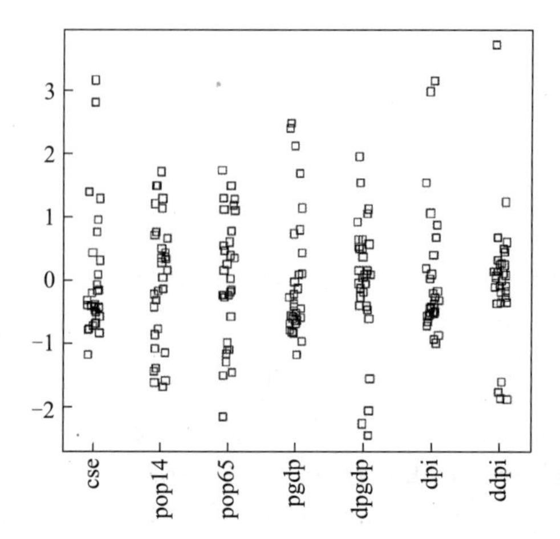

图 7-3　消费数据的带状图;所有变量都已标准化

相对于包含 *dpi*、*dpgdp* 等变量的模型,这再次改变了模型。调整后的 R^2 为 95.2%,没有之前的模型高。

我们还可以用下面的程序得到向前选择法和向后消除法选择的最优模型(此处输出结果略,感兴趣的读者可以自己运行):


```
>step(cse.lm,direction="forward")#向前选择法回归
>step(cse.lm,direction="backward")#向后消除法回归
```

可以发现向前选择法得到的最优模型就是把所有自变量都引入模型中,即没有剔除掉任何变量。而向后消除法剔除了 *pop*14、*pop*65、*ddpi*、*pgdp* 变量,保留 *dpi* 和 *dpgdp* 变量得到了更优的模型,该模型和向前向后逐步回归结果完全一致。

因此,对于 2017 年我国居民人均消费支出数据来说,最优模型是

$$cse = 3981.088 + 0.637 \times dpi - 301.743 \times dpgdp$$

7.2 基于检验的方法

基于检验的方法主要包括:向后消除、向前选择以及逐步回归三种方法。

向后消除(backward elimination)是所有变量选择过程中最简单的一种,可以在没有特殊软件的情况下轻松实现。我们从包含所有自变量的模型开始,首先删除大于阈值 acrit 的最高 p 值的一个自变量,然后重新拟合模型,并删除剩余变量中的最不显著的自变量,删除标准依然是其 p 值大于 acrit。重复进行该过程,直至所有"不显著"的自变量被删除,从而完成变量选择过程,获得最佳模型。

acrit 有时被称为"p-to-remove",并不一定是 5%。如果目标是预测,那么 15% 至 20% 可能效果更好。

向前选择(forward selection)是向后选择方法的相反过程。我们从没有变量的模型开始,此时所有自变量都不在模型中。如果它们分别添加到模型中与因变量建立一元回归模型,我们选择小于 acrit 值的最低 p 值的一个自变量进入模型。然后

在一元回归模型的基础上，继续将剩余自变量分别添加到模型中建立二元回归模型，选择小于 acrit 值的最低 p 值的一个自变量进入模型。重复进行该过程，直到没有新的自变量可以添加。

逐步回归（stepwise regression）是向后消除和向前选择的组合，在每个阶段可以添加或删除一个变量，使得变量有进有出。这解决了在流程早期添加或删除的变量在后来不能删除或添加的矛盾。

实际上，逐步回归法并不是一个新的回归方法，所用到的参数估计方法都是之前介绍的，只是从众多变量中选择出最优模型的一套方法。

例 7.4 青原博士继续使用 2017 年我国居民人均消费支出数据来演示逐步回归。

在前面的分析中，我们发现自变量之间存在共线性，希望使用向后消除方法建立一个好的回归模型。

```
>consumption=read.csv("E:/hep/data/consumption2017.csv",header=T)
>cse.lm=lm(cse~pop14+pop65+pgdp+dpgdp+dpi+ddpi,data=consumption)
>summary(cse.lm)
Call:
lm(formula=cse~pop14+pop65+pgdp+dpgdp+dpi+ddpi,data=consumption)

Residuals:
     Min        1Q    Median        3Q       Max
-1793.62   -630.02    -66.23    759.05   1850.08

Coefficients:
               Estimate   Std. Error   t value   Pr(>|t|)
(Intercept)  4435.84855   2141.74610     2.071   0.0493 *
pop14         -47.29737     54.71340    -0.864   0.3959
pop65           0.18928     68.04626     0.003   0.9978
pgdp            0.01695      0.02002     0.847   0.4055
dpgdp        -244.31283    156.59150    -1.560   0.1318
dpi             0.57526      0.05144    11.183   5.3e-11 ***
ddpi           77.58985    241.27187     0.322   0.7505
---
Signif. codes:0 '***' 0.001 '**' 0.01 '*' 0.05 '.' 0.1 ' ' 1

Residual standard error: 1025 on 24 degrees of freedom
Multiple R-squared: 0.9819,     Adjusted R-squared: 0.9774
F-statistic: 217.3 on 6 and 24 DF,  p-value: <2.2e-16
```

结果显示一些自变量系数的符号与可能影响因变量的合理预期相符合。正如人们所预料的那样，人均可支配收入（*dpi*）越高，人均消费支出（*cse*）越高。然而，人均

GDP 等一些变量不显著，与人们预期的情况相反。

接下来，在每个阶段，我们删除超过 0.05 的最高 p 值的自变量。*pop*65 是第一个被删除的变量，重新建立回归模型：

```
>cse.lm1=update(cse.lm,. ~. -pop65)#或者 cse.lm1=lm(cse~. -pop65)
>summary(cse.lm1)
Call:
lm(formula=cse~pop14+pgdp+dpgdp+dpi+ddpi,data=consumption)

Residuals:
     Min         1Q     Median        3Q        Max
-1792.89    -630.01     -66.01    759.28    1849.15

Coefficients:
                Estimate    Std. Error    t value    Pr(>|t|)
(Intercept)   4439.44864    1672.01193      2.655    0.0136 *
pop14          -47.33111      52.27389     -0.905    0.3739
pgdp             0.01695       0.01959      0.865    0.3951
dpgdp         -244.18241     146.38919     -1.668    0.1078
dpi              0.57526       0.05040     11.414    2.09e-11 ***
ddpi            77.48340     233.40478      0.332    0.7427
---
Signif. codes:0 '***' 0.001 '**' 0.01 '*' 0.05 '.' 0.1 ' ' 1

Residual standard error: 1004 on 25 degrees of freedom
Multiple R-squared: 0.9819,      Adjusted R-squared: 0.9783
F-statistic: 271.6 on 5 and 25 DF,  p-value: <2.2e-16
```

结果显示，该模型的 R^2、R_a^2、残差标准误和 F 值都得到了改善，但是仍然有 4 个变量 *pop*14、*ddpi*、*pgdp*、*dpgdp* 没有通过显著性检验。我们重复以上过程，继续删除变量 *ddpi*。

```
>cse.lm2=update(cse.lm1,. ~. -ddpi)
>summary(cse.lm2)
Call:
lm(formula=cse~pop14+pgdp+dpgdp+dpi,data=consumption)

Residuals:
     Min         1Q     Median        3Q        Max
-1833.01    -670.54     -93.03    721.14    1835.21
```

```
Coefficients:
              Estimate      Std. Error    t value    Pr(>|t|)
(Intercept)   4740.00721    1381.40950     3.431     0.00202 **
pop14          -36.61173      40.39886    -0.906     0.37312
pgdp             0.01893       0.01834     1.033     0.31135
dpgdp         -231.17034     138.60959    -1.668     0.10736
dpi              0.57309       0.04911    11.669     7.78e-12 ***
---
Signif. codes:0 '***' 0.001 '**' 0.01 '*' 0.05 '.' 0.1 ' ' 1

Residual standard error: 987 on 26 degrees of freedom
Multiple R-squared: 0.9818,       Adjusted R-squared: 0.9791
F-statistic: 351.5 on 4 and 26 DF,  p-value: <2.2e-16
```

结果显示,R^2、R_a^2、残差标准误和 F 值继续得到了改善,但是仍然有 3 个变量 *pop*14、*pgdp*、*dpgdp* 没有通过显著性检验。我们重复以上过程,继续删除变量 *pop*14。

```
>cse.lm3=update(cse.lm2,. ~. -pop14)
>summary(cse.lm3)
Call:
lm(formula=cse~pgdp+dpgdp+dpi,data=consumption)

Residuals:
    Min       1Q    Median      3Q      Max
-1933.2   -824.2     47.8    675.6   1750.1

Coefficients:
              Estimate      Std. Error    t value    Pr(>|t|)
(Intercept)   3887.08177    1007.84755     3.857     0.000646 ***
pgdp             0.01957       0.01826     1.071     0.293535
dpgdp         -282.31117     126.18278    -2.237     0.033718 *
dpi              0.58449       0.04732    12.352     1.28e-12 ***
---
Signif. codes: 0 '***' 0.001 '**' 0.01 '*' 0.05 '.' 0.1 ' ' 1

Residual standard error: 983.7 on 27 degrees of freedom
Multiple R-squared: 0.9813,       Adjusted R-squared: 0.9792
F-statistic: 471.6 on 3 and 27 DF,  p-value: <2.2e-16
```

结果显示,R^2、R_a^2、残差标准误和 F 值仍然都得到了改善,但还有 1 个变量 *pgdp* 没有通过显著性检验。我们重复以上过程，继续删除变量 *pgdp*。

```
>cse.lm4=update(cse.lm3,.~.-pgdp)
>summary(cse.lm4)
Call:
lm(formula=cse~dpgdp+dpi,data=consumption)

Residuals:
     Min        1Q    Median        3Q       Max
-1748.29   -725.45     85.58    513.67   1797.04

Coefficients:
               Estimate   Std. Error   t value    Pr(>|t|)
(Intercept)  3981.08805   1006.66284     3.955    0.000474 ***
dpgdp        -301.74326    125.20085    -2.410    0.022766 *
dpi             0.63172      0.01721    36.703    <2e-16 ***
---
Signif. codes: 0'***' 0.001 '**' 0.01 '*' 0.05 '.' 0.1 ' ' 1

Residual standard error: 986.3 on 28 degrees of freedom
Multiple R-squared: 0.9805,     Adjusted R-squared: 0.9791
F-statistic: 703.1 on 2 and 28 DF,  p-value: <2.2e-16
```

现在模型的自变量都显著，R^2、R_a^2、残差标准误变化不大，F 值得到了很大的改善。表明删除这些不显著的自变量后得到了一个更优的模型。

请注意，全模型的 R^2 值 0.9819 仅略微减小到最终模型的 0.9805，R_a^2 值 0.9774 仅略微地增大到最终模型的 0.9791。因此，删除 4 个自变量对拟合度的影响不大。

重要的是要理解从模型中省略的变量可能仍然与因变量相关。例如：

```
>summary(lm(cse~pop14+pop65+ddpi+pgdp))#选择被删除的变量作自变量
Call:
lm(formula=cse~pop14+pop65+ddpi+pgdp)

Residuals:
    Min       1Q   Median       3Q      Max
-5349.0  -1279.4    474.3   1336.1   6075.7

Coefficients:
               Estimate   Std. Error   t value   Pr(>|t|)
(Intercept)  9869.73156   4989.54575     1.978   0.0586
```

```
pop14        -112.71299     128.12394    -0.880     0.3871
pop65          11.59179     155.39054     0.075     0.9411
ddpi         -225.00643     550.37798    -0.409     0.6860
pgdp            0.21358       0.02281     9.363     8.2e-10 ***
---
Signif. codes: 0'***' 0.001 '**' 0.01 '*' 0.05 '.' 0.1 ' ' 1
Residual standard error: 2458 on 26 degrees of freedom
Multiple R-squared: 0.8874,      Adjusted R-squared: 0.8701
F-statistic: 51.24 on 4 and 26 DF,  p-value: 5.846e-12
```

我们看到 *pgdp*(人均 GDP)确实与 *cse*(消费支出)有关。确实,以 *dpi* 代替 *pgdp* 使我们有一个更好的拟合模型,但不足以断定 *pgdp* 不是一个相关变量。这证明了向后消除方法的一个缺陷,因为它不能可靠地区分重要和不重要的自变量。

读者可以对该数据尝试用向前选择、逐步回归两种方法。

基于检验的方法在计算上相对方便且易于理解,但它们也有一些缺点:

(1) 由于添加/删除变量是一次一个,可能会错过“最优”模型。

(2) 所使用的 p 值不应该太字面地处理。有太多的多重检验发生,以至于有效性是可疑的。删除不显著的自变量往往会增加剩余自变量的显著性。这种影响导致人们夸大其余自变量的重要性。

(3) 方法与预测或解释的最终目标不直接相关,因此可能无法真正帮助解决感兴趣的问题。对于任何变量选择方法,记住模型选择不能脱离分析的基本目的是很重要的。变量选择倾向于放大保留在模型中的变量的统计显著性。然而,丢弃的变量仍可能与因变量相关。说这些变量与因变量无关是错误的;只是它们没有额外提供超过已经包含在模型中的变量的解释效果。

(4) 逐步变量选择倾向于选择比用来做预测的模型更小的模型。举一个简单的例子,考虑只有一个自变量的简单回归。假设这个自变量的斜率在统计学上并不显著。我们可能没有足够的证据表明它与 y 有关,但将它用于预测目的可能会更好。

分层模型的
模型选择

7.3 小结

回归分析的目的是构建一个能够很好地预测或解释数据中关系的模型。在本章中,我们介绍了基于标准和基于检验的两大类模型选择方法,也就是考虑选择“最佳”自变量子集的问题。基于检验的方法在潜在模型的空间中使用了受限制的搜索,而基于标准的方法通常涉及更广泛的搜索并以更好的方式比较模型。出于这个原因,我们建议读者使用基于标准的方法。此外,应该谨慎使用自动变量选择程序。自动变量选择通常不能保证与这些目标保持一致,只能使用这些方法作为参考。在模型选择或变量选择时,尊重模型的层次结构非常重要。例如,低阶项通常不应该在相同变量的高阶项之前从模型中剔除。

模型选择或变量选择是达到目的的手段,而不是目的本身,它是一个不应该与分析的其他部分相分离的过程。数据分析的其他部分可能会对模型产生影响。例如,异常值和影响点不仅仅会改变当前的模型,也会改变我们选择的模型,因此识别并处理这些点很重要。变量的变换也会对所选模型产生影响。为了找到更好的模型,通常需要进行一些迭代和实验。

练习题

1. 模型选择的标准有哪些?

2. R_a^2 的计算公式是什么?是从什么角度对模型进行选择的?

3. 如何根据 C_p 统计量判断模型拟合效果的好坏?

4. AIC 准则与 BIC 准则的区别是什么?

5. 基于检验的模型选择方法有哪些?这些方法有什么区别?

6. 在模型选择时可以忽略模型的层次结构吗?

7. 已知因变量 y 与自变量 x_1、x_2、x_3、x_4,下表给出了所有可能的线性回归模型的 AIC 值,则最优线性回归模型是什么?

模型中的变量	AIC	模型中的变量	AIC
x_1	202.55	x_1、x_3、x_4	3.50
x_1、x_2	2.68	x_1、x_2,x_3、x_4	5.00
x_2	142.49	x_2、x_3、x_4	7.34
x_2、x_3	62.44	x_2、x_4	138.23
x_1、x_2、x_3	3.04	x_1、x_2、x_4	2.12
x_1、x_3	198.10	x_1、x_4	5.50
x_3	315.16	x_4	138.73

8. 对于 R 中的程序包 faraway 自带的数据集 state,考虑期望生命岁数(*Life. Exp*)与其他变量之间的关系,建立线性回归模型,分别使用 R_a^2、C_p、AIC 以及向前选择等变量选择方法来确定"最佳"模型。这几种变量选择方法得到的最优模型相同吗?

9. 对于 R 中的程序包 faraway 自带的数据集 prostate,以 *lpsa* 作为因变量,其他变量作为自变量。分别使用 R_a^2、C_p、AIC 以及向后消除等变量选择方法来确定"最佳"模型。这几种变量选择方法得到的最优模型相同吗?

10. 对于 R 中的程序包 faraway 自带的数据集 teengamb,以 *gamble* 作为因变量,其他变量作为自变量。分别使用 R_a^2、C_p、AIC 以及逐步回归等变量选择方法来确定"最佳"模型。这几种变量选择方法得到的最优模型相同吗?

11. 对于 R 中的程序包 faraway 自带的数据集 seatpos,以 *hipcenter*(髋部中心)作为因变量。

（1）将其他变量都作为自变量，拟合一个回归模型。解释 *leg length*（腿长）对因变量的影响。

（2）使用 AIC 来确定"最佳"模型。现在再解释 *leg length*（腿长）的影响并计算预测区间。比较两种模型的结论。

12. R 中的程序包 faraway 自带的数据集 gala 包含了著名的加拉帕戈斯岛上的物种数据，以 *Species*（种类）作为因变量。

（1）将五个变量（*Area*、*Elevation*、*Nearest*、*Scruz*、*Adjacent*）作为自变量拟合一个模型。解释 *Area* 对因变量的影响。

（2）使用 R_a^2 来确定"最佳"模型。现在再解释 *Area* 的影响并计算预测区间。比较两种模型的结论。

13. R 中的程序包 faraway 自带的数据集 pima 包含 768 名成年女性的信息，每名女性测量了九个变量。以 *diastolic*（舒张压）作为因变量。

（1）将其他变量作为自变量来拟合一个线性模型，总结拟合情况。

（2）使用 C_p 来确定"最佳"模型。比较两种模型的结论。

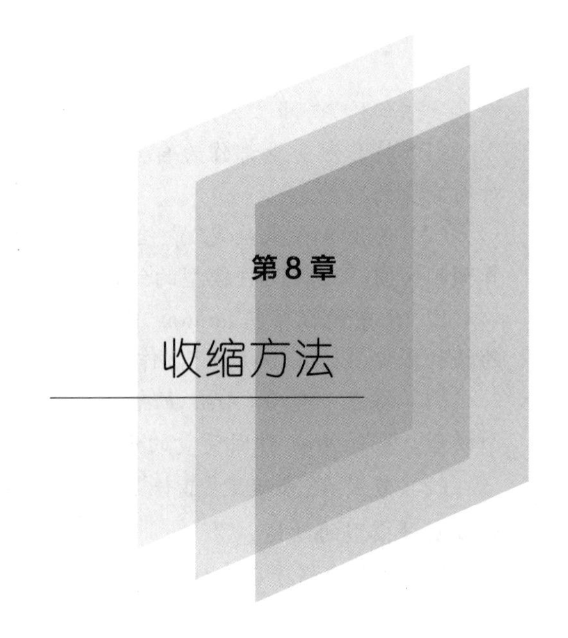

第8章 收缩方法

目的与要求

(1) 了解为什么要进行收缩估计;
(2) 理解模型收缩方法实质上是模型选择方法;
(3) 掌握几种典型的模型收缩方法;
(4) 掌握模型收缩方法在 R 软件中的实现。

通常,更多的自变量应该意味着更多信息,对解释和预测都可能有帮助。然而,当我们相信自变量的影响是稀疏的,也就是说,少数自变量有影响,我们就会希望从大量的自变量中建立更简约但仍然有效的预测模型,以节省测量自变量的成本。本章介绍的岭回归、Lasso、自适应 Lasso、主成分回归和偏最小二乘回归等方法,都可以通过对回归系数进行收缩,在尽量保留自变量的基础上帮助我们获得好的模型。

8.1 岭回归

岭回归(ridge regression)是由 Hoerl 和 Kennard 于 1970 年提出的,它是一种有偏估计,是对最小二乘估计的改进。若自变量矩阵或预测矩阵存在共线性,使得 β 的普通最小二乘估计不稳定时,岭回归特别有效。

假设自变量已经标准化,因变量已经中心化。通过添加系数的 L_2 惩罚项 $\sum_{j=1}^{p}\beta_j^2$ 来修正残差平方和,既使得残差平方和小,又避免系数过大,得到:

$$(y-X\beta)^T(y-X\beta)+\lambda\sum_{j=1}^{p}\beta_j^2$$

其中 $\lambda(\geqslant 0)$ 为岭参数。岭回归是惩罚回归的一个例子。对修正的残差平方和最小化获得 β 的岭回归估计:

$$\hat{\beta}=(X^TX+\lambda I)^{-1}X^Ty$$

λI 在矩阵 X^TX 里面引入了一个“岭”,因此该方法取名岭回归。这个方法的一个等价表达式是选择 β 来最小化:

$$(y-X\beta)^T(y-X\beta) \quad st\sum_{j=1}^{p}\beta_j^2 \leqslant t$$

显然,$\lambda=0$ 对应于最小二乘估计$\hat{\beta}_{LS}$,而 $\lambda\to\infty$ 时,$\hat{\beta}\to 0$。

λ 值可以用交叉验证或者 C_p 等准则来确定,也可以根据岭迹图选择。选择好的 λ 值的原则是:① 各回归系数的岭估计基本稳定;② 最小二乘估计的回归系数符号不合理时,岭估计参数的符号变得合理;③ 回归系数没有不合乎实际意义的绝对值;④残差平方和增加不太多。

我们通过图 8-1 来理解岭估计。图中的$\hat{\beta}_{LS}$ 是最小化残差平方和获得的最小二乘解。$\hat{\beta}_{LS}$ 的置信椭圆上的点就是 β 的解。在左图中,岭估计的 L_2 约束 $\sum_{j=1}^{p}\beta_j^2 \leqslant t$ 定义了以原点为中心,半径为 t 的圆。如果置信椭圆与圆相交,交点就是满足约束条件 $\sum_{j=1}^{p}\beta_j^2=t$ 的 β 的最佳解。当 t 足够大时,如果$\hat{\beta}_{LS}$ 落在圆内,则岭估计和最小二乘解是相同的,但因为通常 t 足够小,所以很少发生这种情况。β 的岭估计相比于$\hat{\beta}_{LS}$ 是有所缩小的。

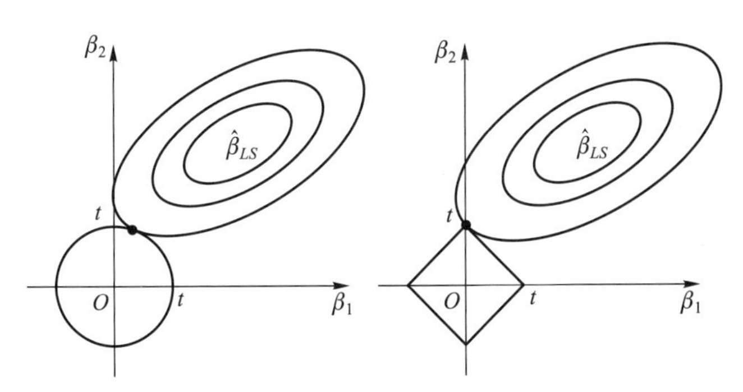

图 8-1　岭回归和 Lasso 回归

注:左图的最大置信椭圆与半径为 t 的圆相交于岭估计,右图的最大椭圆与正方形相交于 Lasso 估计

β 的岭回归估计是有偏估计。虽然偏差(bias)不可取,但它不是唯一的考虑。**均方误差**(mean squared error,MSE)也是衡量估计量好坏的一个方法。MSE 可以分解为偏差的平方与方差之和:

$$E(\hat{\beta}-\beta)^2=[E(\hat{\beta}-\beta)]^2+E(\hat{\beta}-E\hat{\beta})^2$$

有时候,我们可以以偏差增加为代价来获得方差的大幅度减小,如果 MSE 因此显著降低,那么我们也可以接受一些偏差。

因此,岭回归在建模时以增加偏差为代价而减少方差。具体来说,岭回归通过放弃最小二乘法的无偏性,以损失部分信息、降低精度为代价获得回归系数更为符合实际、更可靠的回归方法,因而对病态数据的适应性远远强于最小二乘法。

例 8.1　随着生活水平日益提高,人们对自己的身材管理也日益重视。青原博士使用 R 自带的 252 名男性体脂数据,希望使用岭回归找到影响身体脂肪的重要因素。

该数据集是 R 自带的。我们读取该数据,选择体脂百分比(*brozek*)以及可能影响

体脂的 10 个自变量,它们分别是颈部(*neck*)、胸部(*chest*)、腹部(*abdom*)、臀部(*hip*)、大腿(*thigh*)、膝关节(*knee*)、踝关节(*ankle*)、肱二头肌(*biceps*)、小臂(*forearm*)、手腕(*wrist*)。

```
>data(fat,package="faraway")
>fat=fat[,c(1,9:18)]
```

因为自变量有 10 个,我们首先检查是否存在共线性。计算相关系数矩阵、条件数和方差膨胀因子,绘制散点图矩阵(图 8-2)。

```
>cor(fat[,2:11])
         neck  chest  abdom   hip    thigh  knee   ankle  biceps forearm wrist
neck     1.000 0.785  0.754  0.735  0.696  0.672  0.478  0.731  0.624  0.745
chest    0.785 1.000  0.916  0.829  0.730  0.720  0.483  0.728  0.580  0.660
abdom    0.754 0.916  1.000  0.874  0.767  0.737  0.453  0.685  0.503  0.620
hip      0.735 0.829  0.874  1.000  0.896  0.824  0.558  0.739  0.545  0.630
thigh    0.696 0.730  0.767  0.896  1.000  0.799  0.540  0.762  0.567  0.559
knee     0.672 0.720  0.737  0.824  0.799  1.000  0.612  0.679  0.556  0.665
ankle    0.478 0.483  0.453  0.558  0.540  0.612  1.000  0.485  0.419  0.566
biceps   0.731 0.728  0.685  0.739  0.762  0.679  0.485  1.000  0.678  0.632
forearm  0.624 0.580  0.503  0.545  0.567  0.556  0.419  0.678  1.000  0.586
wrist    0.745 0.660  0.620  0.630  0.559  0.665  0.566  0.632  0.586  1.000
>pairs(fat[,2:11],gap=0,cex.labels=0.9)
>kappa(fat[,2:11])#条件数
[1] 115
>require(faraway)
>vif(lm(brozek~neck+chest+abdom+hip+thigh+knee+ankle+biceps+forearm+wrist,
data=fat))#方差膨胀因子
 neck   chest  abdom  hip    thigh  knee   ankle  biceps forearm wrist
3.893  7.855  9.022  9.869  6.513  3.973  1.796  3.500  2.128   2.933
```

我们发现相关系数矩阵和散点图矩阵(图 8-2)显示多组自变量之间线性相关,条件数和 VIF 也显示出自变量之间可能存在的共线性迹象。因此,对于存在共线性的自变量,直接对该数据建立多元线性回归模型的话,回归系数的符号及其显著性都将不太可信,我们将很难说哪些因素可能影响体脂,比如为什么腹部有积极作用,臀部有消极作用?

因此,我们考虑对体脂数据进行岭回归建模。按照岭回归的要求,我们分别对自变量进行标准化以及对因变量进行中心化,再将变换后的数据整合成新数据集。

```
>ridgefat=data.frame(scale(fat[,1],center=T,scale=F),scale(fat[,2:11],center=
T,scale=T))#自变量标准化,因变量中心化
>names(ridgefat)=names(fat)
```

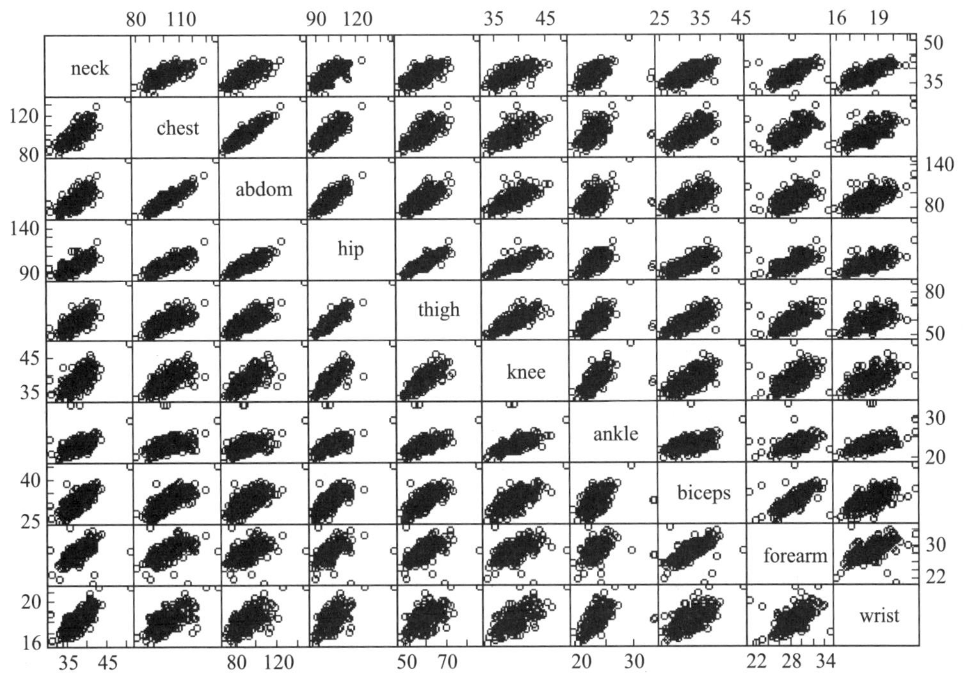

图 8-2　252 名男性体脂 10 个自变量之间的散点图

首先绘制岭迹图：

```
>library(MASS)
>rgmod=lm.ridge(brozek~neck+chest+abdom+hip+thigh+knee+ankle+biceps+forearm
+wrist,data=ridgefat,lambda=seq(0,1,0.01))#以 0.01 为间隔取不同 λ 值建立岭
回归模型
>matplot(rgmod$lambda,coef(rgmod),type="l",xlab=expression(lambda)
,ylab=expression(hat(beta)),col=1)#或者 plot(rgmod)
```

岭迹图如图 8-3 所示。从图中可以看出，曲线变平稳的速度很慢，很难直接得出适当的岭参数 λ 值，我们可以通过函数 select()计算出根据几个统计量得到的 λ 值：

```
>select(rgmod)
modified HKB estimator is 1.105790
modified L-W estimator is 3.014769
smallest value of GCV at 0.65
```

其中，HKB、L-W 和 GCV 分别为不同优化标准得到的岭参数估计值，据此我们选择 $\lambda=0.65$。也可以直接使用**广义交叉验证**(generalized cross validation, GCV)确定 λ 的值。

```
>which.min(rgmod$GCV)
0.65
66
```

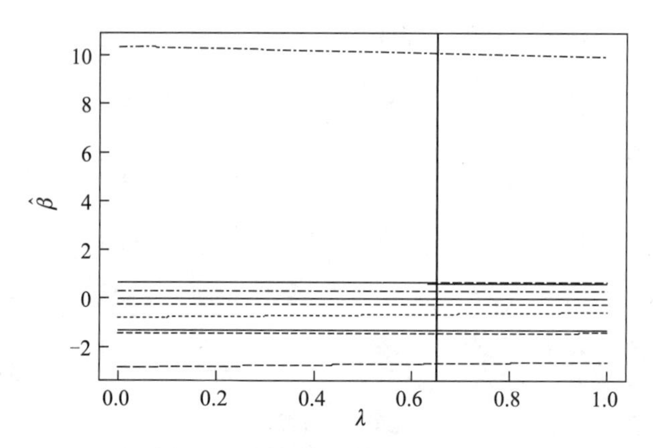

图 8-3　男性体脂数据的岭迹图

注：垂直线表示 λ 的广义交叉验证选择

因此，我们将使用排在 66 位置的 λ 的 GCV 估计值 0.65，并添加在岭迹图上：

```
>abline(v=0.65)
```

从而给出相应的参数估计：


```
>lm.ridge(brozek~neck+chest+abdom+hip+thigh+knee+ankle+biceps+forearm+wrist,
data=ridgefat,lambda=0.65)#整理了输出结果只保留小数点后 2 位
        neck   chest  abdom    hip  thigh   knee  ankle  biceps  forearm  wrist
0.00   -1.39   -0.62  10.10  -2.64   0.66  -0.22  -0.01    0.32     0.68  -1.26
```

为了对比，下面给出了相应的最小二乘估计：

```
>round(coef(lm(brozek~neck+chest+abdom+hip+thigh+knee+ankle+biceps+forearm+
wrist,data=ridgefat)),2)
(Intercept)   neck  chest  abdom    hip thigh   knee ankle biceps forearm  wrist
       0.00  -1.42  -0.77  10.35  -2.80  0.70  -0.23  0.01   0.34    0.70  -1.26
```

我们发现与最小二乘估计相比，岭估计都稍微有所缩小。这也是岭回归被称为收缩方法的原因。

任何模型的真正性能很难仅仅根据对可用数据的拟合来确定，我们需要看看该模型在新数据上的表现。因此，我们把数据随机分为两部分：70% 的数据作为训练数据来训练神经网络模型，剩下的 30% 的数据作为测试数据用来检验模型。

```
>set.seed(123)
>index=sample(2,nrow(ridgefat),replace=TRUE,prob=c(0.7,0.3))#随机抽样
>trainfat=ridgefat[index==1,]
>testfat=ridgefat[index==2,]
```

我们首先对训练集进行最小二乘拟合。从 R^2 的角度看,该模型的拟合度比较好。

```
>lmod=lm(brozek~.,trainfat)
>summary(lmod)$r.squared
[1] 0.7402433
```

但是,这个模型在测试集中的预测能力如何呢?我们使用**均方根误差**(root mean square error,RMSE)= $\sqrt{\sum_{i=1}^{n}(\hat{y}_i - y_i)^2/n}$ 来衡量预测性能。

我们训练样本的 RMSE 为 3.859956。

```
>rmse=function(x,y) sqrt(mean((x-y)^2))
>rmse(fitted(lmod),trainfat$brozek)
[1] 3.859956
```

而测试样本的 RMSE 为 4.523937。

```
>rmse(predict(lmod,testfat),testfat$brozek)
[1]4.523937
```

我们发现测试样本的性能更差。这种情况很正常,因为我们对数据的拟合几乎总是过度乐观,会认为模型对未来数据的处理能力更好。

考虑到变量之间的强相关性,接下来我们对训练集进行岭回归:

```
>rgmodt=lm.ridge(brozek~.,trainfat,lambda=seq(0,1,len=50))
```

同样得到 λ 的 GCV 估计值为排在 47 位置的 0.93877551。

```
>which.min(rgmodt$GCV)
0.93877551
        47
```

基于岭回归模型,我们计算得到训练样本的 RMSE 为 3.861461,测试样本的 RMSE 为 4.537058,这与上面的情况基本一致。

```
>ypred=cbind(1,as.matrix(trainfat[,-1])) %*% coef(rgmodt)[33,]
>rmse(ypred,trainfat$brozek)
[1] 3.861461
>ypred=cbind(1,as.matrix(testfat[,-1])) %*% coef(rgmodt)[33,]
>rmse(ypred,testfat$brozek)
[1] 4.537058
```

我们还可以仔细研究这些预测,了解是哪些值的岭预测不好,可以通过命令来查阅。

```
>data.frame(ypred,testfat$brozek)
```

如果删除一些岭预测较差的案例，我们会得到一个更好的结果。

8.2 Lasso

由 Tibshirani(1996)提出的 **Lasso**(least absolute shrinkage and selection operator)与岭回归非常相似，都是对回归系数添加惩罚项，但是二者的惩罚项不同。Lasso 添加了 L_1 约束 $\sum_{j=1}^{p}|\beta_j|$，最小化下式得到 β 的 Lasso 估计：

$$(y - X\beta)^T(y - X\beta) + \lambda\sum_{j=1}^{p}|\beta_j|$$

或者

$$(y - X\beta)^T(y - X\beta) \quad st\sum_{j=1}^{p}|\beta_j| \leqslant t$$

其中 $\lambda \geqslant 0, t \geqslant 0$。

我们继续用图 8-1 来说明 Lasso 估计和岭估计之间的区别。Lasso 的 L_1 约束 $\sum_{j=1}^{p}|\beta_j| \leqslant t$ 定义了如右图所示的二维正方形。我们可以看到 $\hat{\beta}_{LS}$ 的置信椭圆与 L_1 约束的正方形相交于正方形的顶点，而这个顶点就是满足约束条件的 β 的最佳解，其中一些坐标值($\hat{\beta}_j$)为 0。在较高维度中，解通常也位于 L_1 约束条件给出的多面体的边或顶点上，因而会有一些 $\hat{\beta}_j$ 为 0。随着 t 的增加，更多的变量被添加到模型中，并且它们的系数变得更大。对于足够大的 t，限制 $\sum_{j=1}^{p}|\beta_j| \leqslant t$ 是冗余的，此时返回普通最小二乘解 $\hat{\beta}_{LS}$。

对于 Lasso，中等值的 t 会使得很多 $\hat{\beta}_j$ 趋于零。当我们相信因变量可以被少数自变量解释，而其余自变量没有影响时，使用 Lasso 是最合适的。因而，Lasso 可以被视为一种变量选择方法，因为当 $\hat{\beta}_j = 0$ 时，相应的自变量 x_j 就从回归中有效地消除了。而岭回归没有消除任何变量，它只是让 $\hat{\beta}_j$ 变小了一点。

例 8.2　青原博士继续使用例 8.1 的 252 名男性体脂数据，希望使用 Lasso 方法找到影响身体脂肪的重要因素。

和例 8.1 一样，我们首先基于训练集使用全部的 10 个自变量来建立 Lasso 回归模型，然后使用测试集来检验。我们使用 lars 程序包来计算 Lasso 解①。

```
>require(lars)
>trainy=trainfat$brozek
```

① lars()函数要求自变量的矩阵作其第一个参数，因变量作第二个参数，不接受公式参数。lars 的默认方法使用 10 折方法，即将数据随机分为 10 组，每次使用 9 组的数据预测一个组，对每一个组依次重复进行，最后计算总体预测性能。

```
>trainx=as.matrix(trainfat[,-1])
>lassomod=lars(trainx,trainy)#Lasso 建模
```

我们发现腹部、手腕、踝关节、颈部、臀部、小臂、大腿、膝关节、肱二头肌、胸部等变量依次随着参数 t 的增加进入回归模型。

```
>lassomod
Call:
lars(x=trainx,y=trainy)
R-squared: 0.763
Sequence of LASSO moves:
      abdom  wrist  ankle  neck  hip  forearm  thigh  knee  biceps  chest
Var       3     10      7     1    4        9      5     6       8      2
Step      1      2      3     4    5        6      7     8       9     10
```

图 8-4 的左图显示了系数随参数变化的结果。横轴已由最小二乘解给出的 $\sum_{j=1}^{p}|\beta_j|$ 的最大可能值进行了缩放。

```
>par(mfrow=c(1,2))
>plot(lassomod)
```

结果显示:对于 t 的最小值,只有腹部是有效的。随着 t 的增加,手腕进入模型,颈部、臀部随后进入模型。在 t 非常接近 1 时,10 个变量都进入了模型。随着 t 的增加,我们看到估计系数的绝对值大小也有所增加。

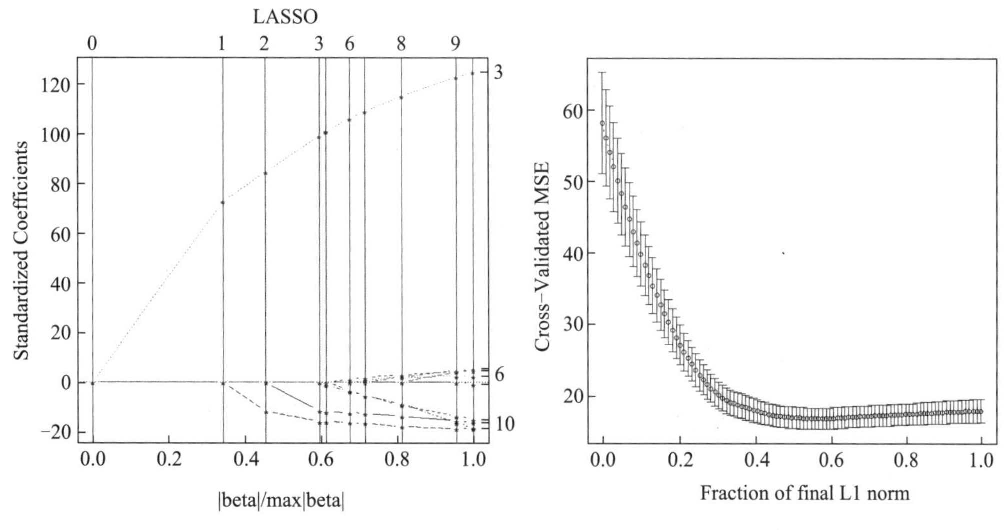

图 8-4 男性体脂数据的 Lasso 图

注:左图显示了随 t 变化的系数,其中用最小二乘法对 t 进行了缩放。右图显示了使用 CV 选择 t 值

我们可以使用**交叉验证**(cross validation,CV)法来选择 t。t 的 CV 估计为:

```
>set.seed(123)
>tcv=cv.lars(trainx,trainy)
```

图 8-4 的右图中显示了该曲线图。我们看到 t 值建议在 0.6 左右。查看图 8-4 的左图,我们看到在 t 值为 0.6 左右产生了一个包含 3 个自变量的模型。

因此,t 值和相应系数如下可得:

```
>tcv$index[which.min(tcv$cv)]
[1] 0.5656566
>round(predict(lassomod,s=0.5656566,type="coef",mode="fraction")$coef,3)
  neck   chest  abdom    hip   thigh   knee  ankle  biceps  forearm   wrist
-0.708   0.000  7.964  0.000   0.000  0.000  0.000   0.000    0.000  -1.160
```

与岭估计类似,我们发现 Lasso 估计与相应的最小二乘估计相比都有所缩小:

```
>round(coef(lm(brozek~neck+chest+abdom+hip+thigh+knee+ankle+biceps+forearm+
wrist,data=trainfat)),3)
(Intercept)   neck   chest  abdom    hip  thigh   knee ankle biceps forearm  wrist
      0.090 -1.278  -1.186 10.353 -1.612  0.467 -0.045 0.351  0.198   0.430 -1.453
```


Lasso 模型的预测能力如何呢?对于 $t=0.5656566$,我们分别计算得到训练集的 RMSE 为 3.96,测试集的 RMSE 为 4.74。

```
>trainx=as.matrix(trainfat[,-1])
>predlars=predict(lassomod,trainx,0.5656566,mode="fraction")
>rmse(trainfat$brozek,predlars$fit)
[1] 3.9602
>testx=as.matrix(testfat[,-1])
>predlars=predict(lassomod,testx,0.5656566,mode="fraction")
>rmse(testfat$brozek,predlars$fit)
[1]4.737879
```

从 RMSE 来看,我们发现 Lasso 与岭回归的预测能力非常接近。Lasso 模型只需要 3 个自变量,而岭回归使用了 10 个自变量。从模型简约性来看,Lasso 优于岭回归。

图 8-5 展示了估计的系数,我们看到确实只有 3 个自变量用于预测因变量。

```
>predlars=predict(lassomod,s=0.5656566,type="coef",mode="fraction")
>plot(predlars$coef,type="h",ylab="Coefficient")
>abline(h=0,lty=3)
>sum(predlars$coef !=0)
[1] 3
```

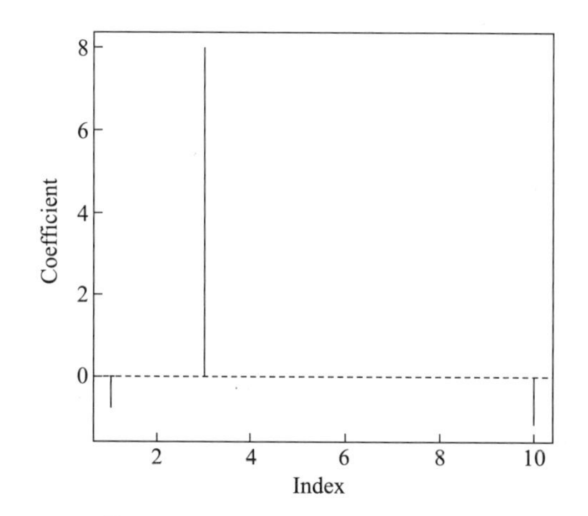

图 8-5　对男性体脂数据的 Lasso 拟合：基于 CV 选择 t 得到的系数

8.3　自适应 Lasso

Zou H(2006)提出的**自适应 Lasso** 回归综合了岭回归和 Lasso 的惩罚项，将惩罚项设置为系数绝对值的加权平均值 $\sum_{j=1}^{p}\omega_j|\beta_j|$。前面介绍的岭回归和 Lasso 回归是其方法的特例。我们可以最小化下式得到 β 的自适应 Lasso 估计：

$$(y-X\beta)^T(y-X\beta)+\lambda\sum_{j=1}^{p}\omega_j|\beta_j|$$

或者

$$(y-X\beta)^T(y-X\beta)\quad st\sum_{j=1}^{p}\omega_j|\beta_j|\leqslant t$$

其中 $\lambda\geqslant 0, t\geqslant 0$。$\omega_j=1/(\hat{\beta}_j)^\gamma$，$\gamma$ 是一个调整参数。

R 中的 msgps 程序包提供了自适应 Lasso(alasso)回归的求解方法，也提供了弹性网络及广义弹性网络等方法，优化标准包括 C_p 统计量、AIC_C、GCV 以及 BIC。

例 8.3　青原博士继续使用例 8.1 的 252 名男性体脂数据，希望使用自适应 Lasso 方法找到影响身体脂肪的重要因素。

和例 8.1 一样，我们首先基于训练集使用全部的 10 个自变量来建立自适应 Lasso 回归模型，然后使用测试集来检验。我们使用 msgps 程序包来计算自适应 Lasso 解。①

我们首先加载程序包，按照程序包的要求设置数据，建立适应性 Lasso 模型：

```
>require(msgps)
>trainy=trainfat$brozek
>trainx=as.matrix(trainfat[,-1])
>alasso=msgps(trainx,trainy,penalty="alasso",gamma=1,lambda=0)#自适应 Lasso 建模
```

① msgps()函数要求自变量的矩阵作其第一个参数，因变量作第二个参数，不接受公式参数。

结果显示调整参数 $\gamma=9.802^2$,此时各个准则 C_p、AIC_C、GCV 及 BIC 最优值、自由度以及相应准则下的回归系数如下所示。

从回归系数结果中可以看到,不论何种优化准则,大腿、膝关节、踝关节、肱二头肌和小臂的系数都为 0,这表明这 5 个自变量不会进入模型。从自适应 Lasso 图 8-6 也可以清楚地看到这一点。

```
>summary(alasso)
Call: msgps(X=trainx,y=trainy,penalty="alasso",gamma=1,lambda=0)

Penalty: "alasso"
gamma: 1

lambda: 0

df:
        tuning      df
[1,]    0.00000   0.0000
[2,]    0.08926   0.1347
[3,]    0.17852   0.2695
[4,]    0.26778   0.4042
[5,]    0.35703   0.5390
[6,]    0.44638   0.6739
[7,]    0.53564   0.8086
[8,]    0.62489   0.9434
[9,]    0.94333   1.2046
[10,]   1.33183   1.4689
[11,]   1.74443   1.7457
[12,]   2.16089   2.0471
[13,]   2.55020   2.4801
[14,]   2.96345   2.9284
[15,]   3.37990   3.4274
[16,]   4.23660   4.6161
[17,]   5.19815   5.6640
[18,]   6.24626   6.5317
[19,]   7.49738   7.4445
[20,]   9.79991   9.7227

tuning.max:9.802
```

```
ms.coef:
                Cp        AICc       GCV        BIC
(Intercept)   0.1298    0.1298    0.1298    0.1364
neck         -0.9804   -0.9804   -0.9820   -0.8226
chest        -0.4317   -0.4317   -0.4425    0.0000
abdom         9.2167    9.2167    9.2323    8.4061
hip          -0.5050   -0.5050   -0.5096   -0.1824
thigh         0.0000    0.0000    0.0000    0.0000
knee          0.0000    0.0000    0.0000    0.0000
ankle         0.0000    0.0000    0.0000    0.0000
biceps        0.0000    0.0000    0.0000    0.0000
forearm       0.0000    0.0000    0.0000    0.0000
wrist        -1.2246   -1.2246   -1.2246   -1.2109

ms.tuning:
        Cp     AICc    GCV    BIC
[1,]  3.170  3.170  3.184  2.397

ms.df:
        Cp     AICc    GCV    BIC
[1,]  3.165  3.165  3.182  2.304

>plot(alasso)
```

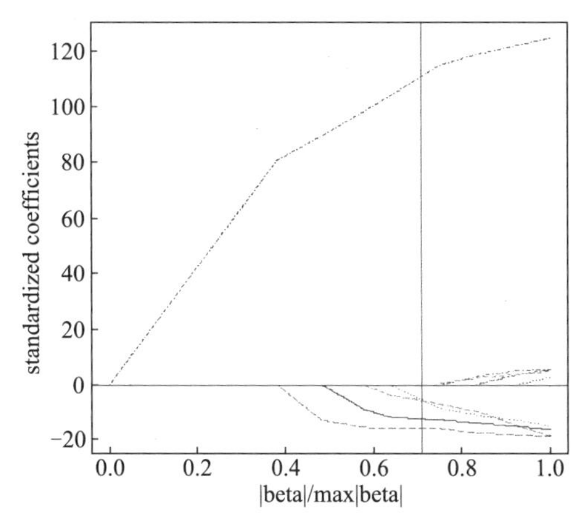

图 8-6　男性体脂数据的自适应性 Lasso 图

横轴已由最小二乘解给出的 $\sum_{j=1}^{p}\omega_j|\beta_j|$ 的最大可能值进行了缩放。对于 t 的最小值,只有腹部是有效的。随着 t 的增加达到临界值,手腕、颈部、臀部、胸部依次进入模

型，而大腿、膝关节、踝关节、肱二头肌、小臂没有进入模型。随着 t 的增加，我们看到估计系数的绝对值大小也在增加。

对于不同的优化准则，我们计算训练数据的预测值，结果如下：

```
>predmsgps=predict(alasso,trainx)
>head(predmsgps)
           Cp          AICc         GCV          BIC
1    -3.1762988   -3.1762988   -3.1724192   -3.38865639
2    -7.7489221   -7.7489221   -7.7531161   -7.41567930
3     0.2050536    0.2050536    0.2078724   -0.01048986
4    -4.9953388   -4.9953388   -5.0059621   -4.45656549
5     8.6759769    8.6759769    8.6923876    7.79139892
6    -0.1932955   -0.1932955   -0.2011069    0.29224548
```

相应的 RMSE 分别如下，我们发现不同优化准则下的 RMSE 差别都不大。

```
>rmse(trainfat$brozek,predmsgps[,1])
[1] 3.901089
>rmse(trainfat$brozek,predmsgps[,2])
[1] 3.901089
>rmse(trainfat$brozek,predmsgps[,3])
[1] 3.900686
>rmse(trainfat$brozek,predmsgps[,4])
[1] 3.935488
```

对于测试集，我们首先计算测试集的预测值，然后分别计算相应的 RMSE。

```
>testx=as.matrix(testfat[,-1])
>predmsgps=predict(alasso,testx)
>head(predmsgps)
            Cp           AICc          GCV           BIC
7     -0.3663385    -0.3663385    -0.3737084    -0.09461561
12    -3.5554099    -3.5554099    -3.5673423    -2.82844526
15     2.4049443     2.4049443     2.4080303     2.31800700
22     1.0551460     1.0551460     1.0452245     1.59364350
24    -6.9333332    -6.9333332    -6.9276062    -7.17749362
27   -10.5704841   -10.5704841   -10.5702987   -10.63958842
>rmse(testfat$brozek,predmsgps[,1])
[1] 4.680017
>rmse(testfat$brozek,predmsgps[,2])
[1] 4.680017
```

```
>rmse(testfat$brozek,predmsgps[,3])
[1] 4.679455
>rmse(testfat$brozek,predmsgps[,4])
[1] 4.748603
```

我们发现不同优化准则下的测试集的 RMSE 差别都不大,均值 4.7 左右。从 RMSE 来看,我们发现自适应 Lasso、Lasso 与岭回归的预测能力都非常接近。但是自适应模型只使用了 5 个自变量,而 Lasso 模型需要 3 个自变量,岭回归需要 10 个自变量。因此,从模型简约性来看,自适应 Lasso 优于岭回归,但不一定优于 Lasso。

8.4 主成分回归

实验设计通常有相互正交的自变量,这使得对回归模型的拟合和解释更简单。对于观测数据,自变量通常是相关的。如果能把这些自变量转换成正交性变量,对模型就可以更容易解释了。作为一种在高维数据中寻找低维线性结构的常用方法,**主成分分析**(principal components analysis,PCA)通过构建适当的线性组合,获得彼此正交的主成分变量,可以帮助我们实现这个目标。

假设 p 个变量 $x_1,x_2,\cdots,x_p$ 存在多重共线性,记 $X=(x_1,x_2,\cdots,x_p)^T$。我们对其作变换希望找到数据最大变化的正交方向:

(1) 求 u_1,使 $\mathrm{var}(u_1^T X)$ 在 $u_1^T u_1=1$ 的情况下最大化。

(2) 求 u_2,使 $\mathrm{var}(u_2^T X)$ 在 $u_1^T u_2=0$ 和 $u_2^T u_2=1$ 的情况下最大化。

(3) 继续寻找与我们已经找到的方向正交的最大变化方向。

第 i 个主成分 $z_i=u_i^T X$,主成分 z_i 是变量的线性组合。相应的矩阵形式为 $Z=XU$,其中 Z 和 U 的列分别为 z_i 和 u_i,U 被称为旋转矩阵。

主成分回归(principal component regression,PCR)就是使用主成分 Z 对因变量 y 进行回归,通常只使用前 k 个主成分 z_i。也就是说,对模型 $y\sim x$,现在希望用 $y\sim z$ 代替它。此时我们将寻找以下形式的模型:

$$\hat{y}=\beta_1 z_1+\cdots+\beta_k z_k$$

当回归的目的是为因变量找到简单的、拟合好和可解释的模型时,PCR 可能有所帮助。建立 PCR 的一个重要前提是选择合适的主成分数量 k,一个标准是前 k 个主成分的累计方差贡献率相对较大,比如超过 80%(需根据实际情况来确定)。也可以参考**碎石图**(scree plot),它是显示标准差的变化图。

例 8.4 青原博士继续使用例 8.1 的 252 名男性体脂数据,希望使用 PCR 找到影响身体脂肪的重要因素。

在前面的分析里,我们已经发现多个自变量之间存在较强的相关性,因此,可以对 10 个自变量计算主成分。我们使用 prcomp() 函数对训练集的自变量计算 PCA①。

---

① 有时候考虑到变量的量纲不一致,我们希望对变量进行标准化变换。下面的代码可以实现这个目标:pcrfat=prcomp(trainfat[,-1],scale=TRUE);summary(pcrfat)。当然,这里的代码仅作示例,因为自变量在例 8.1 已经标准化了。

```
>pcrfat=prcomp(trainfat[,-1])#主成分回归建模
>summary(pcrfat)
Importance of components:
                        PC1    PC2    PC3    PC4    PC5    PC6    PC7
Standard deviation     2.494  0.902  0.774  0.674  0.567  0.462  0.438
Proportion of Variance 0.683  0.089  0.066  0.050  0.035  0.023  0.021
Cumulative Proportion  0.683  0.772  0.838  0.888  0.923  0.947  0.968
                        PC8    PC9    PC10
Standard deviation     0.406  0.280  0.224
Proportion of Variance 0.018  0.009  0.006
Cumulative Proportion  0.986  0.995  1.000
```

结果显示第一主成分解释了68.3%的数据变异,第二主成分解释了8.9%,第一主成分解释的变异大约是第二主成分的8倍。贡献急剧下降,而最后几个主成分解释了很少的变异。这表明自变量的大部分变化可以用几个维度或主成分来解释。

还可以检查主成分的标准差,得到类似结论。


```
>round(pcrfat$sdev,3)
[1]2.494  0.902  0.774  0.674  0.567  0.462  0.438  0.406  0.280  0.224
```

我们可以从 pcrfat$rotation 或 pcrfat$rot 输出的旋转矩阵 U 中找到线性组合(或载荷)u_i,这些向量表示构建主成分自变量的线性组合。而在 pcrfat$x 的分量中就是主成分 Z。下面输出了旋转矩阵的第一列 u_1 和第二列 u_2,分别对应了第一主成分和第二主成分。

```
>round(pcrfat$rot[,1],2)#第一主成分
neck  chest  abdom  hip  thigh  knee  ankle  biceps  forearm  wrist
0.33  0.34   0.31   0.32  0.31  0.32  0.24   0.33    0.32    0.32
>round(pcrfat$rot[,2],2)#第二主成分
neck  chest  abdom  hip  thigh  knee   ankle  biceps  forearm  wrist
0.17  0.23   0.26   0.07  0.07  -0.12  -0.89  0.10    0.04    -0.15
```

我们可以将这些向量 u_i 绘制在图8-7中。

```
>matplot(1:10,pcrfat$rot[,1:2],type="l",xlab="x",ylab="",col=1)
```

结果显示,10个身体测量指标共同决定了第一主成分,而第二主成分可以被看作是四肢承载身体的相对度量,因为其大致是小臂、手腕和踝关节等四肢与胸部、腹部、臀部和大腿等身体部分之间的对比。如本示例中所示,有时可以赋予主成分一些意义。

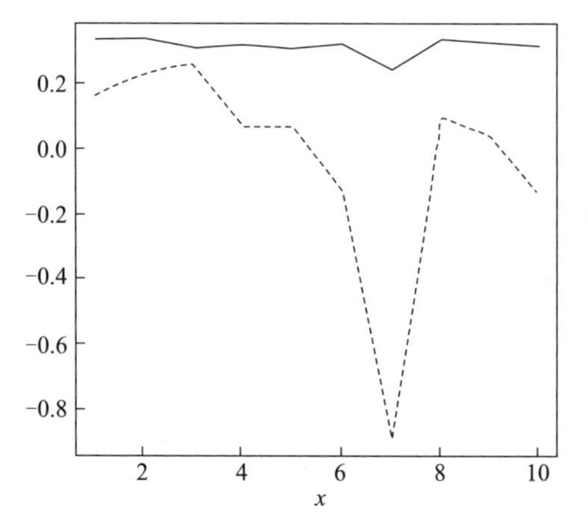

图 8-7　训练集数据 PCA 的特征向量

注:实线为第一主成分,虚线为第二主成分

到底选择几个主成分呢？我们可以说明只使用第一主成分的理由,因为第一个主成分解释了 68.3% 的数据变异,而且 10 个自变量都有所体现,然而第二主成分可视为四肢承载身体的相对度量,也贡献了 8.9% 的数据变异,前 2 个主成分的方差贡献率达到了 77.2%。图 8-8 的碎石图显示选择使用 2 个主成分合适,因为在 2 处有一个可识别的“转折点”。因此,我们建议选择前 2 个主成分。

```
>plot(pcrfat$sdev[1:10],type="l",ylab="主成分的标准差",xlab="主成分数量")
```

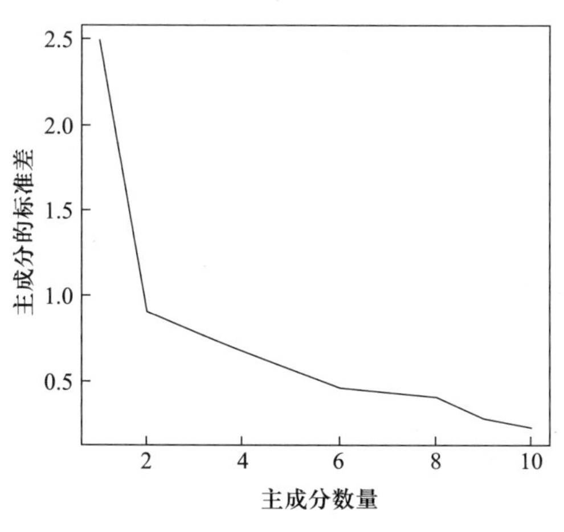

图 8-8　主成分的碎石图

现在考虑仅使用前 2 个主成分的线性回归模型。现在这 2 个主成分比较好解释,而且是正交的,这意味着它们可以解释因变量而不用担心共线性。此时模型如下:

```
>pcr=lm(brozek~pcrfat$x[,1:2],data=trainfat)
>summary(pcr)
Call:
lm(formula=brozek~pcrfat$x[,1:2],data=trainfat)
```

```
Residuals:
     Min        1Q     Median       3Q       Max
-14.6005   -4.0958   -0.0529   4.3334   17.9855

Coefficients:
                     Estimate   Std. Error   t value   Pr(>|t|)
(Intercept)           -0.2253     0.4342     -0.519    0.604
pcrfat$x[,1:2]PC1      1.8657     0.1746     10.686    <2e-16 ***
pcrfat$x[,1:2]PC2      2.0523     0.4827      4.252    3.47e-05 ***
---
Signif. codes:0' ***' 0.001 ' **' 0.01 ' *' 0.05 '.' 0.1 ' ' 1
Residual standard error: 5.744 on 172 degrees of freedom
Multiple R-squared: 0.4347,      Adjusted R-squared:0.4281
F-statistic: 66.13 on 2 and 172 DF,   p-value: <2.2e-16
```

可以看出,第一主成分对体脂有积极的影响,因为身体尺寸与较高的体脂有关。第二主成分也显示出积极的影响,这意味着那些四肢承载重量强的男性往往肌肉发达、体脂少,所以这个结果符合人们的预期。相比于包含全部自变量回归模型的晦涩难懂,基于两个主成分的 PCR 给了我们一个有意义的解释。

然而,要注意的是,两个主成分仍然使用了全部 10 个自变量,因此没有节省建模因变量所需的变量数量。此外,主成分含义必须依靠我们的主观解释。

除了 prcomp()函数,我们还可以使用 pls 包的 pcr()函数拟合 PCR,此处考虑最多 10 个成分:

```
>require(pls)
>pcrmod=pcr(brozek~.,data=trainfat,ncomp=10)#最多 10 个主成分的主成分回归建模
```

我们使用前 2 个主成分预测因变量 *brozek*,得到 RMSE 为 5.694218:

```
>rmse(predict(pcrmod,ncomp=2),trainfat$brozek)
[1] 5.694218
```

我们并不期望只使用 2 个变量就比 10 个变量能更好地拟合因变量。事实上这种拟合(RMSE=5.694218)比包含全部变量的模型(RMSE=3.859956)差很多。

我们尝试使用较多的 7 个主成分和全部的 10 个主成分看看预测效果如何。

```
>rmse(predict(pcrmod,ncomp=7),trainfat$brozek)
[1] 4.507894
>rmse(predict(pcrmod,ncomp=10),trainfat$brozek)
[1] 3.859956
```

使用全部的 10 个主成分的结果和使用全部变量的回归模型是一样的(RMSE = 3.859956)。

为什么主成分回归也是一种收缩方法呢? 我们看图 8-9。左图是我们为包含 10 个变量的回归拟合绘制的 10 个斜率系数:

```
>par(mfrow=c(1,2))
>modlm=lm(brozek~.,data=trainfat)#最小二乘拟合
>plot(modlm$coef[-1],xlab="x",ylab="Coefficient",type="l")
```

右图是我们为 2 个主成分的回归拟合绘制的系数:

```
>coefplot(pcrmod,ncomp=2,xlab="x",main="")
```

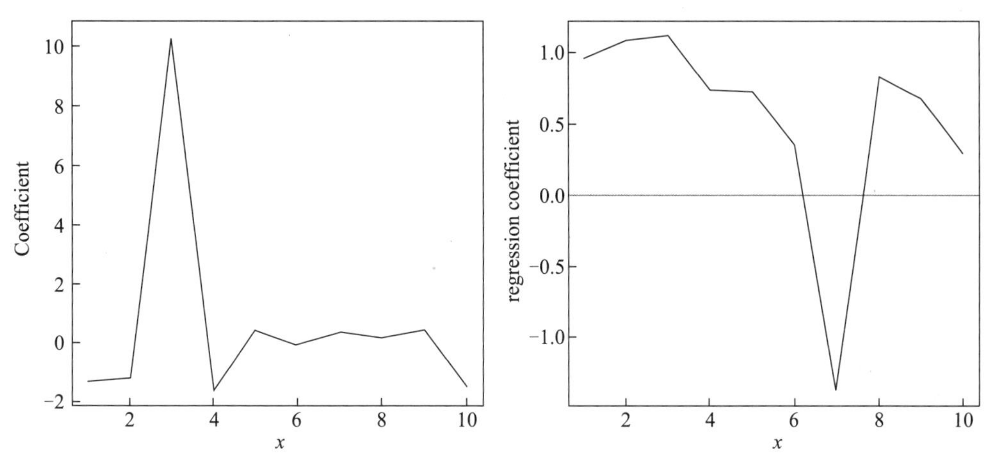

图 8-9 左图为最小二乘拟合系数,右图为 2 个主成分的 PCR 的系数

图 8-9 的左图和右图对比显示:普通最小二乘拟合模型系数的变化范围较大,并且相邻系数可以差别很大,但是人们可能期望相邻变量对因变量具有非常相似的影响。而 PCR 得到的原始自变量的系数相对稳定,这些系数的范围比普通最小二乘拟合中看到的数小得多。PCR 得到了一个更稳定的结果,而不是大幅度变化的系数。这就是为什么这种效应被称为收缩。此外,这些数据背后的科学知识表明,相邻变量之间可能存在平滑度。

现在让我们看看对测试样本的预测效果如何:

```
>rmse(predict(pcrmod,testfat,ncomp=2),testfat$brozek)
[1] 5.524707
```

使用更多的主成分可以让我们做得更好。我们可以计算出在测试样本需要多少个主成分给出最佳结果。RMSE 的曲线如图 8-10 左图所示。下面的结果显示 10 个主成分可以得到最佳结果,此时 RMSE 为 4.523937。

```
>pcrmse=RMSEP(pcrmod,newdata=testfat)#对测试集用主成分回归计算 RMSE
>plot(pcrmse,main="")
```

```
>which.min(pcrmse$val) #说明第1个模型无主成分,第11个模型包含10个主成分
[1] 11
>pcrmse$val[11]
[1]4.523937
```

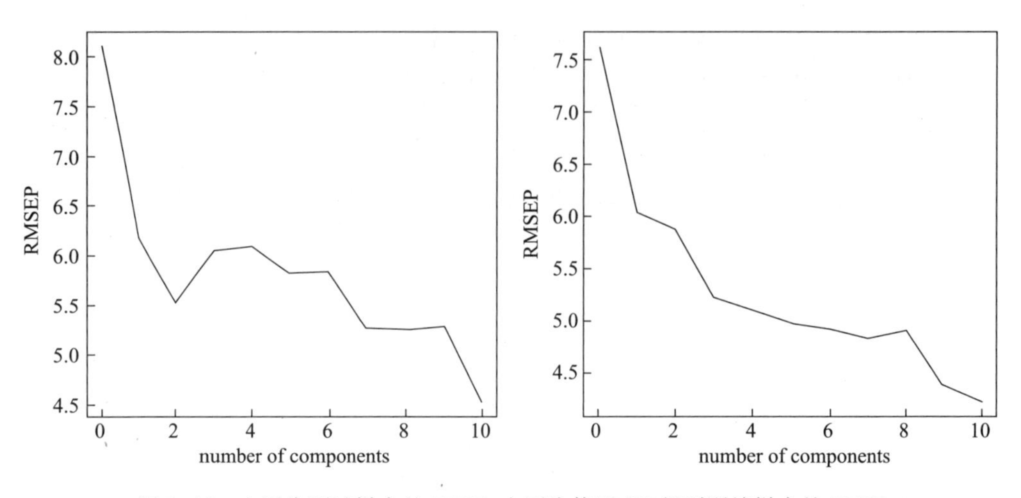

图 8-10　左图为测试样本的 RMSE,右图为使用 CV 得到训练样本的 RMSE

从 RMSE 来看,使用两个主成分的回归模型预测性均能弱于前面的岭回归、Lasso 与自适应 Lasso。但是其优势在于,PCR 构建了有一定解释能力的主成分,使得模型相对容易解读。

但是在实践中,我们无法提前使用测试样本,也就无法使用最优的主成分数量。一个合理的策略是我们可以保留原始数据集的一部分用于测试,但缺点是在我们的估计中失去了这些样本,可能降低了估计的质量。

此外,测试样本中应该包含哪些观测值以及多少观测值也是一个问题。我们可以通过使用**交叉验证**来解决这个问题。我们把数据分成大小相等或相近的 m 个部分。对于每个部分,我们将剩余的数据用作训练集,并将该部分用作测试集。在这种情况下,对每个部分重复进行 PCR 并对 RMSE 取平均结果,从而得到 RMSE 关于主成分数量的关系或曲线。

PCR()函数可以使用交叉验证。默认情况下,交叉验证的数据随机分为 10 个部分。使用 set.seed()设置随机数生成器种子(123 的选择是任意的),这样将确保结果可以重现。RMSE 的交叉验证估计如图 8-10 的右图所示。最小值出现在 10 个主成分处,测试样本接近最佳的 RMSE 值是 5.264175(此时使用了 7 个主成分)。

```
>set.seed(123)
>pcrmod=pcr(brozek~.,data=trainfat,validation="CV",ncomp=10)#使用交叉验证
>pcrCV=RMSEP(pcrmod,estimate="CV")
>plot(pcrCV,main="")
```

```
>which. min(pcrCV $val)
[1] 11
>ypred=predict(pcrmod,testfat,ncomp=7)
>rmse(ypred,testfat $brozek)
[1] 5.264175
```

8.5 偏最小二乘回归

Wold 等(1984)提出的**偏最小二乘**(partial least squares,PLS)是一种将一组输入变量 $x_1,x_2,\cdots,x_m$ 和输出 $y_1,y_2,\cdots,y_l$ 关联起来的方法。PLS 回归与 PCR 的相同之处是都使用自变量的一些线性组合来预测因变量,不同之处在于 PCR 在确定线性组合时忽略了因变量,而 PLS 回归则尽可能明确地选择线性组合来预测因变量。

具体来说,PLS 回归是在因变量和自变量中先各自寻找一个因子,条件是这两个因子在其他可能的成分中最相关,然后在这选中的一对因子的正交空间中再选一对最相关的因子。如此下去,直到这些对因子有充分的代表性为止。

我们只考虑单因变量的 PLS 回归,即 $l=1$ 时。如图 8-11 所示,我们将寻找以下形式的模型:

$$\hat{y}=\beta_1 T_1+\cdots+\beta_p T_p$$

其中 T_i 是 $x_1,x_2,\cdots,x_m$ 的线性组合,彼此正交。

研究者已经提出了各种算法来计算 PLS,主要是通过迭代确定 T_i 来预测 y,但同时保持 T_i 的正交性。与 PCR 一样,我们必须仔细选择成分的数量,这可以使用交叉验证来实现。

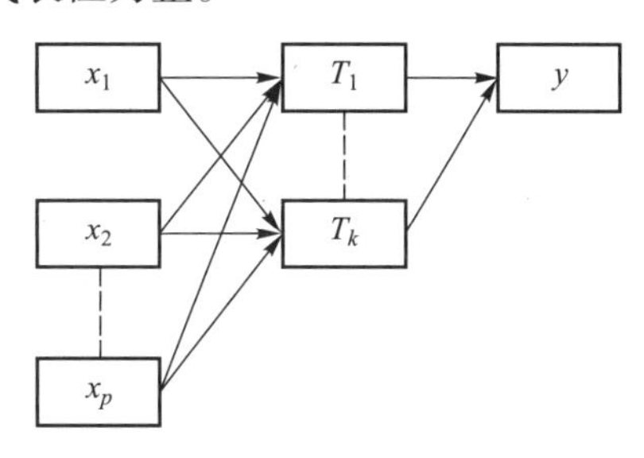

图 8-11　偏最小二乘示意图

例 8.5　青原博士继续使用例 8.1 的 252 名男性体脂数据,希望使用 PLS 方法找到影响身体脂肪的重要因素。

R 中的 pls 程序包可以用来计算偏最小二乘回归。

```
>require(pls)
>set. seed(123)
>par(mfrow=c(1,2))
>plsmod=plsr(brozek~. ,data=ridgefat,ncomp=10,validation="CV")#偏最小二乘
#建模,做交叉验证
```

我们可以查看该模型的基本信息:

```
>summary(plsmod)
Data:   X dimension: 252 10
        Y dimension: 252 1
Fit method: kernelpls
```

```
Number of components considered: 10

VALIDATION: RMSEP
Cross-validated using 10 random segments.
       (Intercept)  1 comps  2 comps  3 comps  4 comps  5 comps  6 comps
CV         7.766     5.891    4.875    4.634    4.367    4.243    4.237
adjCV      7.766     5.888    4.865    4.597    4.313    4.225    4.223
       7 comps  8 comps  9 comps  10 comps
CV      4.238    4.231    4.231    4.230
adjCV   4.223    4.217    4.217    4.216

TRAINING: % variance explained
       1 comps  2 comps  3 comps  4 comps  5 comps  6 comps  7 comps
X       69.92    77.02    80.15    81.84    86.12    90.10    94.77
brozek  43.69    63.49    69.51    72.91    73.41    73.49    73.51
       8 comps  9 comps  10 comps
X       96.68    98.36    100.00
brozek  73.51    73.51     73.51
```


我们在图 8-12 的左图中绘制了使用 2 个成分的模型的系数变化。右图显示了交叉验证估计的 RMSE 值。我们发现,2 个成分的 PLS 模型的系数与 PCR 类似,表明收缩效应是相似的。

```
>coefplot(plsmod,ncomp=2,main="",xlab="x")
>plsCV=RMSEP(plsmod,estimate="CV")
>plot(plsCV,main="",xlab="成分数量")
```

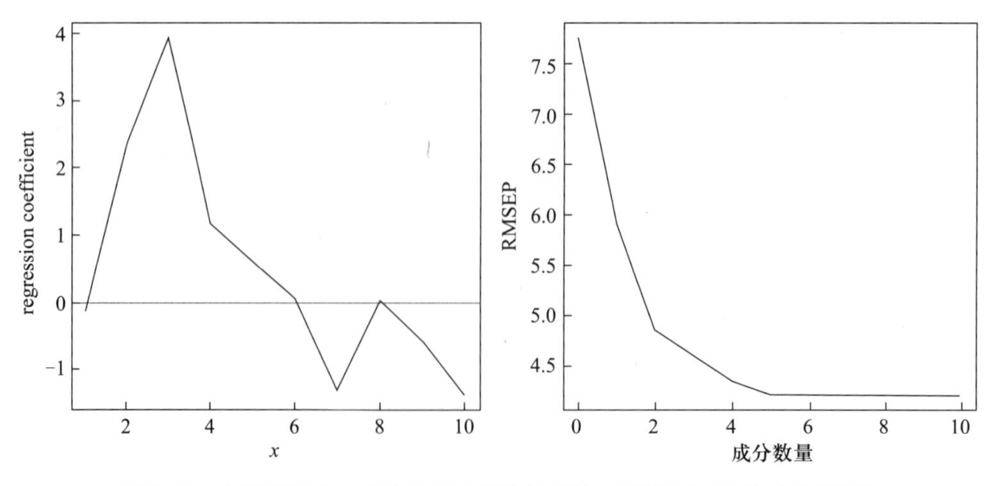

图 8-12　左图显示 2 个成分的 PLS 模型的系数,右图显示 CV 估计的 RMSE

和 PCR 一样,2 个成分似乎还不够。交叉验证估计的 RMSE 建议需要大约 7 个成分。现在,我们确定包含 7 个成分的模型在训练集和测试集上的表现分别如何。

```
>ypred=predict(plsmod,trainfat,ncomp=7)
>rmse(ypred,trainfat$brozek)
[1] 3.927159
>ytpred=predict(plsmod,testfat,ncomp=7)
>rmse(ytpred,testfat$brozek)
[1] 4.102622
```

结果显示,PLS 在训练集上的 RMSE 值为 3.927159,在测试集上的 RMSE 值为 4.102622,略优于岭回归、Lasso 与自适应 Lasso,明显优于 PCR。但是根据奥卡姆剃刀原则,PLS 的简约性不如 Lasso 与自适应 Lasso。

8.6 小结

在本章中,我们介绍了岭回归、Lasso、自适应 Lasso、PCR 以及 PLS 等五种收缩方法。这些方法都可以获得收缩估计,对自变量多重共线性具有较好的适应能力,同时也保持了较高的预测性能。相对来说,岭回归具有好的预测性能,Lasso 与自适应 Lasso 在保持一定的预测性能时,在模型简约上具有较大优势,而 PCR、PLS 在解释能力上具有优势。当然,对于任何给定的数据集,任何一种方法都可能被证明是最好的,因此选择一个好模型还是很困难的。读者需要根据数据的特点和研究目标,选择合适的方法。

练习题

1. 对于回归模型,无论形式如何,只要预测精度高就是好模型吗?请讨论。
2. 岭回归估计的定义及其统计思想是什么?
3. 选择岭参数有哪几种主要方法?
4. 岭回归、Lasso 回归、自适应 Lasso 回归之间的联系与区别是什么?
5. 简述主成分回归建模的思想与步骤。
6. 简述偏最小二乘建模的思想与步骤。
7. 试比较偏最小二乘回归与主成分回归的联系与区别。
8. 对于 R 中的程序包 faraway 自带的数据集 seatpos,以 *hipcenter*(髋部中心)作为因变量,并将所有其他变量作为自变量拟合一个岭回归模型。注意选择适当的收缩量。使用该模型来预测自变量取下面这些值的因变量。

Age	*Weight*	*HtShoes*	*Ht*	*Seated*	*Arm*	*Thigh*	*Leg*
64.800	263.700	181.080	178.560	91.440	35.640	40.950	38.790

9. 对于 R 中的程序包 faraway 自带的数据集 seatpos，以 *hipcenter*（髋部中心）作为因变量，并将所有其他变量作为自变量，进行下面的 Lasso 分析。

(1) 拟合一个 Lasso 回归，使用该模型来预测题 8 中指定自变量值的因变量。

(2) 拟合一个自适应 Lasso 回归，使用该模型来预测题 8 中指定自变量值的因变量。

(3) 比较(1)和(2)的分析结果。

10. 对于 R 中的程序包 faraway 自带的数据集 seatpos，以 *hipcenter*（髋部中心）作为因变量，进行下面的 PCR 分析。

(1) 以 *HtShoes*，*Ht*，*Seated*，*Arm*，*Thigh* 和 *Leg* 作为自变量进行 PCR 分析。选择适当数量的主成分并对其进行解释。使用该模型来预测题 8 中指定自变量值的因变量。

(2) 继续添加年龄和体重作为自变量，并重复(1)的分析。

(3) 比较(1)和(2)的分析结果。

11. 对于 R 中的程序包 faraway 自带的数据集 seatpos，以 *hipcenter*（髋部中心）作为因变量，并将所有其他变量作为自变量拟合一个 PLS 模型。请注意选择适当数量的成分。使用模型来预测题 8 中指定自变量值的因变量。

12. 对于 R 中的程序包 faraway 自带的数据集 fat，以 *siri*（身体脂肪百分比）作为因变量和除了 *brozek* 和 *density* 之外的其他变量作为潜在的自变量。从数据中移除十分之一的观测值作为测试集。使用剩余的数据作为构建以下模型的培训样本：

(1) 用所有自变量进行线性回归；

(2) 使用 AIC 选择变量进行线性回归；

(3) 主成分回归；

(4) 偏最小二乘；

(5) 岭回归。

使用你发现的最优模型来预测测试集中的因变量，报告模型的性能。

13. 在本章的分析中，我们在对男性体脂数据分析中未做任何诊断，有兴趣的读者可以尝试。

第9章

非线性回归

目的与要求

(1) 了解使用变量变换将非线性模型线性化的必要性；

(2) 掌握对数变换、Box-Cox 变换等因变量的变换方法；

(3) 掌握多项式回归、分段回归等自变量变换的参数建模方法；

(4) 掌握内在的非线性回归的建模方法；

(5) 掌握变量变换的各种方法在 R 软件中的实现。

线性模型的关键原则就是线性关系，这反映在系数而不是自变量上。在某些情形下，变量间的关系可能是非线性或其他复杂关系。与线性回归相比，**非线性回归**（nonlinear regression）灵活度更高，对一些复杂数据的拟合度可能更好，从而预测效果更佳。但同时也因为其灵活度高，导致模型结果比线性回归的结果更加难以解释。比如对一条严重扭曲的回归曲线，我们很难准确描述 x 和 y 之间的具体关系。

对非线性回归模型，很多情况下，我们可以对因变量和/或自变量进行变换将其线性化。例如，当 x 和 y 之间的散点图分布的形状接近于某些常见的函数（如指数函数，对数函数，幂函数等），通过变换变量可以实现线性化。得出回归方程后，再替换为原变量。我们也可以通过增加二次项或交叉乘积项，更好地刻画变量之间关系的某些预期特征。当不能通过变量变换的方法使非线性回归模型线性化时，我们也可以使用非线性最小二乘法估计参数，得到非线性回归模型。

9.1 因变量的变换

我们从因变量变换的一般情况开始。假设有一个对数因变量的简单回归模型：

$$\log y=\beta_0+\beta_1 x_1+\varepsilon$$

在因变量的原始尺度里，上述模型变为：

$$y=\exp(\beta_0+\beta_1 x_1)\cdot\exp(\varepsilon)$$

注意,此时误差是以乘法方式而不是通常的加法方式进入模型的。一般来说,对对数因变量模型使用标准回归方法时,就要求这些误差在原始尺度上是以乘法方式进行运算的。

或者对于小的 ε,$\exp(\varepsilon)\approx 1+\varepsilon$,再将它代入原始尺度的模型,此时也会产生一个具有加法误差但非常数方差的模型。

指数函数 e^x

如果使用下面的模型:

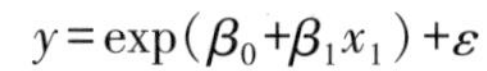

$$y=\exp(\beta_0+\beta_1 x_1)+\varepsilon$$

那么我们不能直接对此模型进行线性化,而可能需要应用非线性回归方法。但是,我们也可以使用 $\exp(\varepsilon)\approx 1+\varepsilon$ 近似来获得加权线性模型。

在实践中,我们可能不知道误差是以加法方式、乘法方式还是其他方式进入模型的。最好的方法是尝试不同的因变量变换来获得模型的结构,然后再关心误差项。我们可以检查残差是否满足线性回归所需的条件。若不满足,可用前几章所讨论的几种方法去解决。

虽然可以对因变量作变换,但可能还需要返回到原始尺度中去预测。例如,在上面的对数模型中,预测值是 $\exp(\hat{y}_0)$。如果对数尺度下的预测置信区间为 $[l,u]$,那么原始尺度下的预测置信区间为 $[\exp l,\exp u]$。尽管这个区间不对称,但还是可使用的。

回归系数却需要根据变换后的尺度来解释,因为没有直接的方法可以将它们变换为原始尺度中可以解释的值,而且不能直接比较不同因变量变换的模型的回归系数。因此,如果我们并不想变换因变量,就可以使用其他类型的模型,如广义线性模型。

但是当对因变量使用对数变换时,对下面模型的回归系数有一个特殊的解释:

$$\log\hat{y}=\hat{\beta}_0+\hat{\beta}_1 x_1+\cdots+\hat{\beta}_p x_p$$

$$\hat{y}=e^{\hat{\beta}_0}e^{\hat{\beta}_1 x_1}\cdots e^{\hat{\beta}_p x_p}$$

在其他变量保持不变的同时,在 x_1 增加 1 会使预测因变量(以原始尺度)扩大 $e^{\hat{\beta}_1}$ 倍。因此,当对因变量使用对数尺度时,可以用乘法而不是加法的方式来解释回归系数。当 $\hat{\beta}_1$ 较小时,x_1 增加 1 会导致 $\log y$ 有 $\hat{\beta}_1$ 的增长,因为此时 $\exp(\hat{\beta}_1)\approx 1+\hat{\beta}_1$。例如,假设 $\hat{\beta}_1=0.09$,那么 x_1 增加 1 使得 $\log y$ 增加 0.09,即 y 增长 9%(因为 $\exp(0.09)\approx 1.09$)。

Box-Cox 变换是进行因变量变换的常用方法。它专为正的因变量而设计,并通过变换来找到数据的最优拟合。该方法将因变量变换为 $y\to g_\lambda(y)$,其中变换由 λ 指示:

$$g_\lambda(y)=\begin{cases}\dfrac{y^\lambda-1}{\lambda} & \lambda\neq 0\\ \log y & \lambda=0\end{cases}$$

对于固定的 $y>0$,$g_\lambda(y)$ 关于 λ 是连续的。我们可以使用极大似然函数来选择 λ。假设正态误差的剖面对数似然函数为:

$$L(\lambda)=-\frac{n}{2}\log(RSS_{\lambda}/n)+(\lambda-1)\sum_{i}\log y_{i}$$

其中 RSS_{λ} 是以 $g_{\lambda}(y)$ 为因变量时的残差平方和，对它极大化可以计算得到$\hat{\lambda}$。

如果回归模型的目的是预测，那么使用 y^{λ} 作为因变量（不需要使用$(y^{\lambda}-1)/\lambda$，因为重新缩放使得 $\lambda\to 0$ 时 $g_{\lambda}\to\log$，依然保持了似然函数的连续性）。如果回归模型的目的是解释，则应该将 λ 四舍五入到最接近的可解释值。例如，如果$\hat{\lambda}=0.46$，这很难解释新因变量意味着什么，但是$\sqrt{y}$（$\hat{\lambda}=0.5$）可能更容易解释。因此，变换因变量可能会使模型更难解释，所以除非真的有必要，一般我们不变换因变量。如果不想变换因变量，还可以使用第 10 章介绍的广义线性模型。

可以通过构造 λ 的置信区间来判断该不该作变换。λ 的 $100(1-\alpha)\%$ 置信区间为：

$$\left\{\lambda:L(\lambda)>L(\hat{\lambda})-\frac{1}{2}\chi_{1}^{2}(1-\alpha)\right\}$$

该置信区间是通过假设 $H_0:\lambda=\lambda_0$ 的似然比检验来导出来的，其检验统计量是具有近似χ_1^2 零分布的统计量 $2[L(\hat{\lambda})-L(\lambda_0)]$。置信区间还会提示为了解释性而对 λ 做四舍五入是合理的。

例 9.1　青原博士继续使用 2017 年我国居民人均消费支出数据，检查因变量是否需要变换。

调用程序包 MASS 使用 boxcox() 函数绘制人均消费支出的 Box-Cox 变换的对数似然图：

```
>consumption=read.csv("E:/hep/data/consumption2017.csv",header=T)
>attach(consuption)
>require(MASS)
>cse.lm=lm(cse~pop14+pop65+pgdp+dpgdp+dpi+ddpi,data=consumption)
>boxcox(cse.lm,plotit=T)
>boxcox(cse.lm,plotit=T,lambda=seq(0.5,1.5,by=0.1))
```

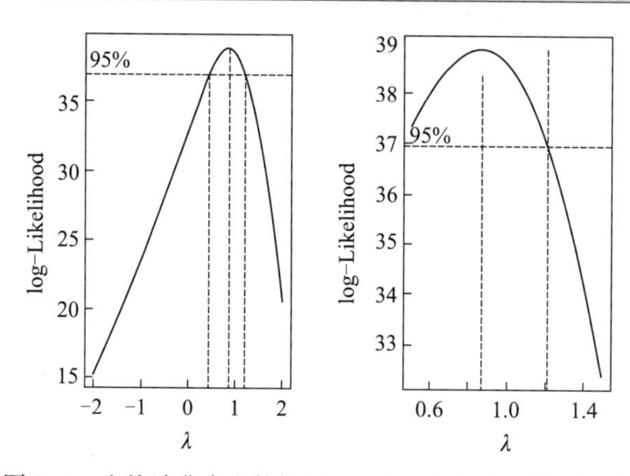

图 9-1　人均消费支出数据的 Box-Cox 变换的对数似然图

图 9-1 中的第一幅图太宽了。我们缩小了第二个图中 λ 的范围,这样可以更容易地找出置信区间。λ 的置信区间从约 0.9 到约 1.2,包含了 1。因此,没有好理由来变换因变量。

图 9-2 的左图是使用 R 自带的数据得到的 Box-Cox 变换的对数似然图①,该图显示也许在这里开三次方变换可能是最好的。开二次方变换也是一种可能性,因为它落在置信区间内。总之,这里需要对变量进行变换。

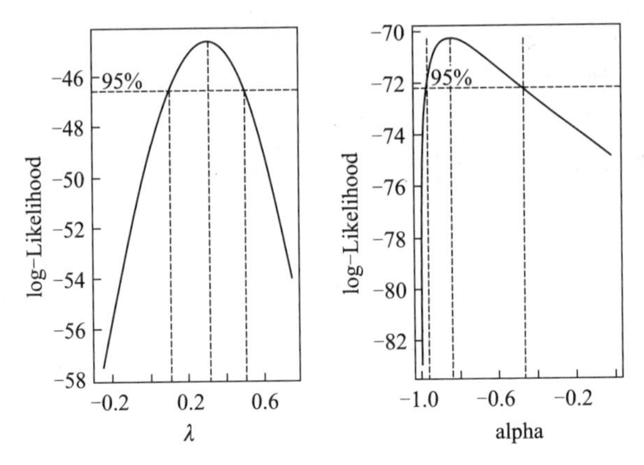

图 9-2 左图是 Galápagos 数据的 Box-Cox 变换,
右图是 leafburn 数据的对数变换

因变量变换的另一种方法是 $g_{\alpha}(y)=\log(y+\alpha)$。

例 9.2 我们以 R 自带的数据集 leafburn 为例,对因变量进行对数变换。

我们使用程序包 MASS 中的 logtrans() 函数对其执行计算,结果显示在图 9-2 右图中。

```
>require("faraway")
>require("MASS")
>data(leafburn)
>lmod=lm(burntime~nitrogen+chlorine+potassium,leafburn)
>logtrans(lmod,plotit=TRUE,alpha=seq(-min(leafburn$burntime)+0.001,0,by=
0.01))
```

该方法推荐 $\hat{\alpha}=-0.85$。因为置信区间远离 0,这表明我们可以使用对数变换,只要因变量减去约 0.85。这个值 0.85 可以被解释为火灾发生的起始时间。

在线性回归的建模过程中,误差有可能会与自变量相关,此时会影响最小二乘法估计结果的可靠性。为了解决误差的方差齐性问题,Box-Cox 变换等因变量变换方法可以在一定程度上减小误差和自变量的相关性。变换后的残差可以更好地满足正态

---

① 由 R 自带的加拉帕戈斯群岛(Galápagos)数据集得到该图:data(gala, package="faraway"); lmod=lm(Species~Area+Elevation+Nearest+Scruz+Adjacent, gala); boxcox(lmod, lambda=seq(-0.25, 0.75, by=0.05), plotit=T)

性、独立性等假设前提，降低了伪回归的概率，也可以使模型的解释力度等性能更加优良。

但是，Box-Cox 变换等因变量变换方法并不一定能完全解决方差齐性问题。我们仍然需要做方差齐性的检验，以确定是否还需要采用其他变换方法。

请注意，Box-Cox 变换适用于连续的因变量不满足正态分布的情况。但在二分变量或较少水平的等级变量的情况下，Box-Cox 变换可能会失效。对于比例（或百分比）的因变量，通常使用 logit 变换 $\log[y/(1-y)]$。如果因变量之间是相关的，则因变量采用 Fisher' s z 变换 $y=0.5\log[(1+y)/(1-y)]$是有效的。

9.2 自变量的变换

对于非线性回归，相对于变换因变量，最好是对自变量进行变换。如果变换因变量 y，比如把 y 变成 $\ln y$，$\ln y$ 对 x_1 是线性关系了，但 $\ln y$ 对 x_2 变量可能就不是线性了。由于 y 对应很多自变量，最好直接变换自变量。

对自变量变换的常用方法有对数变换 $z=\ln x$、平方根变换 $z=\sqrt{x}$、倒数变换 $z=\frac{1}{x}$、平方根后取倒数 $z=\frac{1}{\sqrt{x}}$、平方根后再取反正弦 $z=\arcsin(\sqrt{x})$ 以及幂变换 $z=\frac{\tilde{x}^{\lambda}-1}{\tilde{x}^{\lambda}}$，其中 $\tilde{x}=\left(\prod_{i=1}^{n}x_i\right)^{1/n}$，$\lambda\in[-1.5,1]$等。此外，还可以使用图形方法（如偏残差图）来选择自变量的变换。自变量的变换可以将非线性关系变换成线性关系，从而使用线性模型进行拟合。然而，这些都不是找到自变量的最佳变换的方法。在一些情况下上述方法很难实现正态化处理，所以优先使用 Box-Cox 转换。有时候，我们也可以优先考虑普通的平方变换。例如，将高阶项 x^2，x^3 等设置为新的自变量，如 $z_2=x^2$，$z_3=x^3$。

接下来，我们将更详细地介绍多项式回归、分段回归等常见的非线性回归模型。

9.3 多项式回归

在回归模型中增加自变量的高阶项可以适应数据的非线性变化。虽然我们通常不相信多项式能完全代表任何潜在的关系，但它可以让我们对变量间关系的预期特征建模。一个典型的情形是二次项允许自变量具有最佳设定。例如，可能存在烘烤面包的最佳温度，温度越高或越低都可能导致不太好吃。如果你相信存在最佳温度，那么有必要增加二次项。

对于一个自变量的情况，我们可以进行下面的多项式回归：

$$y=\beta_0+\beta_1x+\cdots+\beta_dx^d+\varepsilon$$

有两种常用的方法可以选择阶数 d。我们可以继续增加多项式项，直到增加的多项式项不具有统计意义。或者，我们设定一个大的 d，从最高阶项开始消除非统计显著的多项式项。实际经验告诉我们，对于一个数据，一般 $d=4$ 足以拟合出足够光滑的曲线。d 大于 4 往往会发生过拟合的现象，使模型变得异常复杂，得不偿失。

我们既可以使用 R 的 lm() 函数构建多项式，此时 I(x^2) 表示 x^2，也可以使用 poly() 函数构建多项式。两种方式最后获得的结果是一致的。

例 9.3 青原博士继续使用 2017 年我国居民人均消费支出数据，看看是否可以对数据中的人均可支配收入（*dpi*）使用多项式回归。

首先，拟合人均消费支出（*cse*）关于人均可支配收入（*dpi*）的一个线性模型，我们发现 *dpi* 非常显著（$p<2e-16$）。

```
>consumption=read.csv("E:/hep/data/consumption2017.csv",header=T)
>attach(consumption)
>dpi.lm=lm(cse~dpi,consumption)
>summary(dpi.lm)
Call:
lm(formula=cse~dpi,data=consumption)

Residuals:
    Min         1Q    Median       3Q        Max
-1732.9    -895.6    164.3     547.6    2392.9

Coefficients:
                Estimate    Std. Error    t value    Pr(>|t|)
(Intercept)    1843.1873    513.8414     3.587      0.00121 **
dpi               0.6376      0.0184    34.657      <2e-16 ***
---
Signif. codes:  0'***'0.001'**'0.01'*'0.05'.'0.1''1

Residual standard error: 1065 on 29 degrees of freedom
Multiple R-squared:  0.9764,      Adjusted R-squared:  0.9756
F-statistic:  1201 on 1 and 29 DF,   p-value: <2.2e-16
```

接着加入 *dpi* 的二次项，结果显示除了 *dpi* 显著（$p=2.33e-07$），dpi^2 并不显著（$p=0.426$）。

```
>summary(lm(cse~dpi+I(dpi^2),consumption))
Call:
lm(formula=cse~dpi+I(dpi^2),data=consumption)

Residuals:
    Min          1Q     Median       3Q        Max
-1882.90    -888.92    42.08     621.83    2145.13
```

```
Coefficients:
             Estimate   Std. Error  t value  Pr(>|t|)
(Intercept)  5.598e+02  1.670e+03   0.335    0.740
dpi          7.225e-01  1.066e-01   6.776    2.33e-07 ***
I(dpi^2)    -1.176e-06  1.455e-06  -0.808    0.426
---
Signif. codes:  0 '***' 0.001 '**' 0.01 '*' 0.05 '.' 0.1 ' ' 1

Residual standard error: 1071 on 28 degrees of freedom
Multiple R-squared:  0.977,     Adjusted R-squared:  0.9753
F-statistic: 593.7 on 2 and 28 DF,  p-value: <2.2e-16
```

再加入三次项，此时 dpi^3 并不显著（$p=0.885$），也使得一次项、二次项均不显著。

```
>summary(lm(cse~dpi+I(dpi^2)+I(dpi^3),consumption))
Call:
lm(formula=cse~dpi+I(dpi^2)+I(dpi^3),data=consumption)

Residuals:
     Min       1Q   Median      3Q     Max
-1905.90  -899.69    33.13  612.65  2190.55

Coefficients:
             Estimate   Std. Error  t value  Pr(>|t|)
(Intercept) -2.437e+02  5.743e+03  -0.042    0.966
dpi          8.032e-01  5.615e-01   1.430    0.164
I(dpi^2)    -3.648e-06  1.694e-05  -0.215    0.831
I(dpi^3)     2.282e-11  1.558e-10   0.146    0.885

Residual standard error: 1091 on 27 degrees of freedom
Multiple R-squared:  0.977,     Adjusted R-squared:  0.9744
F-statistic:  382 on 3 and 27 DF,  p-value: <2.2e-16
```

所以，我们应该坚持使用一次项。

一般来说，由于测量尺度的额外变化会改变除最高阶项之外的所有项的 t 统计量，因而从高阶项开始消除模型中的低阶项并不是一个好办法，即使它们没有统计显著性。比如，如果在二次模型中删除了线性项，我们可以通过变量的尺度变换而重新得到线性项。因此，我们不希望研究结论对这种应该是无足轻重的尺度变化敏感。此外，将截距设置为零意味着回归通过原点，而将线性项设置为零意味着因变量在自变量值为零时是最优的。

每删除一项都必须重新拟合模型。对于较大的 d，可能存在数值稳定性的问题。

我们可以通过下面定义的正交多项式来解决这个问题：

$$z_1=a_0+b_1x$$
$$z_2=a_2+b_2x+c_2x^2$$
$$z_3=a_3+b_3x+c_3x^2+d_3x^3$$
$$\cdots\cdots\cdots\cdots$$

其中系数 $a,b,c\cdots$ 满足 $z_i^T z_j=0(i\neq j)$。表达式 z 被称为**正交多项式**(orthogonal polynomials)。尽管正交多项式的重要性随着计算速度的提高而下降,但是由于其数值稳定和易用,它们仍然值得被了解和使用。我们可以使用 poly()函数构造正交多项式。

接下来,我们将使用模拟示例来阐述多项式回归。使用模拟数据的优点是可以看到使用的模型接近真实函数关系的程度。

例 9.4 给定真实函数 $f(x)=\sin^3(2\pi x^3)$,对其增加误差 $\varepsilon\sim N(0,0.1)$ 得到 $y=\sin^3(2\pi x^3)+\varepsilon$。根据该模型产生数据并比较 4 阶和 12 阶的正交多项式的拟合效果。

首先根据给定的模型产生数据,并将它显示在图 9-3 的左图中。拟合结果在图 9-3 的右图中。

```
>set.seed(123)
>f=function(x)sin(2*pi*x^3)^3
>x=seq(0,1.27,by=0.01)
>y=f(x)+sqrt(0.1)*rnorm(128)
>par(mfrow=c(1,2))
>matplot(x,cbind(y,f(x)),type="pl",ylab="y",pch=20,lty=1,col=1)#pl 代表绘图使用点和线
>p4=lm(y~poly(x,4))
>p12=lm(y~poly(x,12))
>matplot(x,cbind(y,p4$fit,p12$fit),type="pll",ylab="y",lty=c(1,2),pch=20,col=1)#pll 代表绘图使用点、线、线
>par(mfrow=c(1,1))
```

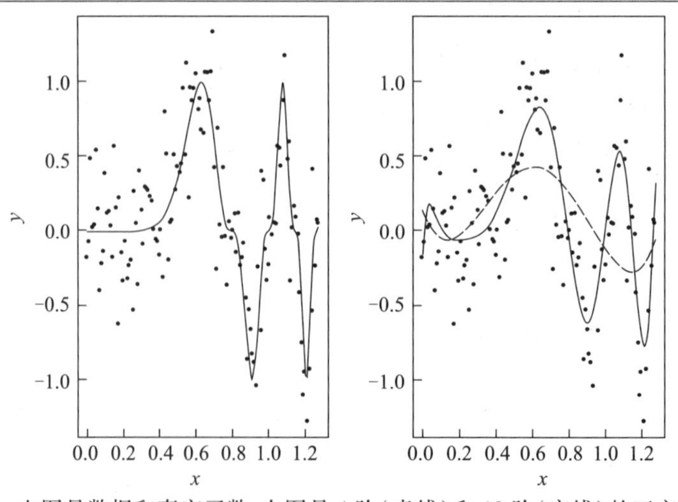

图 9-3 左图是数据和真实函数,右图是 4 阶(虚线)和 12 阶(实线)的正交多项式

在图 9-3 的右图中显示了两种拟合。我们看到 4 阶明显欠拟合，12 阶要好得多，尽管 12 阶多项式左侧的拟合过于起伏波动，并且在 $x=0.1$ 附近未能找到拐点。

例 9.5　青原博士继续使用 2017 年我国居民人均消费支出数据，将使用正交多项式来建立人均消费支出（*cse*）关于人均可支配收入（*dpi*）的 4 次多项式模型。

我们依然得出与例 9.3 相同的结论，一次模型是最好的。

```
>dpi.lmp=lm(cse~poly(dpi,4),consumption)
>sumary(dpi.lmp)
                 Estimate   Std. Error    t value   Pr(>|t|)
(Intercept)      18371.83     189.79     96.8005   <2e-16
poly(dpi,4)1     36909.19    1056.71     34.9284   <2e-16
poly(dpi,4)2      -866.16    1056.71     -0.8197   0.4199
poly(dpi,4)3       159.74    1056.71      0.1512   0.8810
poly(dpi,4)4      1755.68    1056.71      1.6615   0.1086

n=31,p=5,Residual SE=1056.71004,R-Squared=0.98
```

我们也可以对多个变量定义多项式，此时被称为因变量的曲面模型。一个二阶模型如下：

$$y=\beta_0+\beta_1x_1+\beta_2x_2+\beta_{11}x_1^2+\beta_2x_2^2+\beta_{12}x_1x_2$$

例 9.6　青原博士继续使用 2017 年我国居民人均消费支出数据，构建人均消费支出 *cse* 关于 *dpi* 和 *dpgdp* 的二阶多项式回归模型。

我们可以如下构建拟合曲面的透视图。计算覆盖自变量范围的 10×10 网格值的拟合，结果在图 9-4 中。

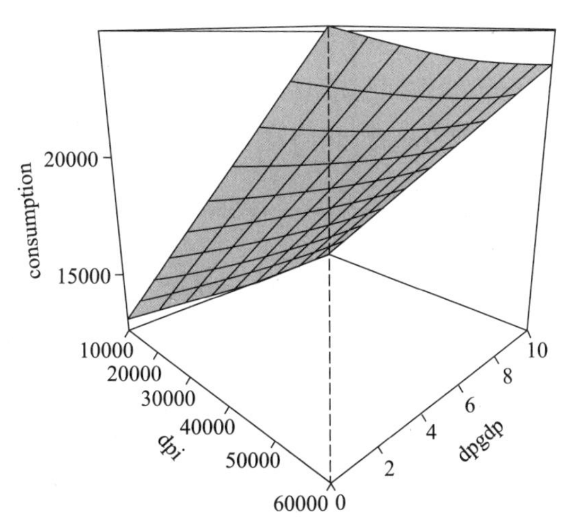

图 9-4　人均消费支出数据的二次曲面拟合的透视图

```
>dpi.lmc=lm(cse~polym(dpi,dpgdp,degree=2),consumption)
>dpir=seq(20,50,len=10)
```

```
>dpgdpr=seq(0,20,len=10)
>pgrid=expand.grid(dpi=dpir,dpgdp=dpgdpr)
>pv=predict(dpi.lmc,pgrid)
>persp(dpir,dpgdpr,matrix(pv,10,10),theta=45,xlab="dpi",ylab="dpgdp",zlab=
"consumption",ticktype="detailed",shade=0.25)
```

9.4 分段回归

在数据的不同区域需要使用不同的回归模型进行刻画时，可以使用**分段回归**（piecewise regression）来拟合。分段回归需要考虑节点（knot）的位置和数量。节点就是将数据划分为几段的点。当有 k 个节点时，就表明需要 $k+1$ 个不同的分段回归模型。这里还涉及**自由度**（degree of freedom，df）的概念，表示的是模型中需要估计的参数个数。分段回归包括了**分段线性回归**（piecewise linear regression）和**分段多项式回归**（piecewise polynomial regression）。

最简单的分段线性回归模型如下：

$$y=\begin{cases}\beta_{01}+\beta_{11}x+\varepsilon & x<c\\ \beta_{02}+\beta_{12}x+\varepsilon & x\geqslant c\end{cases}$$

其中，$x=c$ 就是节点，它将 x 一分为二。在这个模型中，我们需要估计 4 个参数（两个截距，2 个系数），因此该模型的 $df=4$。类似的，可以得到包含多个自变量的分段线性回归。

我们可以使用 R 中的 lm() 函数来实现分段回归，也可以直接使用程序包 segmented 中的 segmented() 函数。

例 9.7 青原博士继续使用 2017 年我国居民人均消费支出数据，以 *cse* 为因变量、*pop*65 为自变量建立分段线性回归模型。

假设我们以 *pop*65=16 为节点，则我们分别对两个数据子集建立一元线性回归模型，见图 9-5 中的实线。

```
>h=16
>lmod1=lm(cse~pop65,consumption,subset=(pop65<h))#根据 pop65 将数据分成两个子集
>lmod2=lm(cse~pop65,consumption,subset=(pop65>=h))
>plot(cse~pop65,consumption,xlab="pop65",ylab="consumption")
>abline(v=h,lty=5)
>segments(8,lmod1$coef[1]+lmod1$coef[2]*8,h,lmod1$coef[1]+lmod1$coef[2]*h)
#设定分段直线的两个端点
>segments(40,lmod2$coef[1]+lmod2$coef[2]*40,h,lmod2$coef[1]+lmod2$coef[2]*h)
```

如图 9-5 所示，分段线性回归拟合的两个部分在连接点 *pop*65=16 处不连续。如

果我们认为随着自变量的变化，拟合应该是连续的，就需要给上述模型增加一个限制，即强制让它在节点处连续。

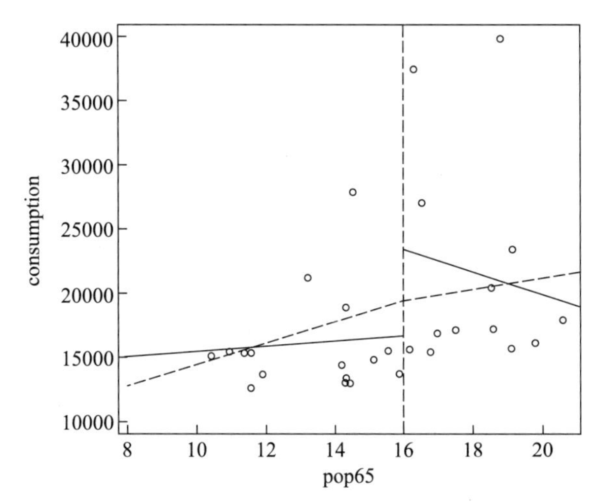

图 9-5　实线是节点处不连续的分段线性回归，虚线是节点处连续的分段线性回归

我们首先基于节点来定义两个**基函数**(basis function)：

$$B_l(x)=\begin{cases}c-x & \text{如果 } x<c\\ 0 & \text{其他}\end{cases}$$

和

$$B_r(x)=\begin{cases}x-c & \text{如果 } x>c\\ 0 & \text{其他}\end{cases}$$

其中，B_l 和 B_r 分别是在节点 c 值处的一次样条基。我们在图 9-6 给出了 B_l 和 B_r 的图像，发现其形状类似曲棍球杆，因此也被称为曲棍球杆函数(hockey-stick function)。

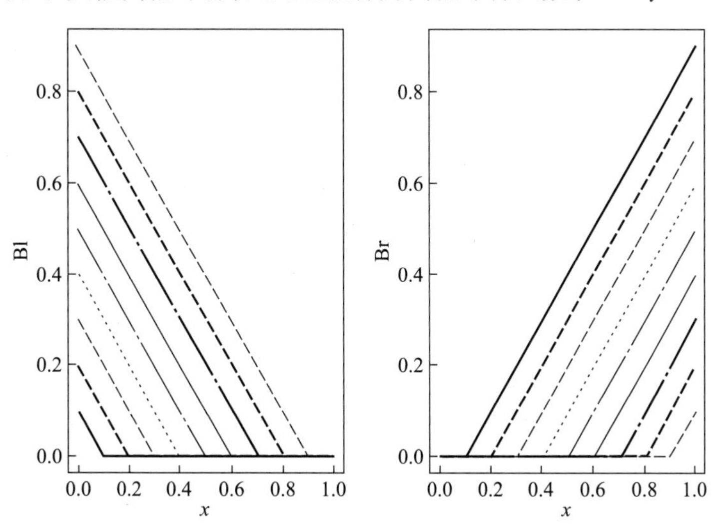

图 9-6　两个基函数的图像：左侧是 B_l，右侧是 B_r

基函数就是对原始自变量的变换。于是，分段线性回归模型可以使用基函数直接建立如下形式的模型：

常见的基函数

$$y=\beta_0+\beta_1 B_l(x)+\beta_2 B_r(x)+\varepsilon$$

此时,左右两个线性部分就在节点 c 值处相遇。请注意,此模型仅使用了三个参数。因为分段线性回归模型通过保持在 c 点拟合的连续性而节约了一个参数。

例 9.8 继续例 9.7 的分析,青原博士将使用上述基函数重新建立分段线性回归模型。

我们首先定义两个曲棍球杆函数:

```
>lhs=function(x)ifelse(x<h,h-x,0)
>rhs=function(x)ifelse(x<h,0,x-h)
```

接下来,基于两个基函数直接建立回归模型,并在图 9-5 中用虚线展示。如图所示,这两条回归线(虚线)在 16 处相遇。该模型的截距就是连接处的因变量的值。

```
>lmod=lm(cse~lhs(pop65)+rhs(pop65),consumption)
>x=seq(8,40,by=1)
>py=lmod$coef[1]+lmod$coef[2]*lhs(x)+lmod$coef[3]*rhs(x)
>lines(x,py,lty=2)
```

那么在这个特定情况下哪一种拟合更好呢?我们看到,对于老年抚养比例高的地区,强加连续性会导致拟合斜率的符号发生变化。因此,我们可能会认为这两个区域如此不同,根本不需要强加连续性。

类似的,分段多项式回归就是在 x 的每一个区间 $[x_i,x_{i+1})$ 中分别构建多项式回归。假如 $d=3$,并且在节点 $x=c$ 将 x 划分成两段,此时的分段多项式回归模型如下:

$$y=\begin{cases}\beta_{01}+\beta_{11}x+\beta_{21}x^2+\beta_{31}x^3+\varepsilon & x<c\\ \beta_{02}+\beta_{12}x+\beta_{22}x^2+\beta_{32}x^3+\varepsilon & x\geqslant c\end{cases}$$

例 9.9 对于 R 中的程序包 MASS 自带的数据集 mycle,青原博士根据散点图的变化趋势取三个节点 0.25、0.36、0.58,对其建立分段多项式回归。

三个节点将数据分成四个子集,此时的分段多项式回归模型如下:

$$y=\beta_{10}+\beta_{11}x+\beta_{12}x^2+\beta_{13}x^3+(\beta_{20}+\beta_{21}x+\beta_{22}x^2+\beta_{23}x^3)I(x\geqslant 0.25)+$$
$$(\beta_{30}+\beta_{31}x+\beta_{32}x^2+\beta_{33}x^3)I(x\geqslant 0.36)+(\beta_{40}+\beta_{41}x+\beta_{42}x^2+\beta_{43}x^3)I(x\geqslant 0.58)$$

首先读入数据,对因变量和自变量进行标准化处理,其中 y 是进行标准化处理,而 x 是使用其极大值进行规范化,使其取值范围落在 0 到 1 之间。

```
>library(MASS)
>data(mcycle)
>y=mcycle$accel
>x=mcycle$times
>y=(y-mean(y))/sd(y)#对 y 标准化
>x=x/max(x)#对 x 规范化
```

然后,定义分段多项式回归并计算。

```
>bf1=cbind(x^0,x,x^2,x^3)
>bf2=bf1;bf2[x<0.25]=0
>bf3=bf1;bf3[x<0.36]=0
>bf4=bf1;bf4[x<0.58]=0
>bfx=cbind(bf1,bf2,bf3,bf4)
>ppr=lm(y~bfx)#建立分段多项式回归
```

我们将分段多项式回归添加到 x 与 y 的散点图 9-7 中。

```
>plot(y~x,xlab="time",ylab="acceleration")
>abline(v=c(0.25,0.36,0.58),lty=5)
>lines(x,fitted(ppr))
```

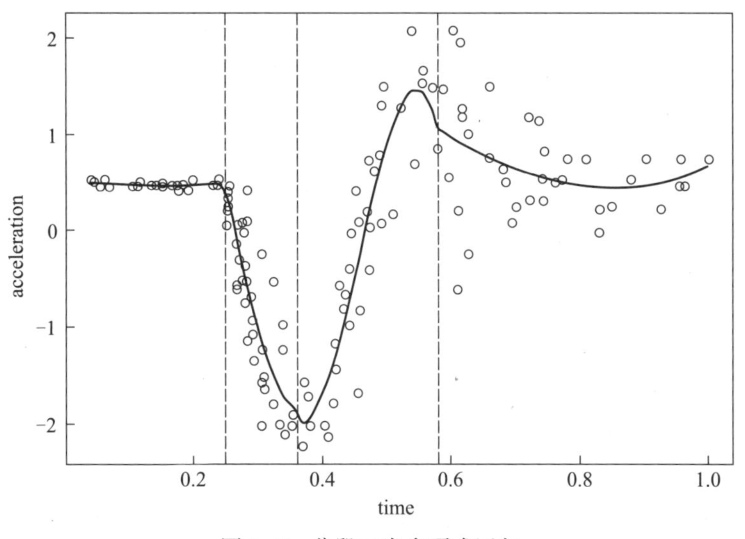

图 9-7　分段三次多项式回归

9.5　内在的非线性回归

对于观测值 $X^{(i)}=(x_{i1},x_{i2},\cdots,x_{ip})'(i=1,2,\cdots,n)$,**非线性回归模型**一般具有如下形式:

$$y_i=f(X^{(i)},\beta)+\varepsilon_i$$

或

$$y_i=f(x_{i1},x_{i2},\cdots,x_{ip};\beta_1,\beta_2,\cdots,\beta_k)+\varepsilon_i$$

其中,函数 f 的形式是已知的;$\beta=(\beta_1,\beta_2,\cdots,\beta_k)^T$ 是未知参数;误差项 ε_i 满足独立同分布的假设,即

$$\begin{cases}E(\varepsilon_i)=0, & i=1,2,\cdots,n \\ cov(\varepsilon_i,\varepsilon_j)=\begin{cases}\sigma^2, & i=j \\ 0, & i\neq j\end{cases} & i,j=1,2,\cdots,n\end{cases}$$

注意,对于一般的非线性模型,参数的个数与自变量的个数没有一定的对应关系,

不要求 $k=p$。但是如果 f 是线性形式，则上面的模型就是一般的线性模型，此时参数的个数等于自变量的个数，即 $k=p$。

类似第 3 章的多元线性回归模型，我们也可以采用矩阵符号表示非线性回归模型：

$$Y=f(X;\beta)+\varepsilon$$

其中，$Y=(y_1,\cdots,y_n)^T$，$X=\begin{pmatrix} x_{11} & x_{12} & \cdots & x_{1p} \\ x_{21} & x_{22} & \cdots & x_{2p} \\ \vdots & \vdots & \vdots & \vdots \\ x_{n1} & x_{n2} & \cdots & x_{np} \end{pmatrix}$，$X^{(i)}=(x_{i1},x_{i2},\cdots,x_{ip})^T(i=1,2,\cdots,n)$，$\beta=(\beta_1,\beta_2,\cdots,\beta_k)^T$，$\varepsilon=(\varepsilon_1,\cdots,\varepsilon_n)^T$。

对于非线性回归模型 $y_i=f(X^{(i)},\beta)+\varepsilon_i$，我们可以通过非线性最小二乘估计得到参数估计，即对下面的残差平方和最小化得到参数 β 的非线性最小二乘估计值 $\hat{\beta}$：

$$Q(\beta)=\sum_{i=1}^{n}[y_i-f(X^{(i)},\beta)]^2$$

假定函数 f 对参数 β 连续可微，将残差平方和 $Q(\beta)$ 对 β 求偏导，并令其为 0，得到下面的非线性最小二乘估计的正规方程组，包括了未知参数的 $p+1$ 个非线性方程。

$$\left.\frac{\partial Q}{\partial \beta_j}\right|_{\beta_j=\hat{\beta}_j}=-2\sum_{i=1}^{n}(y_i-f(X^{(i)},\beta))\left.\frac{\partial f}{\partial \beta_j}\right|_{\beta_j=\hat{\beta}_j}=0 \qquad (j=0,1,2,\cdots,p)$$

对正规方程组求解就得到非线性最小二乘估计 $\hat{\beta}$。一般使用 Newton 迭代法求解，也可以直接使用极小化残差平方和求解。

如果 $\varepsilon \sim N(0,\sigma^2)$，则 β 的非线性最小二乘估计也是 β 的极大似然估计。因为该模型的似然函数为：

$$L(\beta,\sigma^2)=\frac{1}{(2\pi)^{n/2}\sigma^n}\exp(-Q(\beta)/2\sigma^2)$$

因此，如果 σ^2 已知，我们可以直接求解 β 的极大似然估计。

我们可以使用 R 中的 nls() 函数来求解非线性最小二乘解。

例 9.10 青原博士希望使用非线性回归模型确定 wifi 连接设备的位置与 wifi 热点位置之间的关系，使用的 wifi 数据来自文献 *R for Everyone: Advanced Analytics and Graphics*①。

假设 wifi 连接设备的位置 (x,y) 与 wifi 热点之间的距离 Distance 之间的关系可以使用下面的非线性模型来刻画：

$$Distance=\sqrt{(\beta_1-x)^2+(\beta_2-y)^2}+\varepsilon$$

首先读取数据，建立非线性回归模型，使用 nls() 求解。

```
>load("E:/hep/data/wifi.rData")
>attach(wifi)
>nls.sol=nls(Distance~sqrt((beta1-x)^2+(beta2-y)^2),data=wifi,start=list(beta1=
50,beta2=50))#作非线性拟合，start 使用列表形式给出参数的初始点
>nls.sum=summary(nls.sol)
```

① Jared P. Lander. R for Everyone: Advanced Analytics and Graphics. 2ed. Addison-Wesley, 2017.

```
>nls. sum#输出非线性回归模型参数的估计值

Formula: Distance~sqrt((beta1-x)^2+(beta2-y)^2)

Parameters:
        Estimate   Std. Error   t value   Pr(>|t|)
beta1    17.851      1.289       13.85    <2e-16***
beta2    52.906      1.476       35.85    <2e-16***
---
Signif. codes:  0'***'0.001'**'0.01'*'0.05'.'0.1''1

Residual standard error: 13.73 on 198 degrees of freedom

Number of iterations to convergence: 6
Achieved convergence tolerance: 3.846e-06
```

因此,非线性回归模型为

$$Distancefit=\sqrt{(17.851-x)^2+(52.906-y)^2}$$

其中,*Distancefit* 表示 *Distance* 的估计值。

使用该模型估计 Distance,计算 Distance 的实际值与拟合值的相关系数,并画出二者的散点图,见图 9-8。

```
>Distancefit=predict(nls. sol)
>cor(wifi$Distance,Distancefit)
[1]0.8445166
>plot(wifi$Distance,Distancefit)
```

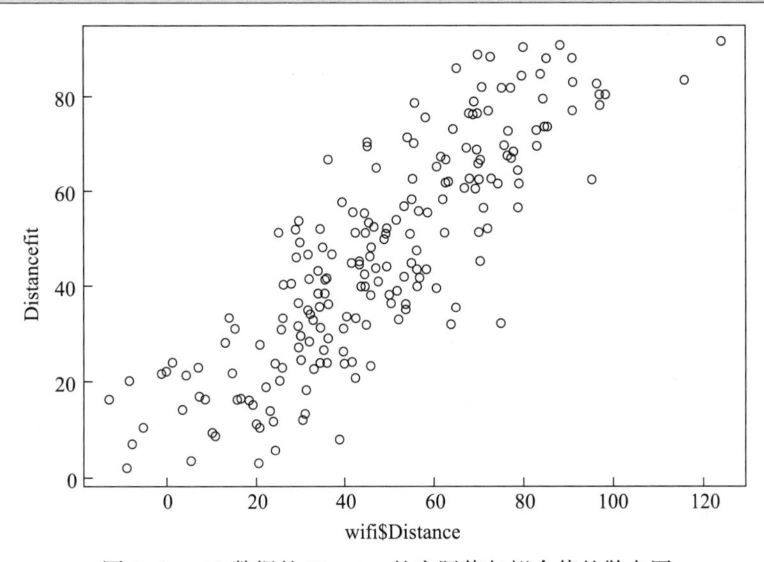

图 9-8 wifi 数据的 Distance 的实际值与拟合值的散点图

不论是较高的相关系数 0.845 还是拟合值非常接近实际值的散点图,都表明使用该非线性回归模型可以较好地刻画 wifi 连接设备与 wifi 热点之间的距离。

我们也可以查看非线性回归的拟合曲面,其图形如图 9-9 所示。

```
>xfit=seq(0,100,len=10)#设定 x 的取值
>yfit=seq(0,100,len=10)#设定 y 的取值
>Distancefit=predict(nls.sol,expand.grid(X=xfit,Y=yfit))
>persp(xfit,yfit,matrix(Distancefit,10,10),theta=45,xlab="x",ylab="y",zlab="Distance",ticktype="detailed",shade=0.25)
```

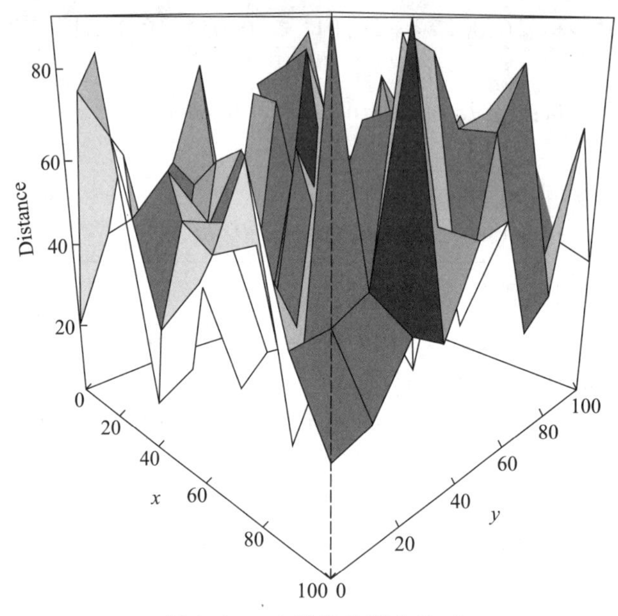

图 9-9 wifi 数据的拟合曲面

对于非线性回归模型,我们也可以得到参数的区间估计和假设检验以及回归方程的显著性检验等。这需要知道有关统计量的分布。在非线性最小二乘中,一些分布很难精确得到,经常需要大样本以得到近似分布。

非线性回归参数的统计推断要求已知误差项方差 σ^2 或得到其估计$\hat{\sigma}^2$。此时与线性回归一样,$\hat{\sigma}^2$ 也可以基于残差平方和来得到:

$$\hat{\sigma}^2=\frac{\sum_{i=1}^{n}(y_i-\hat{y}_i)^2}{n-k}=\frac{\sum_{i=1}^{n}[y_i-f(X^{(i)},\beta)]^2}{n-k}=\frac{Q(\hat{\beta})}{n-k}$$

其中,$\hat{\beta}$是 β 的估计值。对于非线性回归,$\hat{\sigma}^2$ 不是 σ^2 的无偏估计量。但是当样本量很大时,二者的偏差很小。

我们可以使用下面的命令得到$\hat{\sigma}=13.72749$,由此可以得到$\hat{\sigma}^2=188.444$。

```
>nls.sum$sigma#计算误差标准差
[1]13.72749
```

当模型的误差项服从 $\varepsilon \sim N(0,\sigma^2)$，样本量 n 也足够大时，$\hat{\beta}$的抽样分布近似正态，且 $E(\hat{\beta}) \approx \beta$。此时可以得到：

$$\frac{\hat{\beta}_j-\beta_j}{sd(\hat{\beta}_j)} \sim t(n-k) \quad (j=1,2,\cdots,k)$$

其中，$sd(\hat{\beta}_j)$是$\hat{\beta}_j$ 的标准差。因此，与线性回归模型中的一样，任意单个的 β_j 的近似 $1-\alpha$ 置信区间为

$$[\beta_j-t_{\alpha/2}(n-k)sd(\hat{\beta}_j), \beta_j+t_{\alpha/2}(n-k)sd(\hat{\beta}_j)]$$

因此，我们可以得到 β_1 的 95% 置信区间为[15.30861,20.39272]，β_2 的 95% 置信区间为[49.99526,55.81602]。

```
>beta.int=function(model,alpha=0.05){
+     model.sum=summary(model)#模型总结
+     betahat=model.sum$parameters[,1]#参数估计值
+     betaStd=model.sum$parameters[,2]#参数的标准误差
+     df=model.sum$df[2]#自由度
+     t=qt(1-alpha/2,df)#确定 t 分布的上 α/2 分位数
+     left=betahat-t * model.sum$parameters[,2]#置信区间的左端点
+     right=betahat+t * model.sum$parameters[,2]#置信区间的右端点
+     rowname=dimnames(model.sum$parameters)[[1]]
+     colname=c("Estimate","Left","Right")
+     matrix(c(betahat,left,right),ncol=3,
+         dimnames=list(rowname,colname))
+}
>beta.int(nls.sol,0.05)
        Estimate      Left       Right
beta1   17.85067    15.30861    20.39272
beta2   52.90564    49.99526    55.81602
```


9.6 小结

有时候根据数据特点与各种图形的启示，我们需要建立非线性回归模型。在这一章中，我们既介绍了变量的变换方法，如对数变换、Cox-Box 变换等，以便将非线性模型线性化。也介绍了多项式回归、分段回归以及内在的非线性回归等非线性建模方法。对变量的合理变换会帮助我们更好地刻画变量之间的关系，特别是当变换使得我们得到线性模型，从而产生可解释的参数时，这些参数对于我们理解变量之间的关系至关重要。

练习题

1. 因变量变换有哪些方法?

2. 在非线性回归线性化时,对因变量作变换应注意什么问题?

3. 简述 Box-Cox 方法。

4. 多项式回归的优点与缺点是什么?

5. 写出加法模型的形式以及适用情形。

6. 为了研究生产率与废料率之间的关系,记录了下表所示的数据。

生产率 x/周	1000	2000	3000	3500	4000	4500	5000
废料率 y/%	5.2	6.5	6.8	8.1	10.2	10.3	13.0

(1) 画出散点图,根据散点图的趋势拟合适当的回归模型。(提示:二次曲线或指数曲线?)

(2) 能否通过变量的变换得到线性模型?

7. 已知变量 x 与 y 的样本数据如表:

x	y	x	y	x	y
2	6.42	7	10.00	12	10.60
3	8.20	8	9.93	13	10.80
4	9.58	9	9.99	14	10.60
5	9.50	10	10.49	15	10.90
6	9.70	11	10.59	16	10.76

(1) 画出散点图,根据散点图的趋势拟合适当的回归模型。

(2) 拟合回归模型 $y=\dfrac{x}{ax+b}$。

(3) 能否使用自变量变换的方法构建一个合适的回归模型?

8. 在某化合物的合成实验中,为了提高产量 y,选取了原料配比 x_1,溶剂比例 x_2 和反应时间 x_3 三个因素,实验结果如下表所示。请使用多项式回归模型拟合实验数据。

实验序号	原料配比 x_1	溶剂比例 x_2	反应时间 x_3	产量 y
1	1.0	13	1.5	0.330
2	1.4	19	3.0	0.336
3	1.8	25	1.0	0.294
4	2.2	10	2.5	0.476
5	2.6	16	0.5	0.209
6	3.0	22	2.0	0.451
7	3.4	28	3.5	0.482

9. 某种合金中的主要成分为金属 A 与金属 B。研究者经过 13 次试验，发现这两种金属成分之和 x 与膨胀系数 y 之间有一定的数量关系，但对这两种金属成分之和 x 是否对膨胀系数 y 有二次效应没有把握，经计算得 y 与 x 的回归的残差平方和为 3.7，y 与 x、x^2 的回归的残差平方和为 0.252，试在 0.05 的显著性水平下检验 x 对 y 是否有二次效应？

$$(F_{0.05}(1,10)=4.96, F_{0.05}(2,10)=4.1)$$

10. 为了研究切割工具类型对切割工具寿命的影响，研究者构建了两个模型，得到模型的参数估计如下所示。

Model A：$y=\beta_0+\beta_1x_1+\beta_2x_2+\varepsilon$

Model	Unstandardized Coefficients		t	Sig.
	B	Std. Error		
Constant	36.986			
x1	-0.027	0.005	-5.887	0.000
x2	15.004	1.360	11.035	0.000

Model B：$y=\beta_0+\beta_1x_1+\beta_2x_2+\beta_3x_1x_2+\varepsilon$

Model	Unstandardized Coefficients		t	Sig.
	B	Std. Error		
Constant	32.775			
x1	-0.021	0.0061	-3.45	0.000
x2	23.971	6.7690	3.54	0.000
x1 * x2	-0.012	0.0088	-1.35	0.200

上述输出结果中，y 是切割工具寿命，x_1 是每分钟车床的转速，x_2 是切割工具的类型，$x_2=0$ 表示使用工具类型 A，$x_2=1$ 表示使用工具类型 B。

（1）写出模型 A 的回归方程。

（2）解释模型 A 的回归系数，模型 A 中 x_2 对 y 有显著性影响吗？（$\alpha=0.05$）

（3）模型 B 中的两条回归线的斜率相等吗？（$\alpha=0.05$）

（4）讨论模型 A 和模型 B 的区别。

11. 某经济学家想调查文化程度对家庭储蓄的影响，在一个中等收入的样本中，随机调查了 13 户高学历家庭与 14 户中低学历的家庭，得到两个模型如下。其中，因变量 y 为上一年家庭储蓄增加额，自变量 x_1 为上一年家庭总收入，$x_2=0$ 表示中低家庭学历，$x_2=1$ 表示高学历家庭。

模型 A：$\hat{y}=-7976+3826x_1-3700x_2$

模型 B：$\hat{y}=-8763+4057x_1-776x_2-787x_1x_2$

(1) 解释模型 A 中的回归系数。

(2) 13 户高学历家庭的平均年储蓄增加额为 3009.31 元，14 户中低学历家庭的平均年储蓄增加额为 5059.36 元，这样会认为高学历家庭每年的储蓄额比中低学历的家庭平均少 5059.36−3009.31＝2050.05 元，如何理解该结果？将此结果与模型 A 得到的结果进行比较。

(3) 模型 B 中 x_1x_2 的系数在显著性检验中的显著性概率(sig.)＝0.247，解释这一结果。

(4) 讨论模型 B 和模型 A 的区别。

12. 考虑如下模型：$y=\beta_0+\beta_1x+\beta_2x^2+\varepsilon$，其中 y＝猪的体温(摄氏度)，x＝猪被感染的时间(小时)，样本量 $n=8$。下表是该模型参数估计的输出结果。

	Unstandardized Coefficients		Standardized Coefficients	t	Sig.
	B	Std. Error	Beta		
x	0.098	0.024	3.285	4.153	0.009
x ** 2	−0.001	0.000	−2.620	−3.312	0.021
(Constant)	39.025	0.370		105.331	0.000

(1) 写出回归方程，并解释回归系数的意义；

(2) 检验 x^2 系数的显著性。($\alpha=0.05$)

(3) 预测 $x=80$ 时猪的体温。

(4) 如果 x 的观测值位于(8,64)，你对(3)中的预测有何建议。

13. 对于 R 中的程序包 faraway 自带的数据集 ozone，将 O_3(臭氧)作为因变量，*temp*(温度)、*humidity*(湿度)和 *ibh*(逆温层底部高度)作为自变量来拟合模型。使用 Box-Cox 方法确定因变量的最佳变换。

14. 对于 R 软件自带的数据集 trees，将 log(*volume*)(体积)作为因变量，*girth*(围长)和 *height*(高度)作为自变量，建立一个二阶多项式(包括交互作用项)。确定模型是否可以合理简化。

15. R 中的程序包 faraway 自带的数据集 aatemp 来自美国历史气候学网络，包含了近 150 年间的年平均气温数据。

(1) 气温变化是否有线性趋势？

(2) 对气温拟合 10 阶多项式模型并使用后向消除来降低模型的阶数。使用此模型预测 2025 年的温度。

(3) 假设有人声称温度一直不变持续到 1930 年，然后开始呈线性趋势。拟合一个与此声明相对应的模型。模型可以反映该声明吗？

16. 对于 R 软件自带的数据集 pressure，将 *pressure*（压力）作为因变量，*temperature*（温度）作为自变量，请使用合适的变换以获得好的回归模型。

17. 对于 R 中的程序包 faraway 自带的数据集 odor，将 *odor*（气味）作为因变量，用其他三个变量作为自变量。

（1）拟合一个二阶因变量曲面模型，其中包含三个自变量的所有二次和交叉乘积项。

（2）为相同的因变量拟合模型，但现在排除三个自变量中的任何交互项，而只包括线性项和二次项。将此模型与前一个模型进行比较。这种简化是否合理？

18. 对于 R 中的程序包 faraway 自带的数据集 cornnit，将 *yield*（玉米产量）作为因变量，*nitrogen*（氮肥施用量）作为自变量，请使用一个合适的非线性回归模型来预测玉米产量。

第10章

广义线性模型

目的与要求

（1）了解什么时候使用广义线性模型；

（2）理解广义线性模型的基本原理；

（3）掌握三种常见的广义线性模型：Logistic 回归、Softmax 回归和 Poisson 回归；

（4）掌握常见的广义线性模型在 R 软件中的实现。

在前面的章节中，我们已经熟悉了正态因变量的线性模型。本章我们介绍由 Nelder 和 Wedderburn(1972)提出的**广义线性模型**(generalized linear model，GLM)，该模型可以让我们处理更多不同类型的响应变量和范围更广的数据。广义线性模型是一般线性模型的推广，一般线性模型中的因变量只能是定量变量，而广义线性模型的因变量不再局限于定量变量，还可以是诸如二项分布、泊松分布等分布类型的定性变量。相应的，我们介绍三种常见的广义线性模型，分别是 Logistic 回归模型、Softmax 回归模型和 Poisson 回归模型。

10.1 基本原理

10.1.1 基本模型

广义线性模型是通过两个组成部分来定义的。**因变量或响应变量**(response) y 通常服从**指数族分布**(exponential family of distribution)，如正态分布、二项分布、泊松分布等。**连接函数**(link function)描述了响应变量的均值和自变量线性组合的关系。

指数族分布的一般形式为：

$$f(y|\theta,\phi)=\exp\left[\frac{y\theta-b(\theta)}{a(\phi)}+c(y,\phi)\right]$$

θ 称为规范参数,代表位置,而 ϕ 称为离散参数,代表尺度。我们可以通过指定函数 a,b,c 来定义族的各种成员。

指数族分布的均值和方差分别为:

$$Ey=\mu=b'(\theta)$$

$$var\ y=b''(\theta)a(\phi)$$

均值只与 θ 有关,方差是位置和尺度的乘积。通常把 $b''(\theta)$ 称为方差函数,因为它描述了方差与均值的关系。在正态分布里 $b''(\theta)=1$,所以方差与均值无关。但这对其他分布不成立。

最常用的指数族分布有:

(1) 正态分布

$$f(y|\theta,\phi)=\frac{1}{\sqrt{2\pi}\sigma}\exp\left[-\frac{(y-\mu)^2}{2\sigma^2}\right]=\exp\left\{\frac{y\mu-\mu^2/2}{\sigma^2}-\frac{1}{2}\left[\frac{y^2}{\sigma^2}+\ln(2\pi\sigma^2)\right]\right\}$$

此时有 $\theta=\mu,\phi=\sigma^2,a(\phi)=\phi,b(\theta)=\theta^2/2$ 及 $c(y,\phi)=-[y^2/\phi+\ln(2\pi\phi)]/2$。

(2) 二项分布

$$f(y|\theta,\phi)=\binom{n}{y}p^y(1-p)^{n-y}=\exp\left[y\ln\frac{p}{1-p}+n\ln(1-p)+\ln\binom{n}{y}\right]$$

此时有 $\theta=\ln\frac{p}{1-p},b(\theta)=-n\ln(1-p)=n\ln(1+\exp\theta)$ 及 $c(y,\phi)=\ln\binom{n}{y}$。

(3) 泊松分布

$$f(y|\theta,\phi)=e^{-\lambda}\lambda^y/y!=\exp(y\ln\lambda-\lambda-\ln y!)$$

此时有 $\theta=\ln\lambda,\phi\equiv1,a(\phi)=1,b(\theta)=\lambda$ 及 $c(y,\phi)=-\ln y!$。

注意到在正态分布下,ϕ 参数是自由的,而泊松分布和二项分布是固定的。这是因为泊松分布和二项分布只有一个参数,而正态分布有两个参数。

连接函数(link function):假设我们可以通过一个线性模型来解释自变量对响应变量的影响 $\eta=\beta_0+\beta_1x_1+\cdots+\beta_px_p=x^T\beta$,将响应变量的均值 $Ey=\mu$ 与自变量的线性组合 η 建立 $\eta=g(\mu)$ 联系的函数就是连接函数 g。原则上,任何单调连续可微的函数都可以作连接函数,但是对广义线性模型有一些方便和通用的选择。

按照广义线性模型的定义:

(1) 如果 $y\sim N(\mu,\sigma^2)$,这是常规的线性回归模型,μ 关于自变量 x 是线性的,因此,连接函数就是恒等变换函数,即 $\eta=\mu=x^T\beta$。

(2) 如果 $y\sim Bernoulli(p)$,这是二项广义线性模型,也就是后面介绍的逻辑回归。为满足 $0\leqslant p\leqslant1$,我们用 $\frac{\exp(\eta)}{1+\exp(\eta)}$ 来代表 p(注意此处没有考虑 $p=0$ 和 $p=1$ 两个确定性事件)。所以,用广义线性模型表示为 $y\sim Bernoulli\left(\frac{\exp(\eta)}{1+\exp(\eta)}\right)$,这里的 η 满足线性,而且,连接函数是 $p=\frac{\exp(\eta)}{1+\exp(\eta)}$ 的反函数,即 $\eta=\ln\left(\frac{p}{1-p}\right)=x^T\beta$。

(3) 如果 $y\sim Poisson(\lambda)$,这是泊松广义线性模型。为满足 $\lambda>0$,我们用 $\exp(\eta)$ 来代表 λ。所以,用广义线性模型表示为 $y\sim Poisson(\exp(\eta))$,这里的 η 满足线性,而

且,连接函数是 $\lambda=\exp(\eta)$ 的反函数,即 $\eta=\ln\lambda=x^T\beta$。

与标准线性模型相比,广义线性模型有两个推广:

(1) 响应变量 y 分布的推广。把响应变量 y 在标准线性模型中服从参数为(μ_y,σ^2)的正态分布推广到广义线性模型中的指数族分布的一种分布,比如二项分布、泊松分布等,相关参数根据具体分布而定。

(2) 线性含义的推广。在标准线性模型中,响应变量 y 的均值 μ_y 关于自变量 x 是线性的,即 $\mu_y=x^T\beta$。而在广义线性模型中,响应变量 y 所服从的指数族分布的参数 θ 的函数 $f(\theta)$ 关于自变量 x 是线性的,即 $f(\theta)=\eta=x^T\beta$,这里的 $f(\theta)$ 就是连接函数。

10.1.2 参数估计

GLM 的参数 β 可以用极大似然法来估计。对指数族分布,设 $a_i(\phi)=\phi/w_i$,则对于多次独立的观测样本,对数似然函数为:

$$\sum_i \log L(\theta_i,\phi;y_i)=\sum_i w_i\left[\frac{y_i\theta_i-b(\theta_i)}{\phi}\right]+c(y_i,\phi)$$

在正态 GLM 模型里,我们可以最大化 $\sum_i \log L(\theta_i,\phi;y_i)$ 求出精确解$\hat{\beta}$。但对于其他分布,我们需要使用迭代加权最小二乘(IRWLS)。

IRWLS 的过程是:

(1) 设定初始估计$\hat{\eta}_0$ 和$\hat{\mu}_0$。

(2) 形成“调整的因变量”$z_0=\hat{\eta}_0+(y-\hat{\mu}_0)\left.\frac{d\eta}{d\mu}\right|_{\hat{\eta}_0}$

(3) 形成权重 $w_0^{-1}=\left.\left(\frac{d\eta}{d\mu}\right)^2\right|_{\hat{\eta}_0} var(\hat{\mu}_0)$。

(4) 重新估计 β,得到$\hat{\eta}_1$。

(5) 迭代步骤(2)、(3)、(4)直到收敛。

注意拟合过程只使用 $\eta=g(\mu)$ 和 $var(\mu)$,不需要进一步了解 y 的分布。方差估计可从下式获得:

$$v\hat{a}r(\hat{\beta})=(X^TWX)^{-1}\hat{\phi}$$

这与加权最小二乘法中使用的形式相当,其中 X 是自变量,W 是权重矩阵。

一般来说,GLM 的建模过程是这样的:(1) 确定 y 服从参数为 θ 的指数分布;(2) 根据 θ 的取值范围 Θ 找一个合适的连接函数 f;(3) 规定 $f(\theta)=a+bx$;(4) 求解。

10.2 Logistic 回归模型

对于线性回归模型:

$$f(x)=\beta_0+\beta_1x_1+\cdots+\beta_px_p$$

或向量形式:

$$f(x)=x^T\beta$$

其中 $x=(1,x_1,\cdots,x_p)^T$,$\beta=(\beta_0,\beta_1,\cdots,\beta_p)^T$。

若要是做分类任务的话，线性模型就不适合了。因为线性回归模型主要是针对连续的因变量。对于分类问题，就需要使用广义线性回归模型：

$$y=g^{-1}(x^T\beta)$$

其中，$g(\cdot)$是连接函数，这是一个单调可微的函数。10.1 节已说明可使用的连接函数。

为了更好说明该模型，下面我们从线性回归模型引出 Logistic 回归模型。Logistic 回归一般解决的是二分类问题，也就是 $y\in\{0,1\}$。

由于线性回归模型产生的预测值 $z=x^T\beta$ 实际上是一个实值，因此需要将实值 z 转化成 0 或 1 值。简单的做法是使用一个分段函数作为转换实值的标准，例如

$$y=\begin{cases}0, & z<0\\ 0.5, & z=0\\ 1, & z>0\end{cases}$$

如果预测值 z 大于 0 便判断为正例，小于 0 则判断为反例，等于 0 则可任意判断。但是，由于分段函数是非连续的函数，而我们需要一个连续的函数，所以我们一般选择 sigmoid 函数（图 10-1）做连接函数：

$$y=\frac{1}{1+e^{-z}}$$

通过 sigmoid 函数的连接，我们就将 $y\in\{0,1\}$ 与线性部分 $z=x^T\beta$ 建立了联系，形成了 Logistic 回归模型：

$$y=\frac{1}{1+e^{-x^T\beta}}$$

对该模型做变换得到：

$$\ln\frac{y}{1-y}=x^T\beta$$

我们观察上式发现：若将 y 视为样本 x 作为正例的可能性 $P(y=1|x)$，则 $1-y$ 便是其作为反例的可能性。二者的比值被称为“几率”，反映了 x 作为正例的相对可能性。

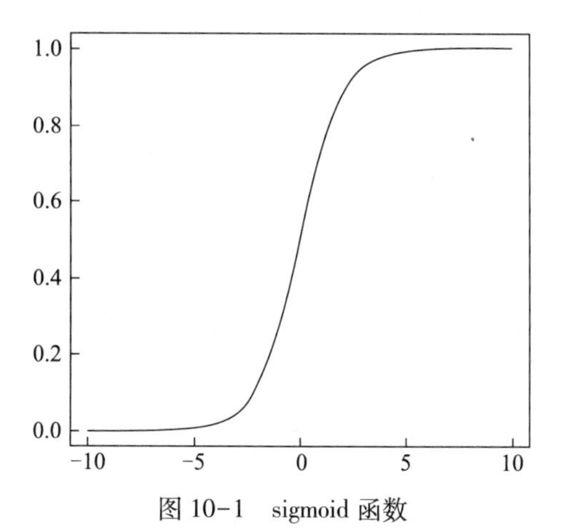

图 10-1　sigmoid 函数

因此，上式可以重写为：

$$\ln\frac{P(y=1\mid x)}{P(y=0\mid x)}=x^T\beta$$

求解上式，可以得到：

$$P(y=1\mid x)=\frac{e^{x^T\beta}}{1+e^{x^T\beta}}=h_\beta(x)$$

$$P(y=0\mid x)=\frac{1}{1+e^{x^T\beta}}=1-h_\beta(x)$$

因而，得到一个样本的概率函数为：

$$P(y\mid x,\beta)=[h_\beta(x)]^y[1-h_\beta(x)]^{1-y}$$

这里是二分类问题 $y\in\{0,1\}$，因此上式的 y 只能取 0 或 1。

根据上式可得样本 $(x^{(i)},y^{(i)})(i=1,2,\cdots,n)$ 的联合似然函数为：

$$L(\beta)=\prod_{i=1}^{n}P(y^{(i)}\mid x^{(i)},\beta)=\prod_{i=1}^{n}[h_\beta(x^{(i)})]^{y^{(i)}}[1-h_\beta(x^{(i)})]^{1-y^{(i)}}$$

对上式取对数得到对数似然函数为：

$$\ln L(\beta)=\sum_{i=1}^{n}[y^{(i)}\ln h_\beta(x^{(i)})+(1-y^{(i)})\ln(1-h_\beta(x^{(i)}))]$$

我们参考对数似然函数定义一个损失函数，即交叉熵损失函数：

$$J(\beta)=-\frac{1}{n}\ln L(\beta)=-\frac{1}{n}\sum_{i=1}^{n}\{-y^{(i)}\ln h_\beta(x^{(i)})-(1-y^{(i)})\ln[1-h_\beta(x^{(i)})]\}$$

损失函数

我们的目标是最大化似然函数，也就是最小化损失函数，可以通过优化算法求解参数。

下面就结合例题详细介绍未分组数据 Logistic 回归模型的建立方法。

例 10.1 为了研究个人收入与年龄、受教育时长、性别、资产净增、资产损失以及工作时间之间的关系，绘辰研究所对 30 名受调查者的收入水平进行了记录，数据见表 10-1。其中收入水平(*income_level*)为被解释变量，取 1 表示收入大于 5 万，取 0 表示收入小于等于 5 万；年龄(*age*)、受教育时长(*edu*)、性别(*sex*)、资产净增(*property_growth*)、资产损失(*property_loss*)以及工作时间(*work_time*)为解释变量，其中性别取 1 表示男性，取 0 表示女性。下面建立收入水平关于解释变量的 Logistic 回归模型。

表 10-1 个人收入水平调查表

年龄 (*age*)	受教育时长 (*edu*)	性别 (*sex*)	资产净增 (*property_growth*)	资产损失 (*property_loss*)	工作时间 (*work_time*)	收入水平 (*income_level*)
39	13	0	2174	0	40	0
50	13	0	0	0	13	0
38	9	0	0	0	40	0
53	7	0	0	0	40	0
28	13	1	0	0	40	0
37	14	1	0	0	40	0

续表

年龄（*age*）	受教育时长（*edu*）	性别（*sex*）	资产净增（*property_growth*）	资产损失（*property_loss*）	工作时间（*work_time*）	收入水平（*income_level*）
49	5	1	0	0	16	0
52	9	0	0	0	45	1
31	14	1	14084	0	50	1
42	13	0	5178	0	40	1
37	10	0	0	0	80	1
30	13	0	0	0	40	1
23	13	1	0	0	30	0
32	12	0	0	0	50	0
40	11	0	0	0	40	1
34	4	0	0	0	45	0
25	9	0	0	0	35	0
32	9	0	0	0	40	0
38	7	0	0	0	50	0
43	14	1	0	0	45	1
40	16	0	0	0	60	1
54	9	1	0	0	20	0
35	5	0	0	0	40	0
43	7	0	0	2042	40	0
59	9	1	0	0	40	0
56	13	0	0	0	40	1
19	9	0	0	0	40	0
54	10	0	0	0	60	1
39	9	0	0	0	80	0
49	9	0	0	0	40	0

由于在数据中有 0-1 型因变量，在 R 软件中使用 glm() 函数对 0-1 型因变量作 Logistic 回归，程序如下：

```
>perporty=read.csv("E:/hep/data/personal perporty1.csv",header=TRUE)
>attach(perporty)
>mod=glm(income_level~age+edu+sex+property_growth+property_loss+work_time,
data=perporty,family=binomial(link="logit"))
>mod

Call:   glm(formula=income_level~age+edu+sex+property_growth+
    property_loss+work_time,family=binomial(link="logit"),
```

```
    data=perporty)
Coefficients:
(Intercept)          age          edu          sex  property_growth  property_loss   work_time
-2.099e+01   1.546e-01   9.135e-01   -2.092e+00       2.354e-04    -6.513e-03   9.194e-02
Degrees of Freedom: 29 Total (i.e. Null);23 Residual
Null Deviance:        38.19
Residual Deviance:    18.09      AIC: 32.09
>summary(mod)

Call:
glm(formula=income_level~age+edu+sex+property_growth+
    property_loss+work_time,family=binomial(link="logit"),

    data=perporty)
Deviance Residuals:
     Min         1Q      Median        3Q        Max
-1.6696    -0.3388    -0.0739     0.3799     1.6547

Coefficients:
                    Estimate    Std. Error    z value    Pr(>|z|)
(Intercept)       -2.099e+01    9.830e+00     -2.135     0.0328 *
age                1.546e-01    9.660e-02      1.601     0.1095
edu                9.135e-01    4.618e-01      1.978     0.0479 *
sex               -2.092e+00    1.637e+00     -1.278     0.2012
property_growth    2.354e-04    2.580e-04      0.912     0.3615
property_loss     -6.513e-03    1.937e+00     -0.003     0.9973
work_time          9.194e-02    4.705e-02      1.954     0.0507
--
Signif. codes: 0 '***' 0.001 '**' 0.01 '*' 0.05 '.' 0.1 ' ' 1
(Dispersion parameter for binomial family taken to be 1)

    Null deviance: 38.191 on 29 degrees of freedom
Residual deviance: 18.089 on 23 degrees of freedom
AIC: 32.089

Number of Fisher Scoring iterations: 16
```

根据上述输出结果,我们得到的 Logistic 回归模型为:

income_level = −0.21+0.15age+0.91edu−2.1sex+0.0002 property_growth −0.0065 property_loss+0.09worke_time

可以初步看出,在这6个解释变量中,只有受教育时长是显著的。并且个人收入水平与年龄、受教育时长以及工作时间呈正相关,其中受教育时长的影响最大,与性别呈负相关,且与个人资产的净增与损失几乎没有关系。从输出结果中发现 z value,其本质就类似于广义线性模型中的 t value。

还可以得到基于卡方检验的偏差分析表:

```
>anova(mod,test="Chisq")
Analysis of Deviance Table
Model: binomial,link: logit
Response: income_level
Terms added sequentially (first to last)

                 Df  Deviance Resid.  Df  Resid. Dev  Pr(>Chi)
NULL                                  29    38.191
age               1          0.8928   28    37.298    0.344715
edu               1          9.5673   27    27.731    0.001981 **
sex               1          2.1963   26    25.534    0.138344
property_growth   1          1.9988   25    23.536    0.157422
property_loss     1          0.1729   24    23.363    0.677543
work_time         1          5.2735   23    18.089    0.021653 *
---
Signif. codes:0 '***' 0.001 '**' 0.01 '*' 0.05 '.' 0.1 ' ' 1
```

为了检验模型的预测效果,我们将每个观测值和它的预测值进行对比。在预测过程中,我们需要先设置一个阈值,若预测值大于阈值,就判定为属于一个水平;若小于阈值,就判定为另一个水平。

```
>pred=predict(mod,perporty)
>prob=exp(pred)/(1+exp(pred))
>yhat=1*(prob>0.5)
>table(perporty$income_level,yhat)
     yhat
      0   1
0    18   2
1     3   7
```

在本例中,我们选择了比较常用的阈值0.5,在预测的结果中发现,收入大于5万有7个正确的(正确率为70%),收入小于等于5万的有18个正确的(正确率为

90%),可以看出预测的准确率还是挺高的,回归模型比较理想。

10.3 Softmax 回归模型

Softmax 回归的进一步阅读

我们将二分类问题推广到 k 分类问题,即因变量 $y\in\{1,2,\cdots,k\}$。对于 k 分类问题,我们可以使用 **Softmax 回归**(softmax regression)。我们希望估计在给定 x 的条件下计算 y 属于第 i 类的概率 $P(y=i\mid x)(i=1,\cdots,k)$,这可以使用 Softmax 回归模型输出一个 k 维的向量(向量的分量之和为 1)来表示这 k 个估计的概率值。Softmax 回归假定因变量服从参数为 $\phi_1,\cdots,\phi_k$ 的多项分布,即 $y\sim Mult(\phi_1,\cdots,\phi_k)$。于是得到

$$P(y=i\mid x;\beta)=\phi_i=\frac{\exp(x^T\beta_i)}{\sum_{i=1}^{k}\exp(x^T\beta_i)}\quad (i=1,\cdots,k)$$

其中,ϕ_i 称为 Softmax 函数,也就是 Softmax 回归使用的连接函数。

接下来,我们通过极大似然函数求解参数 β。首先基于样本 $(y^{(t)},x^{(t)})(t=1,2,\cdots,n)$ 得到似然函数:

$$L(y\mid x;\beta)=\prod_{t=1}^{n}P(y^{(t)}\mid x^{(t)};\beta)=\prod_{t=1}^{n}\prod_{i=1}^{k}\phi_i^{\mathbf{1}\{y^{(t)}=i\}}$$

其中,函数 $\mathbf{1}\{x\}$ 是示性函数,定义如下:当 x 为真时,函数值为 1;否则为 0。ϕ 的性质可以利用 $\mathbf{1}\{\cdot\}$ 进一步化简。

对上式取对数,得到对数似然函数为:

$$\ln L(y\mid x;\beta)=\sum_{t=1}^{n}\sum_{i=1}^{k}\mathbf{1}\{y^{(t)}=i\}\ln\phi_i=\sum_{t=1}^{n}\sum_{i=1}^{k}\mathbf{1}\{y^{(t)}=i\}\ln\frac{\exp(x^{(t)T}\beta_i)}{\sum_{i=1}^{k}\exp(x^{(t)T}\beta_i)}$$

定义损失函数如下:

$$J(\beta)=-\frac{1}{n}\sum_{t=1}^{n}\sum_{i=1}^{k}\mathbf{1}\{y^{(t)}=i\}\ln\frac{\exp(x^{(t)T}\beta_i)}{\sum_{i=1}^{k}\exp(x^{(t)T}\beta_i)}$$

因而,损失函数的梯度如下:

$$\frac{\partial}{\partial\beta_j}J(\beta)=\frac{1}{n}\sum_{t=1}^{n}\left(\begin{bmatrix}\phi_1\\ \vdots\\ \phi_k\end{bmatrix}-\begin{bmatrix}\mathbf{1}\{y^{(t)}=1\}\\ \vdots\\ \mathbf{1}\{y^{(t)}=k\}\end{bmatrix}\right)x_j^{(t)}\quad (j=1,2,\cdots,k)$$

梯度下降法

因此,我们通过梯度下降法迭代得到参数 β 的估计:

$$\beta_j^{(s+1)}=\beta_j^{(s)}-\alpha\frac{\partial}{\partial\beta_j}J(\beta)$$

其中,α 为学习率,s 是迭代次数。

得到参数 β 后,就可以使用 Softmax 函数计算 y 属于每一类的概率,从而进行分类。

例 10.2 青原博士选择了 R 软件自带的数据集 iris,即著名的鸢尾花数据集,希

望使用 Softmax 回归对该数据实现多分类。

该数据集中一共包含 150 条鸢尾花的相关信息，鸢尾花分为三个品种 *setosa*、*versicolor* 和 *virginica*，每个品种的鸢尾花有 50 条数据，一共 3 个品种。数据集中通过萼片长度(*Sepal. Length*)、萼片宽度(*Sepal. Width*)、花瓣长度(*Petal. Length*)和花瓣宽度(*Petal. Width*)实现对品种的划分。

R 中的 softmaxreg 程序包可以调用 Softmax 回归。我们首先加载程序包，读取数据：

```
>library(softmaxreg)
>data(iris)
```

接着明确分类变量以及预测分类的自变量，然后建立 Softmax 回归：

```
>x=iris[,1:4]
>y=iris$Species
>softmax_model=softmaxReg(x,y,maxit=100,type="class",
   algorithm="adagrad",rate=0.05,batch=20)#默认设置 sigmoid 变换
>summary(softmax_model)
Softmax Regression Model
Node Number of Each Layer: 4-3
Class Number 3: setosa,versicolor,virginica
Iteration Number: 100
Minimum Loss: 0.3451483
AIC: 133.5445
BIC: 178.704
Model Parameter:
 $W
 $W[[1]]
             [,1]         [,2]        [,3]        [,4]
[1,]   0.30295880   1.23044326  -1.1834057  -1.2631971
[2,]   0.24835165  -0.05561177   0.1388222  -0.2461034
[3,]  -0.08933288  -0.39403320   0.5778637   1.0087378

 $B
 $B[[1]]
            [,1]
[1,]   0.7236395
[2,]   0.3493760
[3,]  -0.6631146
```

```
attr(,"class")
[1]"summary.softmax"
```

由上面的结果我们发现,最小误差为 0.3451483。

根据输出结果,我们得到每一类相应的 $x^T\beta$ 为:

$$x^T\beta_1 = 0.30295880x_1 + 1.23044326x_2 - 1.1834057x_3 - 1.2631971x_4 + 0.7236395$$

$$x^T\beta_2 = 0.24835165x_1 - 0.05561177x_2 + 0.1388222x_3 - 0.2461034x_4 + 0.3493760$$

$$x^T\beta_3 = -0.08933288x_1 - 0.39403320x_2 + 0.5778637x_3 + 1.0087378x_4 - 0.6631146$$

其中 x_1 代表萼片长度(*Sepal. Length*),x_2 代表萼片宽度(*Sepal. Width*),x_3 代表花瓣长度(*Petal. Length*),x_4 代表花瓣宽度(*Petal. Width*)。

使用 Softmax 函数得到每一类的估计概率为:

$$P(y=1 \mid x;\beta) = \frac{\exp(x^T\beta_1)}{\exp(x^T\beta_1)+\exp(x^T\beta_2)+\exp(x^T\beta_3)}$$

$$P(y=2 \mid x;\beta) = \frac{\exp(x^T\beta_2)}{\exp(x^T\beta_1)+\exp(x^T\beta_2)+\exp(x^T\beta_3)}$$

$$P(y=3 \mid x;\beta) = \frac{\exp(x^T\beta_3)}{\exp(x^T\beta_1)+\exp(x^T\beta_2)+\exp(x^T\beta_3)}$$

其中 y_1 代表 *setosa*,y_2 代表 *versicolor*,y_3 代表 *virginica*。

为了检测 Softmax 回归的分类效果,我们对原数据进行预测:

```
>yFitMat=softmax_model$fitted.values
>yFit=c()
>for(i in 1:length(y)){
yFit=c(yFit,which(yFitMat[i,]==max(yFitMat[i,])))
}
```

得到混淆矩阵如下:

```
>table(y,yFit)
            yFit
y             1   2   3
setosa       50   0   0
versicolor    0  44   6
virginica     0   0  50
```

进一步计算准确率为 96%。从预测的结果看,只有在预测品种为 *versicolor* 时,有 6 个错判为 *virginica*,准确率达到了 88%,而其他品种正确率则达到了 100%,即没有错判。

10.4 Poisson 回归模型

在日常生活中,我们经常会遇到需要分析什么因素导致一段时间内某一小概率事件的发生次数,例如去超市的人数、患某病症的人数等。这些现象符合 Poisson(泊松)分布。因此,我们可以选择 Poisson 回归模型来解决这一类的问题。

假设解释变量 x 表示事件的影响因素,向量 β 表示因素的权重。由于因变量与解释变量之间近似满足泊松分布 $y \sim \text{Poisson}(\lambda)$,$\lambda$ 表示事件发生次数的期望。根据 10.1 节的内容,此时可以使用连接函数 $\ln\lambda = x^T\beta$,得到 $\lambda = \exp(x^T\beta) = h_\beta(x)$,进而得到 $y \sim \text{Poisson}(h_\beta(x))$。

我们可以使用极大似然估计来求解参数 β。此时,似然函数为:

$$L(y|x;\beta) = \prod_{i=1}^{n} P(y^{(i)}|x^{(i)};\beta) = \prod_{i=1}^{n} \frac{e^{-h_\beta[x^{(i)}]} h_\beta[x^{(i)}]^{y^{(i)}}}{y^{(i)}!}$$

对上式取对数,得到对数似然函数:

$$\ln L(y|x;\beta) = \sum_{i=1}^{n} \{-h_\beta(x^{(i)}) + y^{(i)}\ln[h_\beta(x^{(i)})] - \ln(y^{(i)}!)\}$$

接下来,我们定义损失函数 $J(\beta)$:

$$J(\beta) = -\frac{1}{n}\sum_{i=1}^{n} \{-h_\beta(x^{(i)}) + y^{(i)}\ln[h_\beta(x^{(i)})]\}$$

由于似然函数最大等价于损失函数最小,所以基于损失函数极小化求参数 β 的优化解:

$$\frac{\partial}{\partial\beta_j}J(\beta) = \frac{1}{n}\sum_{i=1}^{n} [h_\beta(x^{(i)}) - y^{(i)}]x_j^{(i)} (j = 1,\cdots,k)$$

因此,我们通过梯度下降法迭代得到参数 β 的估计满足:

$$\beta_j^{(s+1)} = \beta_j^{(s)} - \alpha \frac{\partial}{\partial\beta_j}J(\beta)$$

其中,α 为学习率,k 为迭代次数。

得到参数 β 后,就可以使用 Poisson 回归计算 y 的期望或均值。

例 10.3 为研究超市消费者未来下个月的购物意愿,绘辰研究所随机抽取某超市 3995 个消费者的历史消费数据,部分数据见表 10-2。我们希望通过消费数据建立 Poisson 回归模型,研究消费次数与其影响因素之间的关系,为超市负责人提供参考。我们选择因变量为消费者下月购物次数(*next_month_count*),解释变量包括上月消费金额(*last_month_expenditure*)和购物次数(*last_month_count*),本月消费金额(*this_month_expenditure*)和购物次数(*this_month_count*)。

表 10-2 超市消费数据(部分)

上月消费金额 (*last_month_expenditure*)	本月消费金额 (*this_month_expenditure*)	上月购物次数 (*last_month_count*)	本月购物次数 (*this_month_count*)	下月购物次数 (*next_month_count*)
0	0	0	0	0
9.8	0	2	0	3

续表

上月消费金额（*last_month_expenditure*）	本月消费金额（*this_month_expenditure*）	上月购物次数（*last_month_count*）	本月购物次数（*this_month_count*）	下月购物次数（*next_month_count*）
0	0	0	0	0
0	0	0	0	0
0	0	0	0	2
2.4	0	6	0	0
22.9	0	1	0	0
66.2	0	1	0	0
0	0	0	0	0
5.5	5.8	2	1	1
0	0	0	0	0
0	0	0	0	0
5.8	78.7	3	2	0
74.3	0	2	0	1
0	17	0	1	1
0	23.6	0	1	0
0	0	0	0	0
27.9	0	2	0	0
0	0	0	0	0

我们首先读取数据，使用 glm() 函数建立 Poisson 回归：

```
>shopping=read.csv("E:/hep/data/shopcounting.csv",header=TRUE)
>attach(shopping)
>model_pos=glm(next_month_count~last_month_expenditure+this_month_expenditure
+last_month_count+this_month_count,family=poisson)
```

下面的模型结果显示，下月消费者购物次数与这 4 个解释变量都是正相关的，相应的 p 值均远小于 0.05，这说明消费者上月消费金额和购物次数、本月消费金额和购物次数对下月购物次数的影响都是显著的。

```
>summary(model_pos)

Call:
glm(formula=next_month_count~last_month+this_month+last_month_counts+
     this_month_count,family=poisson)

Deviance Residuals:
```

```
      Min        1Q    Median       3Q      Max
-7.4796   -0.9154   -0.8263   0.4714   4.8745

Coefficients:
                           Estimate    Std. Error    z value    Pr(>|z|)
(Intercept)              -1.0747387    0.0292891    -36.694    <2e-16 ***
last_month_expenditure    0.0053094    0.0009670      5.490    4.01e-08 ***
this_month_expenditure    0.0072403    0.0008954      8.086    6.16e-16 ***
last_month_count          0.1189747    0.0097035     12.261    <2e-16 ***
this_month_count          0.2411776    0.0099895     24.143    <2e-16 ***
---
Signif. codes: 0 '***' 0.001 '**' 0.01 '*' 0.05 '.' 0.1 ' ' 1

(Dispersion parameter for poisson family taken to be 1)

    Null deviance: 6755.7 on 3994 degrees of freedom
Residual deviance: 4715.5 on 3990 degrees of freedom
AIC: 8169.5

Number of Fisher Scoring iterations: 6
```

从上面的结果中,我们可以写出消费者下月购物次数的期望 λ 为:

$$\ln\lambda=-1.075+0.005\times last\_month\_expenditure+0.007\times this\_month\_expenditure$$
$$+0.119\times last\_month\_count+0.241\times this\_month\_count$$

该模型显示,消费者下月购物次数与本月和上月的购物次数关系较大,这表明如果一个人连续两个月都去超市购物,那么下个月去超市购物的可能性会大大增加,因为去超市很可能是这个人生活的一部分。反之,如果一个人连续两个月没有去超市,那么下个月他去超市的可能性会很小,因为可能他很少去超市。当超市负责人了解到这一情况后,可以根据经常根据消费者的购物习惯,制定有效的销售策略更好地吸引消费者积极购物。

10.5 小结

在这一章中,我们介绍了指数族随机变量的建模问题。这些模型统称为广义线性模型。它们不仅将可分析的数据从正态分布扩展到指数族分布,还通过连接函数推广了线性的含义。广义线性模型可以帮助我们处理服从二项分布、多项分布、泊松分布等指数族分布的因变量。二分类因变量的使用导致了一种非线性回归模型,即 Logistic 回归模型的使用,Softmax 回归模型可以应用于多分类因变量,而 Poisson 回归是专门针对因变量取自然数的特殊情况。

练习题

1. 将正态分布、二项分布、泊松分布改写成指数族分布形式。

2. Logistic 回归模型与线性回归模型的主要区别是什么？

3. 分类变量赋值不同对 Logistic 回归有何影响？分析结果一致吗？

4. 在一次关于公共交通的社会调查中，一个调查项目是“是乘坐公交汽车上下班，还是骑自行车上下班。”因变量为 y，其中 $y=1$ 表示主要乘坐公交汽车上下班，$y=0$ 表示主要骑自行车上下班。自变量有：(1) 年龄 AGE，作为连续型变量；(2) 性别 SEX，$SEX=1$ 表示男性，$SEX=0$ 表示女性。下表是模型的输出结果：

Variable	B	S. E.	Wald	df	Sig	R	Exp(B)
SEX	−2. 2239	1. 0476	4. 5059	1	0. 0338	−0. 2546	0. 1082
AGE	0. 1023	0. 0458	4. 9856	1	0. 0256	0. 2778	1. 1077
Constant	−2. 6285	1. 5537	2. 8620	1	0. 0907		

(1) 写出 Logistic 回归方程。

(2) 解释性别的回归系数。

5. 保险公司研究客户投保的年数(x)与续保($y=1$ 表示续保，$y=0$ 表示不续保)之间的关系，已知投保一年的客户续保的概率为 88%，投保两年的客户续保的概率为 92%。

(1) 试建立 y 与 x 之间的 Logistic 回归方程。

(2) 预测投保三年的客户续保的概率。

6. 在探讨肾细胞癌转移有关的因素研究中，研究者收集了 26 例根治性肾切除术患者的肾癌标本资料(见下表)。

i	x_1	x_2	x_3	x_4	x_5	y	i	x_1	x_2	x_3	x_4	x_5	y
1	59	2	43. 4	2	1	0	14	31	1	47. 8	2	1	0
2	36	1	57. 2	1	1	0	15	36	3	31. 6	3	1	1
3	61	2	190. 0	2	1	0	16	42	1	66. 2	2	1	0
4	58	3	128. 0	4	3	1	17	14	3	138. 6	3	3	1
5	55	3	80. 0	3	4	1	18	32	1	114. 0	2	3	0
6	61	1	94. 4	2	1	0	19	35	1	40. 2	2	1	0
7	38	1	76. 0	1	1	0	20	70	3	177. 2	4	3	1
8	42	1	240. 0	3	2	0	21	65	2	51. 6	4	4	1
9	50	1	74. 0	1	1	0	22	45	2	124. 0	2	4	0
10	58	3	68. 6	2	2	0	23	68	3	127. 2	3	3	1
11	68	3	132. 8	4	2	0	24	31	2	124. 8	2	3	0
12	25	2	94. 6	4	3	1	25	58	1	128. 0	4	3	0
13	52	1	56. 0	1	1	0	26	60	3	149. 8	4	3	1

注：数据摘自倪宗瓒. 卫生统计学. 4 版. 北京：人民卫生出版社，2004 年。

其中,因变量为肾细胞癌转移情况 y,$y=1$ 表示有转移,$y=0$ 表示无转移。自变量包括确诊时患者的年龄 x_1;肾细胞癌血管内皮生长因子 x_2,其阳性表达由低到高分别赋值 1、2、3;肾细胞癌组织内微血管数 x_3;肾细胞癌细胞核组织学分级 x_4,由低到高分别赋值为 1、2、3、4;肾细胞癌分期 x_5,由低到高赋值 1、2、3、4。

(1) 写出 Logistic 回归方程。

(2) 对其回归系数分别进行解释。

7. 研究者在非肥胖型的成年糖尿病患者中考察了糖耐受量(x_1)、口服葡萄糖的胰岛素反应(x_2)和胰岛素抵抗(x_3)对病情的影响。患者被分为正常(N)、化学糖尿病(C)和显性糖尿病(O)3 类。下表给出了该研究 50 个患者的数据。用患者类别作为因变量 y,其他 3 个变量作为自变量,建立 Softmax 回归,并对回归结果作出解释。

患者	x_1	x_2	x_3	y	患者	x_1	x_2	x_3	y
1	56	24	55	N	26	537	622	264	C
2	289	117	76	N	27	466	287	231	C
3	319	143	105	N	28	599	266	268	C
4	356	199	108	N	29	477	124	60	C
5	323	240	143	N	30	472	297	272	C
6	381	157	165	N	31	456	326	235	C
7	350	221	119	N	32	517	564	206	C
8	301	186	105	N	33	503	408	300	C
9	379	142	98	N	34	522	325	286	C
10	296	131	94	N	35	1468	28	455	O
11	353	221	53	N	36	1487	23	327	O
12	306	178	66	N	37	714	232	279	O
13	290	136	142	N	38	1470	54	382	O
14	371	200	93	N	39	1113	81	378	O
15	312	208	68	N	40	972	87	374	O
16	393	202	102	N	41	854	76	260	O
17	425	143	204	C	42	1364	42	346	O
18	465	237	111	C	43	832	102	319	O
19	558	748	122	C	44	967	138	351	O
20	503	320	253	C	45	920	160	357	O
21	540	188	211	C	46	613	131	248	O
22	469	607	271	C	47	857	145	324	O
23	486	297	220	C	48	1373	45	300	O
24	568	232	276	C	49	1133	118	300	O
25	527	480	233	C	50	849	159	310	O

8. R 软件自带的数据集 warpbreaks 描述了羊毛类型和张力对每个织布机经纱断裂数量的影响情况，其中羊毛类型有两种：A 或 B，张力分三个层次：高、中、低。请以停止次数作为因变量，羊毛的类型和张力作为自变量，建立 Poisson 回归模型进行分析。

9. R 中的程序包 faraway 自带的数据集 gala 包含了著名的加拉帕戈斯岛上的物种数据。请以 *Species*（种类）为因变量，五个变量（*Area*、*Elevation*、*Nearest*、*Scruz*、*Adjacent*）为自变量，建立 Poisson 回归模型进行分析。

第 11 章

非参数回归

目的与要求

（1）了解使用非参数回归的必要性；

（2）掌握核估计、局部回归、样条、小波、加法模型等方法；

（3）了解高维情况下的非参数回归建模方法；

（4）掌握非参数回归的各种方法在 R 软件中的实现。

对于 n 组观测值 (x_i, y_i)，假设回归模型为 $y_i = f(x_i) + \varepsilon_i (i = 1, 2, \cdots, n)$。如果知道 $f(x)$ 的具体形式，只是参数未知，我们可以使用前面章节中介绍的线性和非线性等参数化方法来估计回归函数 $f(x)$。实际上，盲目地使用线性假设会带来毫无意义的结果。无论我们指定什么样的有限参数族，总是会排除许多合理的函数。

如果不知道 $f(x)$ 的具体形式，我们可以使用非参数回归灵活地拟合数据。例如，我们可以使用带估计点 (x, y) 附近的观测 (x_i, y_i)，对 y_i 取平均或取中位数得到 $f(x)$ 的估计。这就是常见的非参数回归方法——**最近邻法**（nearest neighbor）。

与参数回归一样，非参数回归的基本目的是要消除随机误差的影响，寻找出因变量与自变量之间的统计规律。除了一些必要的假设（例如，要求 $f(x)$ 具有一定程度的平滑性和连续性），非参数回归不对 $f(x)$ 的形式做任何假定，可以更精确地估计回归函数，其代价是需要更多的计算以及在某些情形下的结果更难以理解。当过去的经验较少时，非参数方法特别有用。由于 $f(x)$ 形式未知，所以非参数回归不能得到显性的函数解，只能得到逐点的数值解。因此，非参数回归也称为散点图平滑，因为它会在 y 关于 x 的散点图上绘出一条经过若干点的平滑曲线。要注意的是，虽然 $f(x)$ 形式未知，但并不可以任意选择。否则，我们可以选择通过每一个样本点的折线，然而这样的回归毫无意义。

本章将介绍几个广泛使用的非参数回归方法，也称为**平滑器**（smoother），包括核估计、局部回归、样条、小波、加法模型等方法，这些平滑器体现了寻找 y 和 x 之间统计规律的不同侧重点。

除了本章介绍的方法，第 12 章机器学习的回归模型也属于非参数回归建模方法。

11.1 核估计

核估计(kernel estimator)是对二维散点图进行平滑的最简单的非参数方法。核估计的基本思想是:在估计待估计点 x 值对应的 $f(x)$ 时,给予接近 x 值的观测更高的权重,远离 x 值的观测更低的权重。令 $z_i=(x-x_i)/h$ 表示第 i 个观测的 x_i 值与待估计点 x 值的相对距离,再通过一个核函数 $K(z)$ 来定义权重 $w_i=K\left(\frac{x-x_i}{h}\right)$,从而将最大权重赋予最接近 x 的观测,然后权重随着距离 $|z|$ 的增长而对称、平滑地下降。一般来说,只要 $K(z)$ 能满足这一特征,选择哪一个核函数并不重要。此外,核函数还要满足 $\int_{-\infty}^{\infty}K(z)\mathrm{d}z=1$。最后,我们对全部 y_i 值以相应观测的权重进行加权平均,计算出待估计点 x 值的拟合值 $\hat{f}_h(x)$。简而言之,核估计就是使用核函数来做局部加权平均的方法。

最简单的核估计是**移动平均估计**(moving average estimator),此时 $f(x)$ 的移动平均估计 $\hat{f}_h(x)$ 为:

$$\hat{f}_h(x)=\frac{1}{nh}\sum_{i=1}^{n}w_iy_i=\frac{1}{nh}\sum_{i=1}^{n}K\left(\frac{x-x_i}{h}\right)y_i$$

其中,h 称为带宽、窗宽或平滑参数,它控制了拟合曲线的平滑度,h 越大拟合曲线越平滑。此处的核函数 $K(z)$ 为均匀核,它使得 $\hat{f}_h(x)$ 成为一个未加权的局部平均。更平滑的核函数可以提供更好的拟合结果。

当 x 的间隔非常不均匀时,移动平均估计的结果不会很好。对其的一个改进方法就是 **Nadaraya-Watson 核回归估计**:

$$\hat{f}_\lambda(x)=\frac{\sum_{i=1}^{n}w_iy_i}{\sum_{i=1}^{n}w_i}=\sum_{i=1}^{n}\frac{w_i}{\sum_{i=1}^{n}w_i}y_i$$

Nadaraya-Watson 核回归估计也是对 y 取加权平均,离 x 近的值给予更高的权重。

核估计的实现需要选择合适的核函数和平滑参数。常见的核函数有高斯核、均匀核、三次方核以及 Epanechnikov 核。

(1) 高斯核或正态核:$K_G(z)=\frac{1}{\sqrt{2\pi}}\mathrm{e}^{-z^2/2}$。在高斯核中,带宽 h 是以待估计点 x 为中心的正态分布的标准差。这样一来,由于距离均值超过两个标准差的标准密度很小,距离待估计点超过两个标准差的观测就会被赋予几乎为 0 的权重。

(2) 均匀核:$K_U(z)=\begin{cases}\frac{1}{2} & |z|<1\\ 0 & |z|\geqslant 1\end{cases}$。在均匀核中,带宽 h 为窗口宽度的一半。在中心位于待估计点 x 的窗口中的每一个观测都有相同的权重,落在窗口外的观测将被赋予 0 权重。这样一来,使用均匀核,就得到了一个未加权的局部平均数。

(3) 三次方核:$K_T(z)=\begin{cases}(1-|z|^3)^3 & |z|<1\\ 0 & |z|\geqslant 1\end{cases}$。在三次方核中,带宽 h 是以待估

计点 x 为中心的窗口的宽度的一半，落在窗口外的观测将被赋予 0 权重。

(4) Epanechnikov 核：$K_E(z)=\begin{cases}\frac{3}{4}(1-z^2) & |z|<1\\ 0 & |z|\geqslant 1\end{cases}$。在 Epanechnikov 核中，带宽 h 是以待估计点 x 为中心的窗口的宽度的一半，落在窗口外的观测将被赋予 0 权重。

例 11.1 绘制高斯核、均匀核、三次方核以及 Epanechnikov 核等核函数的图像。

我们可以使用下面的命令画出上述四种核函数，见图 11-1。

```
>x=seq(-2,2,0.01)
>y1=(1/sqrt(2*pi))*exp(-x^2/2)#高斯核
>plot(x,y1,type='l',ylim=c(0,1),lty=1,lwd=1)
>y2=ifelse(abs(x)<1,1/2,0)#均匀核
>lines(x,y2,lty=1,lwd=2)
>y3=ifelse(abs(x)<1,(1-(abs(x))^3)^3,0)#三次方核
>lines(x,y3,lty=3,lwd=1)
>y4=ifelse(abs(x)<1,3*(1-x^2)/4,0)#Epanechnikov 核
>lines(x,y4,lty=5,lwd=2)
>legend("topleft",c("高斯核","均匀核","三次方核","Epanechnikov 核"),
bty="n",lty=c(1,1,3,5),lwd=c(1,2,1,2))
```


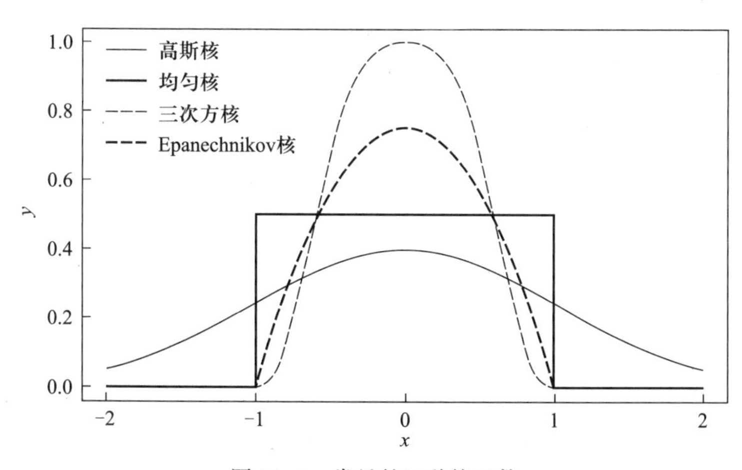

图 11-1　常见的四种核函数

选择核函数需要考虑**平滑性**(smoothness)和**紧性**(compactness)。平滑性是为了确保得到的估计是平滑的，例如，均匀核将给出阶梯状拟合，而我们可能希望避免这种状况出现。紧性是为了确保在拟合中仅使用局部数据来估计 f，这意味着高斯核不太理想，尽管它在尾部较小，但却不是零。Epanechnikov 核在均方误差意义下是最优的，效率损失也很小。除了平滑性和紧性，核函数还有快速计算的优点，这对于大数据集很重要，特别是在使用 Bootstrap 等重采样技术时。然而，任何合理的核函数都会产生可接受的结果，所以核函数的选择并不是至关重要的。

不同核函数的比较

平滑参数 h 对于核估计量的性能至关重要，远比核函数重要。如果 h 过小，估计

量就会太粗糙；如果 h 太大，重要的特征就会被消除。

我们可以使用 R 中的 ksmooth() 函数得到 Nadaraya-Watson 核回归估计，默认使用均匀核函数，可以根据需要修改核函数。

例 11.2 青原博士使用 R 自带的著名的鸢尾花数据集 iris，以其中的变量 *Sepal. Width* 为因变量，*Sepal. Length* 为自变量，对其使用不同的带宽建立 Nadaraya-Watson 核回归估计，并比较不同带宽对核估计的影响。

由于 ksmooth() 函数默认使用的均匀核函数有点粗糙，我们改用高斯核函数。

```
>data(iris)
>par(mfrow=c(1,3))
>plot(Sepal.Width~Sepal.Length,iris,main="bandwidth=0.1",pch=20)
>lines(ksmooth(iris$Sepal.Length,iris$Sepal.Width,"normal",0.1))
>plot(Sepal.Width~Sepal.Length,iris,main="bandwidth=0.5",pch=20)
>lines(ksmooth(iris$Sepal.Length,iris$Sepal.Width,"normal",0.5))
>plot(Sepal.Width~Sepal.Length,iris,main="bandwidth=2",pch=20)
>lines(ksmooth(iris$Sepal.Length,iris$Sepal.Width,"normal",2))
>par(mfrow=c(1,1))
```


在图 11-2 中，左图的拟合似乎不合理。虽然我们不知道鸢尾花的宽度和长度之间的真正函数关系，然而也不会期望宽度会随着长度而变化剧烈。中间的图和右图的拟合都非常平滑，而且右图更平滑，在这两者之间做出选择并非易事。那么选择哪一个拟合呢？虽然我们愿意关注更多的平滑，但是过度平滑可能掩盖了实际情况中必要的波动。因此，在这三个图中，中间的图似乎是最好的。平滑器通常作为刻画变量间关系的图形辅助工具，然而，我们也需要使用背景知识做出适当的选择并避免严重的错误。

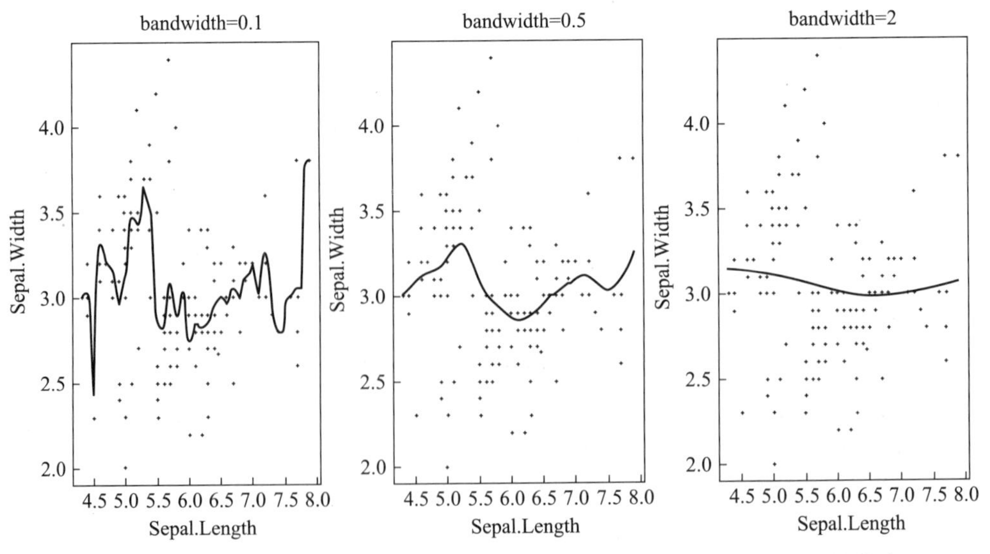

图 11-2 对 iris 数据使用三个不同带宽的基于正态核的 Nadaraya-Watson 核估计

在实际应用中，我们可以使用交叉验证准则求最优带宽 h：

$$\mathrm{CV}(h)=\frac{1}{n}\sum_{j=1}^{n}\left[y_j-\hat{f}_{h(j)}(x_j)\right]^2=\frac{1}{n}\frac{\sum_{j=1}^{n}\left[y_j-\hat{f}_h(x_j)\right]^2}{\left[1-S_h(j,j)\right]^2},$$

其中(j)表示点j没有用于拟合,S_h是平滑矩阵。我们选取极小化该准则的h。

有时候为了计算方便,我们也会使用广义交叉验证(GCV):

$$\mathrm{GCV}(h)=\frac{1}{n}\frac{\sum_{j=1}^{n}\left[y_j-\hat{f}_h(x_j)\right]^2}{(1-df/n)^2}$$

其中,df是指用于估计模型的自由度数值。

我们可以使用R中的程序包sm通过交叉验证获得最优带宽。虽然交叉验证等自动选择参数的方法通常效果很好,但有时得到的h的估计与基于背景知识建议的平滑程度也可能不一致。若可能的话,可以使用自动方法作为一个起点,以便对适当的平滑程度进行可能的交互式探索。当需要大量的平滑时,比如在本章后面介绍的加法模型,它们也很有用。

例11.3 青原博士继续使用鸢尾花数据集iris,使用交叉验证求最优带宽,并绘制相应的核估计图。

我们首先求出最优的带宽,然后基于该带宽给出相应的核估计。

```
>library(sm)
>par(mfrow=c(1,2))
>hm=hcv(iris$Sepal.Length,iris$Sepal.Width,display="lines")#根据CV准则求最优带宽
>hm
[1]0.1312688
>sm.regression(iris$Sepal.Length,iris$Sepal.Width,h=hm,xlab="Sepal.Length",
ylab="Sepal.Width")#最优带宽下的核估计
>par(mfrow=c(1,1))
```

图11-3的左图中显示了基于CV准则得到的最优带宽,可以看到最小带宽为0.13,右图显示了相应的核估计。

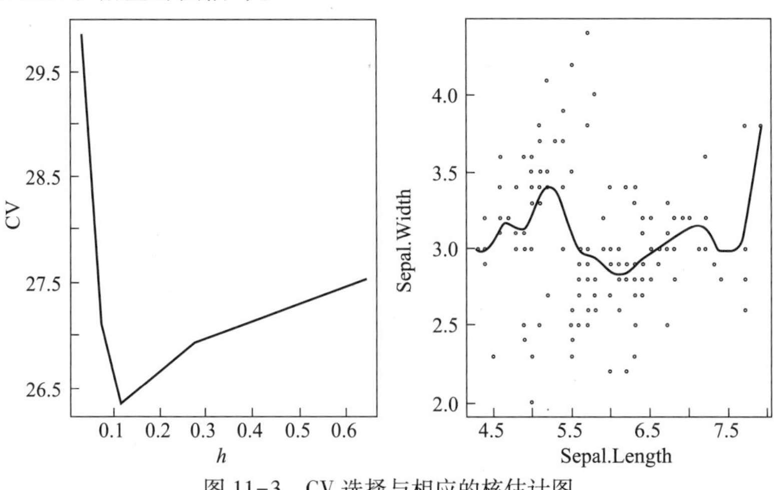

图11-3 CV选择与相应的核估计图

核估计容易受到异常值的影响。我们可以通过删除异常值或者加大平滑参数等人工干预来改进它,但是,有时候我们可能希望避免过度平滑,而且删除异常值是一种临时的策略。例如,对于有趋势或者季节性的数据,我们不能简单地将均值加减 3 倍标准差以外的数据视为异常值而剔除,还需要考虑到趋势性等条件。

11.2 局部回归

如果回归函数 $f(x)$ 在不同区间上的非线性程度不一致或者有多个极值点,那么用多项式回归(特别是低阶多项式回归)来拟合是不合适的。多项式中的幂函数在自变量的取值范围内一般为非零值,因此,每个数据都会影响多项式拟合。分段回归方法虽然能反映每个数据对特定区间 $[x_i, x_{i+1})$ 的影响,但不具有与多项式相同的平滑度。

局部回归(local regression)将回归模型的光滑性和核估计局部拟合的灵活性相结合,从而将核估计扩展为在待估计点 x 值处使用基于核权重 w_i 的回归拟合方法。局部回归的基本思想与核估计类似,都是给予接近待估计点 x 的观测更高的权重以及远离 x 的观测更低的权重,不同之处是在局部使用回归拟合而不是加权平均。用局部回归方法进行逐点运算就得到整条拟合曲线。最常用的局部回归方法有**局部加权回归**(locally weighted regression, loess)和局部加权散点光滑(locally weighted scatter smooth, lowess)。

按照局部使用的回归拟合方法的不同,局部回归又分为**局部线性回归**(local linear regression)和**局部多项式回归**(local polynomials regression)。其中,局部线性回归就是使用加权最小二乘法(WLS)来估计回归方程 $y_i=a(x)+b(x)x_i+\varepsilon$,希望使得加权残差平方和最小,即最小化下式:

$$\sum_{i=1}^{n}[y_i - a(x) - b(x)x_i]^2 K\left(\frac{x - x_i}{h}\right)$$

局部 d 阶多项式回归就是使用加权最小二乘法(WLS)来估计回归方程 $y_i=\beta_0+\beta_1(x-x_i)+\beta_2(x-x_i)^2+\cdots+\beta_d(x-x_i)^d+\varepsilon$,希望使得加权残差平方和最小,即最小化下式:

$$\sum_{i=1}^{n}\{y_i - [\beta_0 + \beta_1(x - x_i) + \beta_2(x - x_i)^2 + \cdots + \beta_d(x - x_i)^d]\}^2 K\left(\frac{x - x_i}{h}\right)$$

在局部回归中,之所以采用加权最小二乘法,是使得越靠近待估计点 x 值其权重越大。得到了 β_0、β_1、β_2、…、β_d 的加权最小二乘解,就可以得到待估计点 x 值处的拟合值。

局部回归的基本步骤是:(1) 以待估计点 x 为中心,向前后截取一段长度为 k 的数据作为一个窗口。(2) 根据与点 x 的远近给数据赋权重,越靠近 x 的点 x_i 获得的权重 w_i 越大,越远离 x 的点 x_i 获得的权重 w_i 越小。(3) 使用回归模型利用 x 周边的点来拟合 x 和 y 之间的关系。记 $(x,\hat{y})$ 为该回归线的中心值,其中 $\hat{y}$ 为拟合后曲线对应值。(4) 将窗口在数据上进行移动,在窗口移动时重复上述的拟合过程。这样对于所有的 n 个数据点可以做出 n 条加权回归线,每条回归线中心值的连线则为这段数据的局部回归曲线。

我们可以使用 R 的程序包 splines 中的 loess() 函数进行局部回归,不需要确定具体的函数形式,但需要定义两个重要的参数 span(跨距 s)和 degree。在局部回归中,跨距 $s=k/n$,其中,k 为窗口包含的样本量,即用来拟合的样本量,n 为总样本量。跨距

s 越大,拟合的曲线越光滑。degree 表示局部回归中的阶数,1 表示线性回归,这是 loess() 函数的默认选择;2 表示二次回归,二次项允许我们捕获函数中的波峰和波谷;也可以取 0,此时曲线退化为简单移动平均线。

R 中另一个类似的函数是 lowess(),它在绘图上比较方便,但在功能上不如 loess() 函数强大和灵活。比如 plot(iris,pch=20);lines(lowess(iris),lty=2,lwd=2)可以得到和图 11-4 类似的图。除了这两个函数,还可以使用程序包 locfit 对局部回归进行更全面的分析。

函数 lowess() 绘图的例子

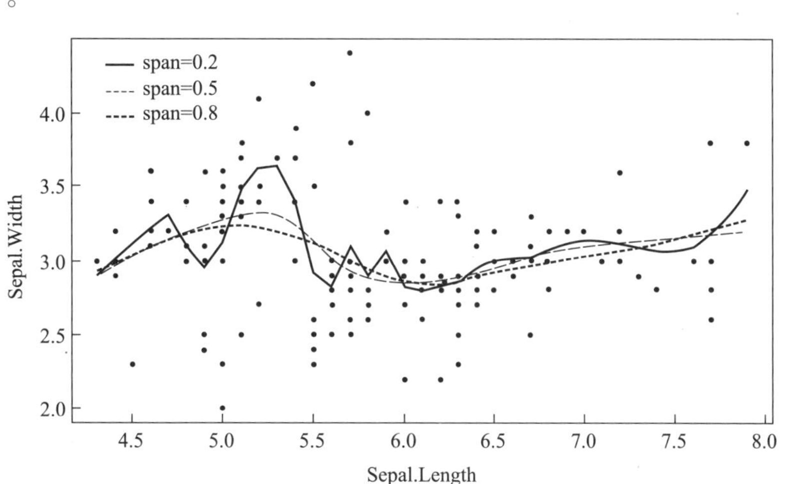

图 11-4　对 iris 数据的不同带宽的局部多项式回归

例 11.4　青原博士继续使用鸢尾花数据 iris,对其建立局部多项式回归并进行预测。设 *span* 分别取 0.2、0.5 和 0.8,从图 11-4 可见跨距 *span* 越大,曲线越光滑。

```
>data(iris)
>attach(iris)
>plot(Sepal.Width~Sepal.Length,pch=20)
>model1=loess(Sepal.Width~Sepal.Length,span=0.2,degree=2)#设置二次回归
>lines(Sepal.Length[order(Sepal.Length)],model1$fit[order(Sepal.Length)],lty=
1,lwd=2)#order(Sepal.Length)对 Sepal.Length 的观测值进行排序
>model2=loess(Sepal.Width~Sepal.Length,span=0.5,degree=2)
>lines(Sepal.Length[order(Sepal.Length)],model2$fit[order(Sepal.Length)],lty=
2,lwd=2)
>model3=loess(Sepal.Width~Sepal.Length,span=0.8,degree=2)
>lines(Sepal.Length[order(Sepal.Length)],model3$fit[order(Sepal.Length)],lty=
4,lwd=2)
>legend("topleft",c("span=0.2","span=0.5","span=0.8"),bty="n",lty=c(1,
2,4),lwd=c(1,1,2))
```

局部回归也可以像线性回归那样进行预测和残差分析。我们选择 model2 进行预测。

例 11.5 续例 11.4，使用 model2 进行预测，并画出残差图，如图 11-5 所示。

```
>x=seq(5,7,0.3)
>predict(model2,data.frame(Sepal.Length=x))
       1          2          3          4          5          6          7
3.271820   3.306188   3.017182   2.888922   2.840727   2.951352   3.070021
>plot(model2$resid~model2$fit)
```

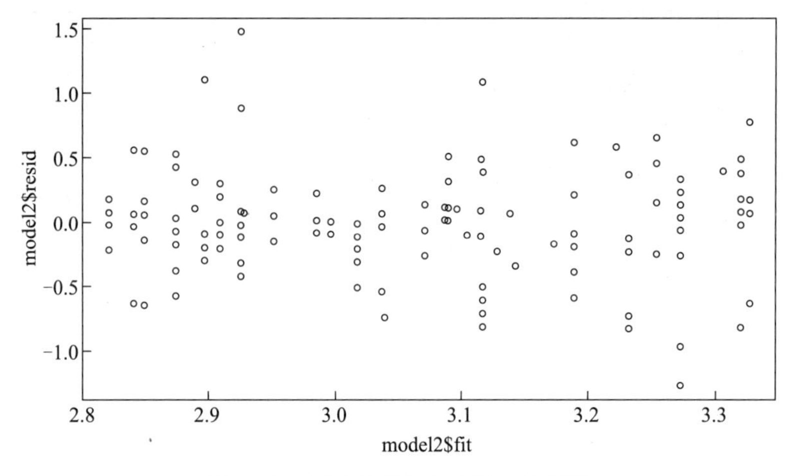

图 11-5　局部回归模型得到的残差图

读者可以使用前面的知识来分析该残差图。

局部回归方法简单实用，不仅修正了核估计的一些不足，对异常值非常稳健，而且提供了一个能够直接扩展为多元回归、可加回归以及广义非参数回归的适合大多数情形的非参数回归方法。但是，当自变量的个数超过 3 或者 4 时，局部回归会变得很艰难，因为很难在局部找到足够的符合要求的点进行拟合。作为一种平滑技术，局部回归更应该被看作一种数据探索方法，而不是作为最终的结论。

11.3 样条

样条(spline)使用分段的低阶多项式来逼近函数，可应用于具有不同区间上的非线性程度不一致或者有多个极值点的函数。它包含回归样条和光滑样条。

我们在第 9 章已经知道，由于多项式函数在任意点具有任意阶导数，因而用分段多项式回归来逼近这种不同点上光滑程度不同的函数就不具有灵活性。样条函数允许它的导数在一些特定的位置有不连续性，使其可以灵活地逼近在不同点上光滑程度不同的函数。因此，样条建立在全局逼近的基础上，在“尽量通过每一点”与“尽量平滑”之间取得平衡。

11.3.1 回归样条

假设有 K 个节点 $\{c_1,c_2,\cdots,c_K\}$，满足 $-\infty<c_1<c_2<\cdots<c_K<+\infty$。一个 p 阶样条是指

$(p-1)$阶连续可导，并且在由节点$\{c_1,c_2,\cdots,c_K\}$划分的$K+1$个区间上都为p阶多项式函数。因此，**回归样条**(regression splines)可以使用一族基函数或样条基$\{\phi_j(x)\}$线性表示：

$$f(x)=\sum_{j=1}^{K+p+1}\beta_j\phi_j(x)$$

一旦确定了基函数，则模型在基函数上是线性的，只需使用普通最小二乘方法估计系数β_j。

基函数的选择将决定拟合曲线的性质。常用的基函数有**截断幂基**(truncated power basis)与**B 样条基**(B-spline basis)。

截断幂基的定义如下：

$$\begin{cases}\phi_j(x)=x^{j-1} & j=1,\cdots,p\\ \phi_{p+k}(x)=(x-c_k)_+^{p-1} & k=1,\cdots,K\end{cases}$$

此时样条曲线自由度为$K+p$($K+1$个区域×每个区域有p个参数$-K$个节点$\times p$个约束条件，注意包括了截距项)。截段幂基概念简单，而且线性模型嵌套在样条模型内部，可以对线性的零假设进行简单的检验。

在实践中，我们常使用**三次样条**(cubic spline)。它具有一组约束(连续性、一阶和二阶连续性)，是人类肉眼看不出节点不连续的最低阶样条。通常情况下，具有K个节点的三次样条自由度为$K+4$。除非对光滑的导函数感兴趣，我们很少需要三次以上的样条。

有3个节点的三次截断幂基包括了7个基函数，分别为：

$$\phi_1(x)=1,\phi_2(x)=x,\phi_3(x)=x^2,\phi_4(x)=x^3,$$

$$\phi_5(x)=(x-c_1)_+^3,\phi_6(x)=(x-c_2)_+^3,\phi_7(x)=(x-c_3)_+^3$$

图 11-6 是使用 R 自带的数据集 mcycle 画出的图像。

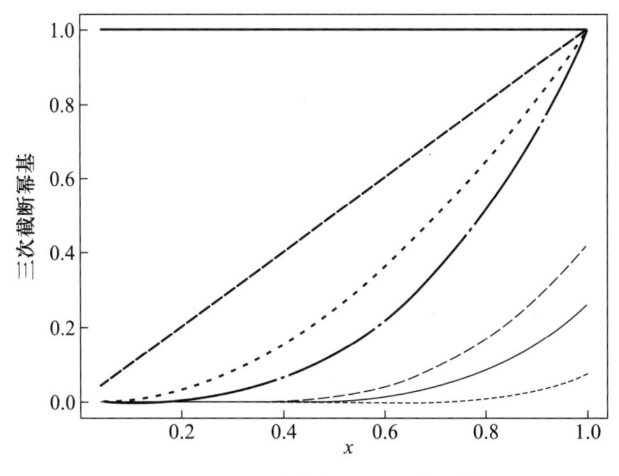

图 11-6　三次截断幂基函数图像

然而，截段幂基有许多计算上的不足，如效率低下，可能导致溢出和近乎奇异的矩阵问题。因此，我们通常采用更复杂但在数值上更稳定和有效的 B 样条基。

第i个p次的 B 样条基的定义如下：

$$B_i^p(x)=\frac{x-c_i}{c_{i+p}-c_i}B_i^{p-1}(x)+\frac{c_{i+p+1}-x}{c_{i+p+1}-c_{i+1}}B_{i+1}^{p-1}(x)$$

其中，$B_i^0(x)=1$ 当且仅当 $c_i \leqslant x < c_{i+1}$，否则取 0。上述公式通常称为 Cox-de Boor 递归公式。该递归过程可以继续，将产生任意次样条的 B 样条基。我们可以使用 B 样条基，而不需要了解它们复杂构造背后的细节。

通过 R 中的程序包 splines 中的 bs() 函数可得到 B 样条基。默认选择是三次 B 样条基，即 degree=3，并且在等距分位数处划分节点。注意：bs() 函数不返回用于截距的列。因此，B 样条基的自由度为 $K+p$，要比前面的截断幂基减少 1。例如，对自变量 x 可以使用 bs(x, df=7) 产生三次样条函数基矩阵，这些样条函数定义在 x 的全部观测数据上。此时，内部节点数量为自由度-阶数 = 7-3 = 4，都分布在 x 的适当百分位上（此时为第 20、40、60、80 百分位）。也可以直接使用 bs(x, degree=1, knots=c(0.2, 0.4, 0.6, 0.8)) 产生具有四个内部节点的线性样条的基，并返回一个 $n\times4$ 的矩阵（n 为样本量）。

图 11-7 是常见的三次 B 样条基函数的图像。

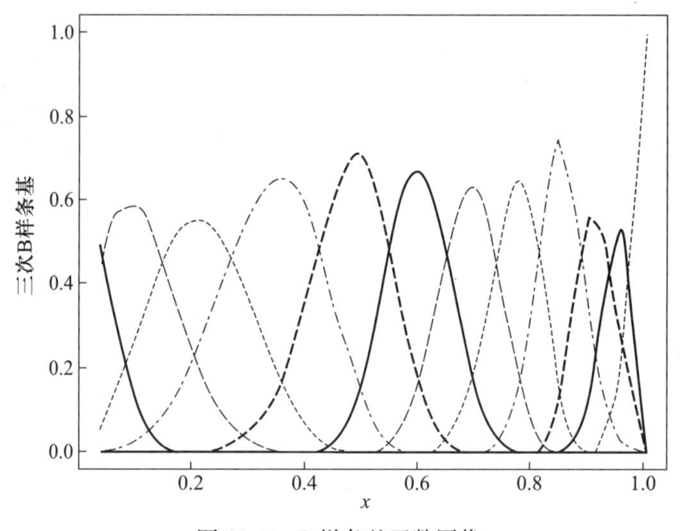

图 11-7　B 样条基函数图像

多项式拟合在数据边界处往往不稳定，边界区域的已知数据少，函数曲线常常会过拟合。这个问题同样存在于样条中，对于三次样条来说更糟糕。**自然三次样条**（natural cubic splines）通过在边界区域增加一个线性约束改善了这个问题。此时两个边界区域各有两个约束，函数的三阶、二阶导数就变成了 0，每个边界减少 2 个自由度，这释放了 4 个自由度，所以多项式的维度 $K+4$ 个就变成了 K。R 提供了 ns() 函数来计算自然三次样条基，它的工作原理几乎与 bs() 完全一样，只是没有改变自由度的选项。

如果我们有足够的数据，则回归样条非常适合用来拟合具有灵活性的函数。对于回归样条，我们需要确定样条的次数、节点数量以及节点分布。一种简单的方法是使用基函数的个数或自由度对样条进行参数化，并用观测 x_i 来决定节点的位置。

例 11.6　青原博士再次使用数据集 mycle，分别基于 B 样条和截断幂基建立回归样条对数据进行拟合。已选取三个节点 0.25、0.36、0.58。

首先加载程序包 MASS，读取数据集 mycle 数据。我们对因变量和自变量进行标准化处理，其中 y 是标准化，而 x 使用其极大值进行规范化，使其取值范围落在 0 到 1 之间。

```
>library(MASS)
>data(mcycle)
>y=mcycle$accel
>x=mcycle$times
>y=(y-mean(y))/sd(y)#对 y 标准化
>x=x/max(x)#对 x 规范化
```

接下来，我们基于选择的三个节点来建立 B 样条。由于节点数为 3，所以自由度为 6。同时为了对比，也使用了 bs()默认选择的 3 个均匀节点得到的 B 样条。见图 11-8。

```
>library(splines)
>plot(y~x,xlab="time",ylab="acceleration")
>lines(x,fitted(lm(y~bs(x,6))),lwd=2,lty=2,col=2)#B 样条(默认 3 个节点)
>lines(x,fitted(lm(y~bs(x,6,knots=c(0.25,0.36,0.58)))),lwd=3,lty=3,col=
4)#B 样条(选择 3 个节点)
```


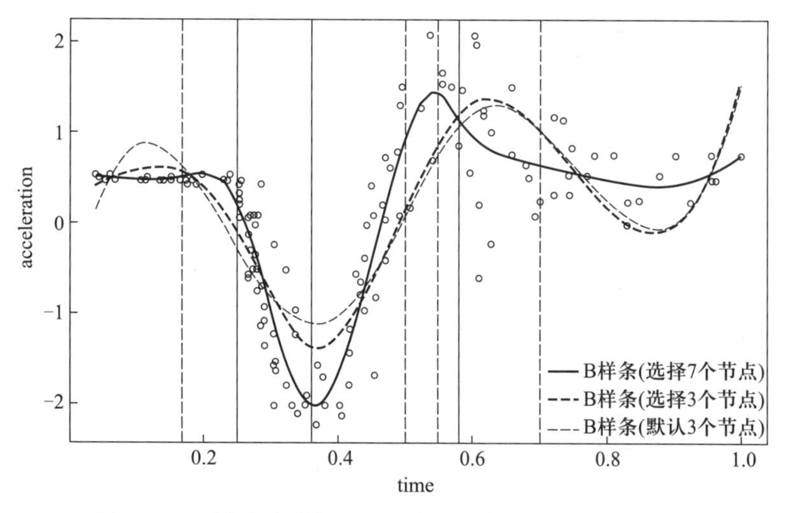

图 11-8　对摩托车数据基于三次 B 样条基的回归样条拟合

我们发现选择三个节点时，基于数据特征人工选择节点得到的 B 样条优于默认节点得到的 B 样条。它们的 AIC 值也表明了这一点。

```
>AIC(lm(y~bs(x,6,knots=c(0.25,0.36,0.58))))#选择 3 个节点得到的 B 样条
[1]249.447
>AIC(lm(y~bs(x,6)))#默认节点得到的 B 样条
[1]271.0873
```

如果我们有足够的数据，则回归样条非常适合用来拟合具有一定灵活性的曲线。

实际上，我们还可以在较弯曲的区域点设置更多的节点，而在较平坦的区域设置较少的节点来做更好的拟合。

接下来，我们增加 4 个节点 0.17、0.50、0.55 和 0.70，继续使用三次 B 样条拟合。此时有 7 个节点，自由度为 10。我们将新增加的 B 样条曲线添加到图 11-8 中，其中 4 条虚的竖线是新增加的 4 个节点位置。

```
>lines(x,fitted(lm(y~bs(x,10,knots=c(0.17,0.25,0.36,0.50,0.55,0.58,0.70)))),lwd=2,lty=1,col=1)#B 样条(选择 7 个节点)
>abline(v=c(0.25,0.36,0.58),lty=1)#人工选择 3 个节点，用实线表示
>abline(v=c(0.17,0.50,0.55,0.70),lty=5,col=4)#新增 4 个节点，用虚线表示
>legend("bottomright",inset=c(-0.015,0),c("B 样条(选择 7 个节点)","B 样条(选择 3 个节点)","B 样条(默认 3 个节点)"),bty="n",lwd=c(2,3,2),lty=c(1,3,2),col=c(1,4,2))
>AIC(lm(y~bs(x,10,knots=c(0.17,0.25,0.36,0.50,0.55,0.58,0.70))))#选择 7 个节点得到的 B 样条
[1]186.8645
```

图 11-8 和 AIC 值均显示，随着节点数增加，B 样条对数据拟合得更好了。然而，节点数不宜过多，否则可能会过拟合。

使用 summary() 函数可以输出回归样条拟合模型的详细信息。我们可以得到 B 样条的各个系数的估计，也可以得到 t 统计量、F 统计量、R^2 值等统计检验和评价的相关结果，从而对 B 样条进行检验和评价。

下面使用 summary() 函数详细描述人工选择 3 个节点得到的 B 样条。

```
>summary(lm(y~bs(x,6,knots=c(0.25,0.36,0.58))))

Call:
lm(formula=y~bs(x,6,knots=c(0.25,0.36,0.58)))

Residuals:
     Min        1Q    Median       3Q      Max
-1.96171  -0.34305  -0.01223  0.41295  1.43529

Coefficients:
                                   Estimate  Std. Error  t value  Pr(>|t|)
(Intercept)                          0.4059      0.3377    1.202    0.2316
bs(x,6,knots=c(0.25,0.36,0.58))1     0.3291      0.6613    0.498    0.6196
bs(x,6,knots=c(0.25,0.36,0.58))2     0.4046      0.3901    1.037    0.3017
bs(x,6,knots=c(0.25,0.36,0.58))3    -3.0933      0.4364   -7.088  8.57e-11
bs(x,6,knots=c(0.25,0.36,0.58))4     4.4412      0.5288    8.399  8.01e-14
```

```
bs(x,6,knots=c(0.25,0.36,0.58))5   -2.9701   0.6206   -4.786   4.68e-06
bs(x,6,knots=c(0.25,0.36,0.58))6    1.1782   0.5146    2.290   0.0237

(Intercept)
bs(x,6,knots=c(0.25,0.36,0.58))1
bs(x,6,knots=c(0.25,0.36,0.58))2
bs(x,6,knots=c(0.25,0.36,0.58))3 ***
bs(x,6,knots=c(0.25,0.36,0.58))4 ***
bs(x,6,knots=c(0.25,0.36,0.58))5 ***
bs(x,6,knots=c(0.25,0.36,0.58))6 *
---
Signif. codes:  0 '***' 0.001 '**' 0.01 '*' 0.05 '.' 0.1 ' ' 1

Residual standard error: 0.5979 on 126 degrees of freedom
Multiple R-squared:  0.6587,        Adjusted R-squared:  0.6425
F-statistic: 40.54 on 6 and 126 DF,  p-value: <2.2e-16
```

接下来,我们分别使用 3 个节点和 7 个节点建立基于三次截断幂基的回归样条。在图 11-9 中,我们发现节点数相同时,基于截断幂基的回归样条与三次 B 样条结果几乎没有差异,而且二者的 AIC 值相同。同样的,图 11-9 和 AIC 值均显示,随着节点数增加,基于截断幂基的样条也得到了很好的改善。


```
>#首先基于 3 个节点定义三次截断幂基,有 7 个基函数。
>tpb1=function(x)x^0
>tpb2=function(x)x
>tpb3=function(x)x^2
>tpb4=function(x)x^3
>tpb5=function(x)ifelse(x>=0.25,(x-0.25)^3,0)
>tpb6=function(x)ifelse(x>=0.36,(x-0.36)^3,0)
>tpb7=function(x)ifelse(x>=0.58,(x-0.58)^3,0)
>#建立基于截断幂基的样条,并将其与 B 样条绘制在图 11-9 中。
>tpbx=cbind(tpb1(x),tpb2(x),tpb3(x),tpb4(x),tpb5(x),tpb6(x),tpb7(x))
>tpblm=lm(y~tpbx)#建立回归样条
>plot(x,y,xlab="time",ylab="acceleration")
>lines(x,fitted(tpblm),lwd=2,lty=2,col=2)#3 个节点的截断幂基样条
>lines(x,fitted(lm(y~bs(x,6,knots=c(0.25,0.36,0.58)))),lwd=3,lty=3,col=
5)#3 个节点的 B 样条
>#基于 7 个节点定义三次截断幂基,有 11 个基函数。
>tpb1=function(x)x^0
```

```
>tpb2=function(x)x
>tpb3=function(x)x^2
>tpb4=function(x)x^3
>tpb5=function(x)ifelse(x>=0.17,(x-0.17)^3,0)
>tpb6=function(x)ifelse(x>=0.25,(x-0.25)^3,0)
>tpb7=function(x)ifelse(x>=0.36,(x-0.36)^3,0)
>tpb8=function(x)ifelse(x>=0.50,(x-0.50)^3,0)
>tpb9=function(x)ifelse(x>=0.55,(x-0.55)^3,0)
>tpb10=function(x)ifelse(x>=0.58,(x-0.58)^3,0)
>tpb11=function(x)ifelse(x>=0.70,(x-0.70)^3,0)
>tpbxx=cbind(tpb1(x),tpb2(x),tpb3(x),tpb4(x),tpb5(x),tpb6(x),tpb7(x),
tpb8(x),tpb9(x),tpb10(x),tpb11(x))
>tpblm2=lm(y~tpbxx)#建立回归样条
>lines(x,fitted(tpblm2),lwd=2,lty=1,col=1)#7 个节点的截断幂基样条
>lines(x,fitted(lm(y~bs(x,10,knots=c(0.17,0.25,0.36,0.50,0.55,0.58,
0.70)))),lwd=2,lty=5,col=4)#B 样条(选择 7 个节点)
>abline(v=c(0.25,0.36,0.58),lty=1)#人工选择 3 个节点,用实线表示
>abline(v=c(0.17,0.50,0.55,0.70),lty=5,col=4)#新增 4 个节点,用虚线表示
>legend("bottomright",inset=c(-0.015,0),c("回归样条(7 个节点)","B 样条(7
个节点)","回归样条(3 个节点)","B 样条(3 个节点)"),bty="n",lwd=c(2,2,
2,3),lty=c(1,5,2,3),col=c(1,4,2,5))
>AIC(tpblm)#3 个节点的截断幂基
[1]249.447
>AIC(tpblm2)#7 个节点的截断幂基
[1]186.8645
```


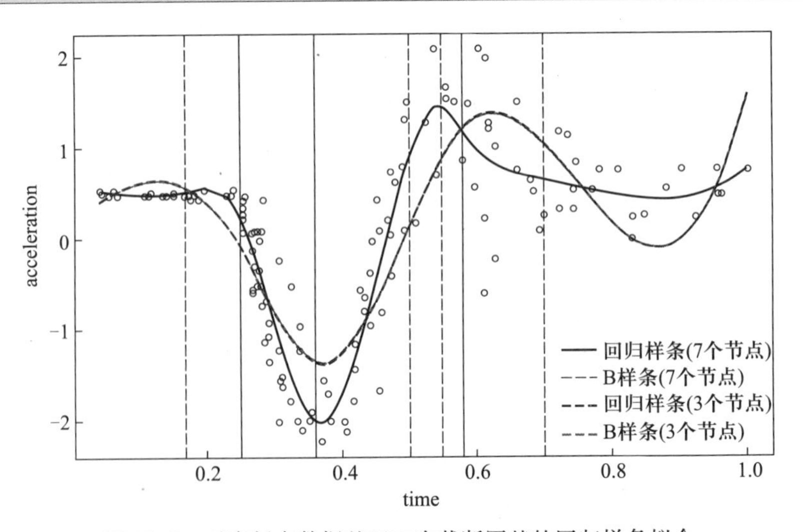

图 11-9　对摩托车数据基于三次截断幂基的回归样条拟合

回归样条是参数化还是非参数化方法是有争议的，因为一旦选择了节点，就指定了包括有限个参数的参数族。但是，可以自由选择节点数使得回归样条成为非参数方法。非参数回归的一个理想特征是它应该与光滑函数一致。如果允许节点数随着样本量以适当的速率增加，则可以通过回归样条来实现。但是节点数太多的话，有可能产生过拟合。

11.3.2 光滑样条

虽然 B 样条已经拟合得非常好了，但是理论与实践都表明，对非参数回归模型 $y_i=f(x_i)+\varepsilon_i(i=1,2,\cdots,n)$ 直接使用最小二乘求解容易产生**过拟合**(overfitting)。因为此时得到的解为 $\hat{f}(x_i)=y_i$，这种“按点连线”的回归虽然完美地拟合了当前的数据，但是其外推性能几乎为 0。一个改进方法就是使用**光滑样条**(smoothing splines)。

光滑样条在对回归函数 $f(x)$ 求解最小二乘解时增加了一个惩罚项，类似第 8 章介绍的收缩估计。对下面的惩罚最小二乘准则最小化可以得到光滑样条 $f(x)$：

$$\frac{1}{n}\sum_{i=1}^{n}[y_i-f(x_i)]^2+\lambda\int[f''(x)]^2\mathrm{d}x$$

其中，$\lambda>0$ 为平滑参数。上式第一项 $\frac{1}{n}\sum_{i=1}^{n}[y_i-f(x_i)]^2$ 刻画了样条对数据的拟合度，第二项 $\int[f''(x)]^2\mathrm{d}x$ 刻画了样条的平滑度。与岭回归、Lasso 回归类似，光滑样条对样条的拟合度和平滑度进行了平衡。平滑参数 λ 控制着二者之间的平衡：$\lambda=0$ 时对 $f(x)$ 没有任何限制，$f(x)$ 可以是任何插值函数；$\lambda=\infty$ 得到简单的最小二乘直线拟合，因为不能容忍二阶导数；当 λ 从 0 趋向于无穷时，$f(x)$ 的估计则从最复杂的模型（插值）变化到最简单的模型（线性回归）。

此时，光滑样条的解 $\hat{f}(x)$ 是三次样条。这意味着 $\hat{f}(x)$ 在每个区间 $[x_i,x_{i+1})$ 中是一个分段三次多项式（假设 x_i 已经从小到大排序），并且 $\hat{f},\hat{f}',\hat{f}''$ 都是连续的。由于解的形式已知，估计 $\hat{f}(x)$ 就简化为估计多项式系数的参数问题。当数据里没有异常值时，光滑样条比局部回归更有效。

我们可以使用 R 中的 smooth.spline() 函数得到光滑样条。默认情况下，该函数基于 GCV 选择 λ，也可以使用 CV 或直接指定 λ。如果有二元结果变量或者多个协变量或者想得到置信区间，smooth.spline() 函数就不够合适了。此时可以使用程序包 mgcv，它可以提供很多功能，基本函数为 gam() 函数，它代表广义加法模型。我们将在第 11.6 节中介绍加法模型。

例 11.7 青原博士继续分析数据集 mycle，对其使用光滑样条进行拟合。

此处，我们使用交叉验证得到的默认平滑选项，并与例 11.6 的自由度为 6 和 10 的 B 样条进行比较，见图 11-10。我们发现相同自由度的光滑样条比 B 样条更平滑。并且随着自由度增加，光滑样条变得更光滑，甚至可能出现过拟合。

```
>plot(y~x,xlab="time",ylab="acceleration")
>lines(smooth.spline(x,y,df=6),lwd=2,lty=2,col=4)#光滑样条(自由度6)
>lines(smooth.spline(x,y,df=10),lwd=3,lty=1,col=1)#光滑样条(自由度10)
```

```
>lines(x,fitted(lm(y~bs(x,6,knots=c(0.25,0.36,0.58)))),lwd=2,lty=6,col=6)#B 样条(自由度 6,即节点数为 3)
>lines(x,fitted(lm(y~bs(x,10,knots=c(0.17,0.25,0.36,0.50,0.55,0.58,0.70)))),lwd=2,lty=4,col=2)#B 样条(自由度 10,即节点数为 7)
>abline(v=c(0.25,0.36,0.58),lty=1)#人工选择 3 个节点,实线表示
>abline(v=c(0.17,0.50,0.55,0.70),lty=5,col=4)#新增 4 个节点,虚线表示
>legend("bottomright",inset=c(-0.025,0),c("光滑样条(自由度 10)","B 样条(自由度 10)","光滑样条(自由度 6)","B 样条(自由度 6)"),bty="n",lwd=c(3,2,2,2),lty=c(1,4,2,6),col=c(1,2,4,5))
```

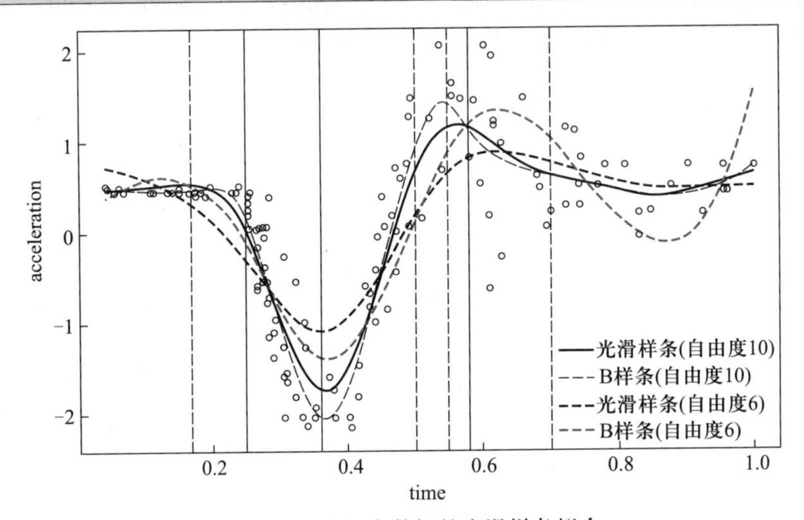

图 11-10　摩托车数据的光滑样条拟合

请注意,当数据有插补时,由交叉验证得到的默认平滑选项可能是有问题,盲目依赖自动带宽选择方法是很危险的。

和回归样条一样,光滑样条在节点处也保持了连续性,但是它受到了惩罚的约束,因而比回归样条更平滑。二者的不同之处在于,光滑样条中节点是观测到的唯一的 x 值,通过 λ 控制平滑度,而回归样条具有固定的节点数或自由度,观测 x_i 决定了节点的位置,通过节点数量控制平滑度。

对于光滑样条,我们还可以考虑其他的粗糙度惩罚项,对高阶导数的惩罚会导致更连续的导数。我们也可以使用加权,把这些权重插入到平方和里面。通过修改平方和项可以得到一个稳健的最小二乘标准:

$$\sum_{i=1}^{n}\rho(y_i - f(x_i)) + \lambda\int[f''(x)]^2\mathrm{d}x$$

其中,$\rho(x)=|x|$是一个可能的选择。

11.4 小波

在样条方法里,基函数的选择将决定拟合曲线的性质。如果基函数是正交的,那

么对 β_j 的估计就特别容易。正交基包括正交多项式和傅立叶基,但是它们没有**紧支撑**(compactly supported),在整个数据范围内非零。三次 B 样条有紧支撑,具有局部性,但却不是正交的。

与上述样条基相比,**小波**(wavelets)不仅有紧支撑,而且具有正交性。小波还具有多分辨率特性,使它们能够拟合曲线的粗糙特征,同时在必要时关注更精细的细节。样条回归是在"尽量通过每一点"与"尽量平滑"之间取得平衡,而小波回归是将数据按不同频率分解,然后在重构信号时舍去噪声得到光滑的信号曲线。

我们从最简单的 Haar 母小波开始。Haar 母小波的定义为:

$$w(x)=\begin{cases}1 & x\in[0,1/2)\\ -1 & x\in[1/2,1)\\ 0 & \text{其他}\end{cases}$$

我们可以通过对 Haar 母小波缩放和平移来生成 Haar 族成员。对于整数 j,k,得到

$$w_{j,k}(x)=2^{j/2}w(2^jx-k)$$

可以证明这样的小波是正交的,它们可以构成各种函数空间的基函数。此外,这些小波都是局部基,其支撑随着水平 j 的增加而变窄。由于这些性质,小波的计算特别快。

对于函数 $f(x)$,我们可以使用下面的式子对它进行分解:

$$f(x)=\sum_{j=-\infty}^{\infty}\sum_{k=-\infty}^{\infty}d_{j,k}w_{j,k}(x)$$

由于小波基的正交性,可以得到小波系数 $d_{j,k}$:

$$d_{j,k}=\int_{-\infty}^{\infty}f(x)w_{j,k}(x)\,\mathrm{d}x$$

虽然我们目前只考虑了 Haar 母小波,但上述方法也同样适用于其他的小波。在实践中,许多小波比 Haar 母小波更适合,主要是因为它们比不连续的 Haar 母小波更平滑。

我们可以使用 R 中的程序包 wavethresh 实现小波拟合,其中的 wd() 函数可以实现小波分解。Haar 基不是默认的选择,在 wd() 函数中设置 filter. number=1 和 family="DaubExPhase"指定使用 Haar 母小波。根据小波的特点,数据的样本量要求为 2^j(j 是大于 0 的整数)的倍数。

接下来,我们将通过使用模拟示例来阐述小波方法。使用模拟数据的优点是可以看到小波方法接近真实模型的程度。

例 11.8 青原博士继续使用例 9.4 产生的模拟数据,并使用小波进行拟合。

已知真实函数为 $f(x)=\sin^3(2\pi x^3)$,对其增加误差 $\varepsilon\sim N(0,0.1)$ 得到 $y=\sin^3(2\pi x^3)+\varepsilon$。

首先根据给定的模型产生数据,并将它们显示在图 11-11 中。

```
>set. seed(123)
>f=function(x)sin(2 * pi * x^3)^3
>x=seq(0,1. 27,by=0. 01)
>y=f(x)+sqrt(0. 1) * rnorm(128)
>matplot(x,cbind(y,f(x)),type="pl",ylab="y",pch=20,lty=1,col=1)
```

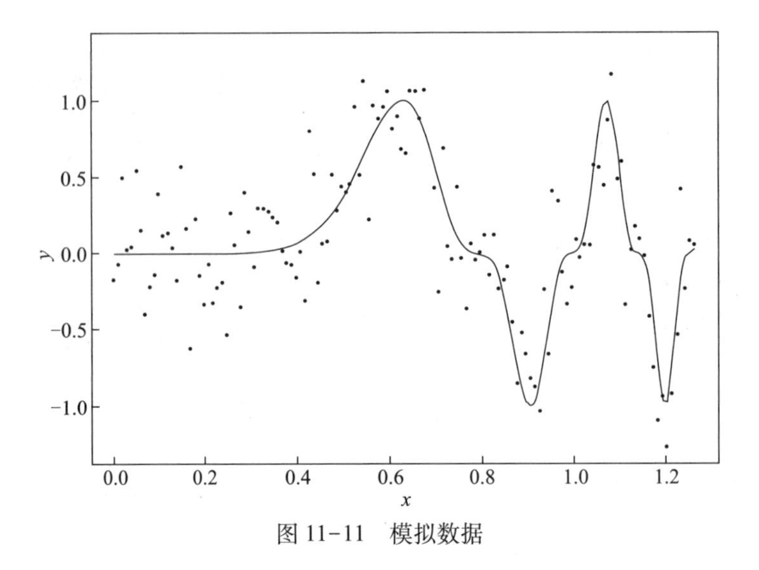

图 11-11　模拟数据

接下来,我们使用 Haar 母小波对其进行小波分解。

```
>library(wavethresh)
>wds=wd(y,filter.number=1,family="DaubExPhase")
```


我们将 Haar 母小波显示在图 11-12 的左图中,右图中显示了小波分解系数。

```
>par(mfrow=c(1,2))
>draw(wds,main="")#绘制 Haar 母小波
>plot(wds,main="")#展示小波系数
[1]2.383095  2.383095  2.383095  2.383095  2.383095  2.383095  2.383095
>par(mfrow=c(1,1))
```

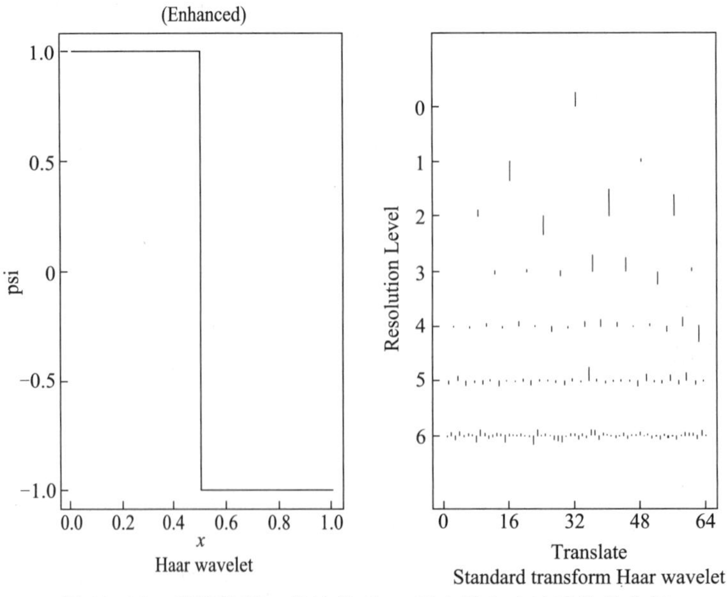

图 11-12　模拟数据 y 变量的 Haar 母小波和小波系数的分解

如果想把数据压缩成更紧凑的格式，我们可以对小波系数进行删减。例如，我们可以把 4 级以上的系数都删掉，只保留前三级的 $2^3=8$ 个系数。然后，我们得到小波变换的逆变换。

```
>wtd=threshold(wds,policy="manual",value=9999)#删除第 4 级和更高级系数的阈值设置
>fd=wr(wtd)#wr 命令得到小波变换的逆变换
```

我们将逆变换的结果绘制在图 11-13 的左图中。我们看到拟合曲线由 8 个分段常数拟合组成，正如我们所料。因为 Haar 基是分段常数，我们把高阶部分丢掉只剩下了 8 个系数。

```
>par(mfrow=c(1,2))
>plot(y~x,pch=20)
>lines(f(x)~x,lty=1,lwd=2)#真实的函数
>lines(fd~x,lty=5,lwd=2)#小波拟合
```

我们还可以使用默认方法选择阈值，这样我们可以把小系数归零，而不是简单地丢弃高阶系数。

```
>wtd2=threshold(wds)
>fd2=wr(wtd2)
```

现在我们将小波分析的逆变换结果绘制在图 11-13 的右图中。

```
>plot(y~x,pch=20)
>lines(f(x)~x,lty=1,lwd=2)#真实的函数
>lines(fd2~x,lty=5,lwd=2)#小波分析的逆变换
>par(mfrow=c(1,1))
```

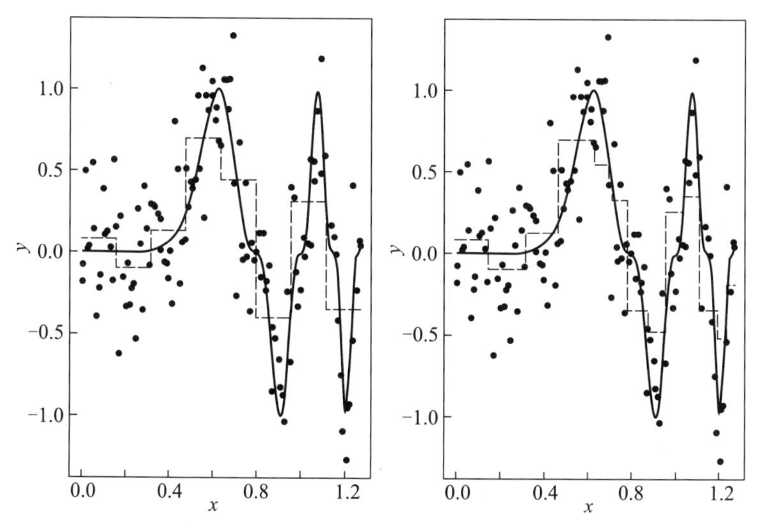

图 11-13　左图是所有的四级及以上系数都是零，右图的系数是使用默认方法的阈值保留的。实线为真实函数，虚线为小波估计

我们再次获得一个分段常数拟合,但现在每段是不同长度的。一般来说,当函数相对平坦时,我们不需要高阶项的细节。而当函数变化越大,细节刻画就越有价值。

我们可以将阈值系数看作原始数据的压缩。虽然在压缩过程中丢失了一些信息,但是阈值确保我们保留了所需的细节,同时丢弃更嘈杂的成分。

即便如此,这个拟合也不是特别好,因为它是分段常数拟合。除了分段常数拟合,有时候我们希望使用连续的基函数,同时保持正交性和多分辨率的性质。我们可以使用 Daubechies 小波,它是正交、连续且紧支撑的。

例 11.9 继续例 11.8 的分析,我们使用 Daubechies 小波重新分析模拟数据。

图 11-14 显示了 Daubechies 小波函数和相应的小波系数。

```
>par(mfrow=c(1,2))
>wds=wd(y)
>draw(wds,main="")
>plot(wds,main="")
>par(mfrow=c(1,1))
```

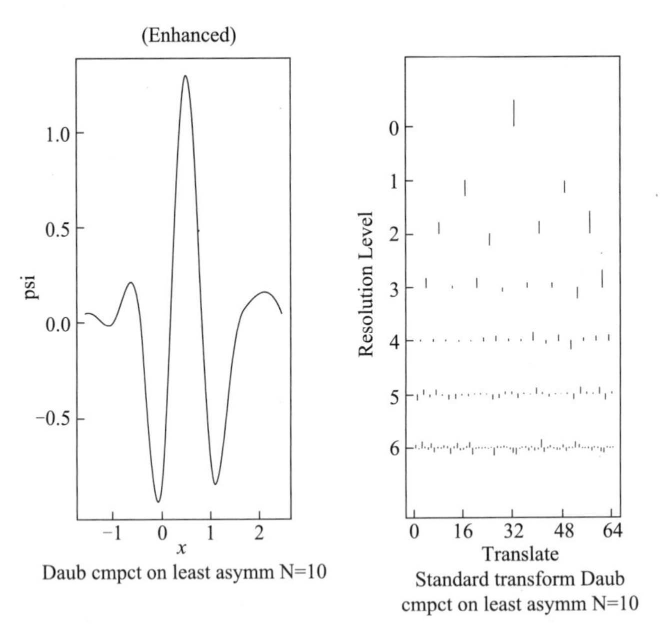

图 11-14 左图是 Daubechies 小波,右图是小波系数

现在我们使用默认的阈值设置并重构拟合。图 11-15 显示这个拟合很好地符合真实函数。

```
>wtd=threshold(wds)
>fd3=wr(wtd)
>plot(y~x,pch=20)
>lines(f(x)~x,lty=1,lwd=2)
>lines(fd3~x,lty=5,lwd=2)
```

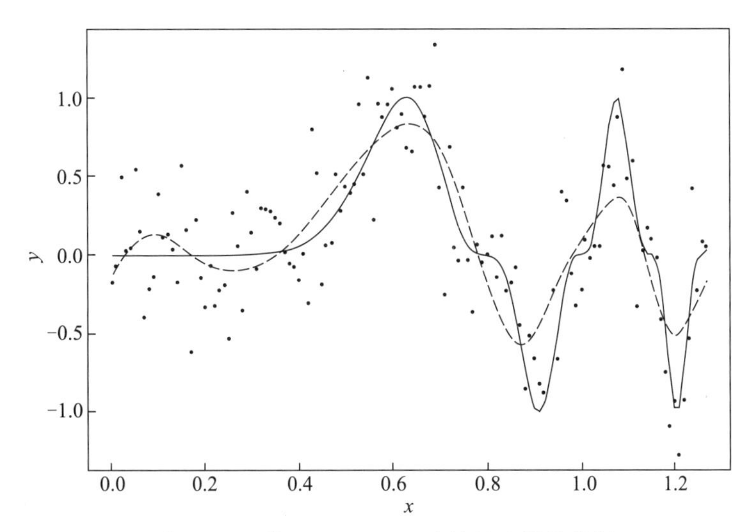

图 11-15　使用 Daubechies 小波拟合模拟数据

11.5 非参数多元回归

前面讨论的一元情况的非参数方法可以自然地扩展到多维自变量的情况。给定 $x_i \in R^p(i=1,2,\cdots,n)$，此时回归模型为：

$$y_i = f(x) + \varepsilon_i$$

在高维情况里，Nadaraya-Watson 估计量变成：

$$f_\lambda(x) = \frac{\sum_{j=1}^{n} K\left(\frac{x - x_j}{\lambda}\right) Y_j}{\sum_{j=1}^{n} K\left(\frac{x - x_j}{\lambda}\right)}$$

其中核函数 K 通常是球对称的。样条概念可以与引入薄板样条一起使用，而局部多项式可以自然地扩展。虽然非参数多元回归避免了对函数 f 形式的参数假设，但是对于 p 大于 2 或 3 的情况，由于样本量要求很大，所以拟合这些模型可能不切实际。

例 11.10　青原博士继续分析 2017 年我国居民人均消费支出数据，用该数据来阐述高维的非参数回归模型。

我们选择居民人均消费支出（*cse*）作为因变量，老龄人口抚养比（*pop*65）和人均 GDP 增长率（*dpgdp*）作为自变量，建立非参数二元回归模型：

```
>consumption=read.csv("E:/hep/data/consumption2017.csv",header=T)
>attach(consumption)
>y=cse
>x=cbind(pop65,dpgdp)
>library(sm)
>par(mfrow=c(1,2))
>sm.regression(x,y,h=c(1,1),col="red",xlab="pop65",ylab="dpgdp",zlab="cse")
```

```
>sm.regression(x,y,h=c(5,5),col="red",xlab="pop65",ylab="dpgdp",zlab="cse")
>par(mfrow=c(1,1))
```

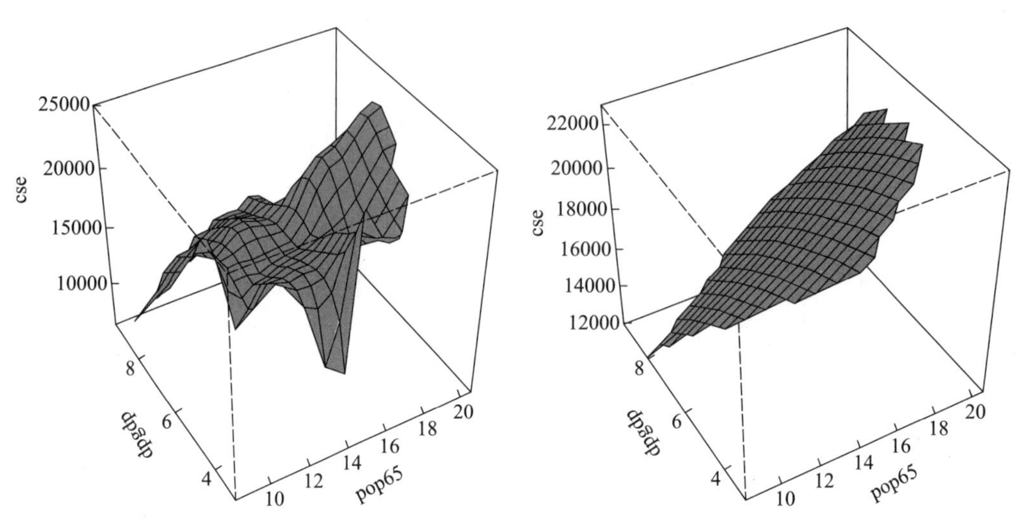

图 11-16　用老龄人口抚养比和人均 GDP 增长率来拟合居民人均消费支出图

我们发现图 11-16 左边的图太粗糙了,右边的图看起来合理一些。建立非参数的二元回归并不是那么困难。然而,非参数多元回归非常复杂,我们需要对拟合结果可视化以便很好地理解。但是对于两个以上的自变量的情况,这并不容易做到。大多数非参数多元回归方法依赖于局部平滑,因而我们需要在窗口中有足够的点。对于高维数据,需要大量的点来覆盖高维空间使其达到高密度以便很好地进行拟合。实际上,很多时候我们难以获得足够多的数据,这被称为**维数灾难**(curse of dimensionality)。事实上,它不应该被称为灾难,而是一种机会,这表明增加变量的信息应该具有一定的价值,即使它使用起来不方便。我们面临的挑战是充分利用这些信息。

11.6 加法模型

对于多元线性回归模型,获得自变量的最佳变换会很困难,而且一个自变量的变换可能会改变另一个自变量的最佳变换。对于非参数回归模型,它在高维空间中很难解释,高维空间的可视化也比较困难,简单地扩展一元方法往往无效。针对这两个问题,**加法模型**(additive model)对回归模型的参数化方法和非参数方法进行综合,通过对回归函数增加额外的限制,使问题可解且结果更容易解释。

加法模型的基本形式如下:

$$y=\beta_0+\sum_{i=1}^{p}f_i(x_i)+\varepsilon$$

其中 f_i 是任意的平滑函数。

加法模型可以同时对自变量进行变换,$\beta_i x_i$ 形式的线性项也被替换为更灵活的函数形式 $f_i(x_i)$。因而,加法模型比线性模型更灵活,也可以解释,因为函数 f_i 刻画了自变量和因变量之间的边际关系。同时，它也不需要函数 $f_i(x_i)$ 形式的参数假设。当然，数据分析中的许多加法模型，其中自变量的变换是由分析人员用特定的方式确定的。

在 R 中至少有三种拟合加法模型的方法，其中程序包 gam 使用平滑器时可以有更多的选择，程序包 mgcv 可以自动选择平滑度以及更广泛的功能，而程序包 gss 采用基于样条的方法。

例 11.11 青原博士继续分析 2017 年我国居民人均消费支出数据，对其建立加法模型。

我们可以使用平滑样条来拟合函数 f_i，从而得到加法模型。下面使用程序包 gam 来实现该加法模型，并且使用交叉验证选择平滑度。

```
>require(gam)
>amgam=gam(cse~lo(pop14)+lo(pop65)+lo(pgdp)+lo(dpgdp)+lo(dpi)+lo(dd-
pi),data=consumption)
>plot(amgam,residuals=TRUE,se=TRUE,pch=".")
```

图 11-17 的结果显示，对于 *pop*14 来说，选择尽可能地产生线性拟合的平滑度。而 *pop*65 产生了有趣的拟合。尽管给定了 95% 置信带的宽度，数据的稀疏性也如图底

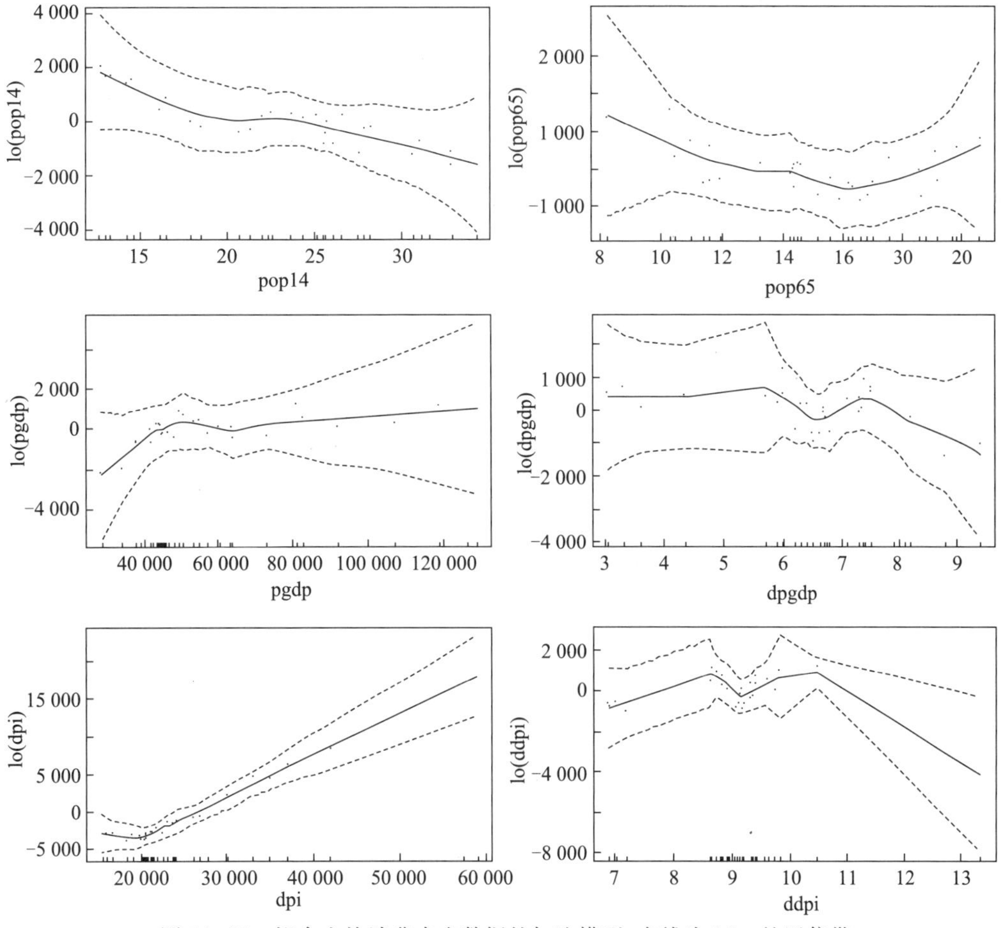

图 11-17 拟合人均消费支出数据的加法模型，虚线为 95% 的置信带

部的小竖条(rug)所示,还是有一个最低约15的建议,但我们无法确定这一点。在两条带之间绘制一条直线也是可能的,这表明线性拟合可能是适当的。对于 *dpi* 和 *pgdp*,非常接近线性逼近,因此也要选择尽可能地产生线性拟合的平滑度。而 *ddpi* 和 *dpgdp* 似乎显示存在曲线变化。

11.7 小结

当几乎没有过去的经验可用,人们对模型的适当形式知之甚少时,非参数方法特别有用。本章首先介绍了非参数一元回归。我们具体介绍了核估计、局部回归、样条、小波等方法,这些方法体现了寻找 y 和 x 之间统计规律的不同侧重点。进一步地,我们也介绍了多个自变量的非参数回归,非参数一元回归构成了非参数多元回归的基础。本章介绍的各种方法以及本书后面介绍的决策树、随机森林、AdaBoost 等基于机器学习的回归方法以及神经网络方法都是非参数回归方法。

在实践中,没有哪个平滑器比其他平滑器更好。平滑器的最佳选择取决于数据的特性和我们对真实潜在关系的理解。此外,长期以来,平滑器替代方法的构建一直是统计学家和其他领域研究人员关注的热门话题。由于没有可能的确定性解决方案,这促进了各种方法的开发。有些是通用的,有些则是为特定的应用而定制的。

练习题

1. 一元非参数回归有哪些方法?
2. 请写出局部回归的计算步骤。
3. 对于 Nadaraya-Watson 核估计 $\hat{m}_n(x)=\sum_{i=1}^{n}\omega_i(x)y_i$。在给定的点 x,假设 $y_1,y_2,\cdots,y_n$ 满足独立同分布 $N(m(x),\sigma^2)$,计算 $E(\hat{m}_n(x))$ 和 $\mathrm{var}(\hat{m}_n(x))$。
4. 用求导的方法最小化 $\sum_{i=1}^{n}[y_i-a(x)-b(x)x_i]^2K\left(\frac{x-x_i}{h}\right)$,写出具体步骤并给出 $a(x)$ 和 $b(x)$ 的估计公式。其中 $K(\cdot)$ 为核函数。
5. 令 $x_i=i/300$,$\varepsilon_i\sim N(0,0.025)$ $(i=1,2,\cdots,300)$。基于 x_i 和 ε_i 产生数据 $y_i=\sin[2\times\exp(x_i+1)]+\varepsilon_i$,用可能的核函数估计 x 与 y 之间的函数曲线。
6. 令 $x_i\sim N(0,1)$,$\varepsilon_i\sim N(0,0.025x_i^2)$ $(i=1,2,\cdots,300)$。基于 x_i 和 ε_i 产生数据 $y_i=\exp(|x_i|)+\varepsilon_i$,用局部线性回归和局部二次多项式估计 x 与 y 之间的函数曲线。
7. 产生B样条基函数,要求定义域为[0,100],节点为0、20、50、90和100。然后写出阶数分别为0、1和2的B样条基函数。
8. 对于R中的程序包 faraway 自带的数据集 prostate,使用 *age*(年龄)来预测 *lweight*(体重的对数),希望获得一个好的回归模型。

(1) 对该问题分别使用核估计、局部回归、样条、小波等方法。

(2) 比较不同方法的拟合效果,对拟合曲线的特征进行讨论,确定一个最好的模型。

(3) 通过本例,你认为与参数方法相比,非参数化方法有什么优点? 非参数拟合是否揭示了参数化方法所忽略的信息?

9. 对于 R 中的程序包 faraway 自带的数据集 cornnit,使用 *nitrogen*(氮肥施用量)来预测 *yield*(玉米产量),希望获得一个好的回归模型。

(1) 对该问题分别使用核估计、局部回归、样条、小波等方法。

(2) 比较不同方法的拟合效果,对拟合曲线的特征进行讨论,确定一个最好的模型。

(3) 通过本例,你认为与参数方法相比,非参数化方法有什么优点? 非参数拟合是否揭示了参数化方法所忽略的信息?

10. 对于 R 软件自带的数据集 pressure,使用 *temperature*(温度)来预测 *pressure*(压力),希望获得一个好的回归模型。

(1) 对该问题分别使用核估计、局部回归、样条、小波等方法。

(2) 比较不同方法的拟合效果,对拟合曲线的特征进行讨论,确定一个最好的模型。

(3) 通过本例,你认为与参数方法相比,非参数化方法有什么优点? 非参数拟合是否揭示了参数化方法所忽略的信息?

11. 对于 R 中的程序包 faraway 自带的数据集 ozone,用 O_3(臭氧)作为因变量,以 *temp*(温度)、*humidity*(湿度)和 *ibh*(逆温层底部高度)作为自变量,拟合一个加法模型。你建议对自变量作变换吗?

12. 对于 R 软件自带的数据集 trees,以 log(*volume*)(体积)作为因变量,*girth*(围长)和 *height*(高度)作为自变量,拟合一个加法模型。你建议对自变量作变换吗?

13. 对于 R 中的程序包 faraway 自带的数据集 cheddar,以 *taste* 作为因变量,用其他三个变量作为自变量。

(1) 拟合一个加法模型。你建议对自变量作变换吗?

(2) 使用 Box-Cox 方法确定因变量的最佳变换。对因变量不作变换是否合理?

(3) 使用因变量的最优变换并重新拟合加法模型。这与建议的自变量变换有什么不同吗?

第12章

机器学习的回归模型

目的与要求

(1) 掌握决策树、随机森林和 AdaBoost 等常见的机器学习模型;

(2) 从回归分析的视角来看机器学习模型;

(3) 掌握常见的机器学习模型的应用;

(4) 掌握常见的机器学习模型在 R 软件中的实现。

在前面的章节中,我们通过描述性统计分析以及相关背景知识设定了回归模型的形式,模型体现了我们对数据如何生成的认识。然后,我们使用数据通过估计参数或拟合函数来确定模型。当分析的目的是解释或样本量相对较小时,回归分析通常表现很好,而且,线性回归模型会产生可解释的参数。然而,对于更大和更复杂的数据集,通常很难指定模型,如果从一开始就指定模型,还会限制对统计数据的理解。

和常规的回归模型不同,决策树、随机森林以及 AdaBoost 等具有代表性的机器学习模型不需要对总体进行分布的假定。对于以预测为目标的更大和更复杂的数据集,这些模型能够更灵活地适应数据,对于预测也很容易解释。

12.1 决策树

顾名思义,**决策树**(decision tree)就是一棵树,它包含一个根节点、若干个内部节点和若干个叶节点。叶节点对应于决策结果,其他每个节点则对应于一个属性规则。每个节点包含的样本集合根据属性规则的结果被划分到子节点中。根节点包含样本全集,从根节点到每个叶子节点的路径对应了一个判定规则序列。如果因变量是连续数据,决策树称为回归树,如果因变量是分类数据,则决策树称为分类树。回归树和分类树合起来也叫作 CART(classification and regression trees)。决策树模型很受欢迎,因为它是更加强大的各种组合算法的基础之一,而且非技术人员也容易理解其结构。

12.1.1 回归树

回归树与加法模型相似，它们都表示对线性模型和完全非参数方法的折中。假设 X 与 Y 分别为输入和输出变量，并且 Y 是连续变量，给定训练数据集 $D=\{(x_1,y_1),(x_2,y_2),\cdots,(x_N,y_N)\}$。一棵回归树对应着输入空间（即特征空间）的一个划分以及在划分的单元上的输出值。假设已将输入空间划分为 M 个单元 $R_1,R_2,\cdots,R_M$，并且在每个单元 R_m 上有一个固定的输出值 c_m，于是回归树模型可表示为

$$f(x)=\sum_{m=1}^{M}c_mI(x\in R_m)$$

当输入空间的划分确定时，可以用平方误差 $\sum_{x_i\in R_m}[y_i-f(x_i)]^2$ 来表示回归树对于训练数据的预测误差，用平方误差最小的准则求解每个单元上的最优输出值。容易得到，单元 R_m 上的 c_m 的最优值 $\hat{c}_m$ 是 R_m 上所有输入实例 x_i 对应的输出 y_i 的均值，即

$$\hat{c}_m=\text{ave}(y_i\mid x_i\in R_m)$$

因此，问题是怎样对输入空间进行划分。我们可以采用启发式的方法，步骤如下：

（1）选择第 j 个变量 $x^{(j)}$ 和它的值 s，作为分割变量和分割点，并定义两个区域：

$$R_1(j,s)=\{x\mid x^{(j)}\leqslant s\}\quad 和 \quad R_2(j,s)=\{x\mid x^{(j)}>s\}$$

然后寻找最优分割变量 j 和最优分割点 s。具体地，求解

$$\min_{j,s}\left[\min_{c_1}\sum_{x_i\in R_1(j,s)}(y_i-c_1)^2+\min_{c_2}\sum_{x_i\in R_2(j,s)}(y_i-c_2)^2\right]$$

对固定输入变量 j 可以找到最优分割点 s：

$$\hat{c}_1=\text{ave}(y_i\mid x_i\in R_1(j,s))\quad 和 \quad \hat{c}_2=\text{ave}(y_i\mid x_i\in R_2(j,s))$$

遍历所有输入变量，找到最优的分割变量 j，构成一个对 (j,s)。

（2）用选定的对 (j,s) 划分区域并决定相应的输出值：

$$R_1(j,s)=\{x\mid x^{(j)}\leqslant s\}\quad 和 \quad R_2(j,s)=\{x\mid x^{(j)}>s\},$$

$$\hat{c}_m=\frac{1}{N_m}\sum_{x_i\in R_m}y_i,\quad x\in R_m(m=1,2)$$

（3）继续对两个子区域调用步骤（1）、（2），直至满足停止条件；

（4）将输入空间划分为 M 个区域 $R_1,R_2,\cdots,R_M$，生成回归树：

$$f(x)=\sum_{m=1}^{M}\hat{c}_mI(x\in R_m)$$

这样的回归树通常称为**最小二乘回归树**（least squares regression tree）。

例 12.1 青原博士继续使用 R 软件 faraway 程序包里自带的 fat 数据，选择了 11 个变量，其中因变量是体脂百分比（*brozek*），可能影响体脂的 10 个自变量分别是颈部（*neck*）、胸部（*chest*）、腹部（*abdom*）、臀部（*hip*）、大腿（*thigh*）、膝关节（*knee*）、踝关节（*ankle*）、肱二头肌（*biceps*）、小臂（*forearm*）、手腕（*wrist*）。我们把这 252 个数据分为两部分，其中 70% 作为训练数据构造回归树，另外 30% 作为测试数据对模型进行检验。

我们用 R 语言程序包 rpart 中的 rpart() 函数来建立回归树。首先加载必要的程序包，读取数据：

```
>library(rpart)
>library(maptree)
>library(tree)
>data(fat,package="faraway")
>fat=fat[,c(1,9:18)]
```

前面的分析显示自变量之间存在共线性,这表明如果不增加一些变换,线性回归可能不合适。我们现在拟合回归树。

我们将数据分为训练集和测试集:

```
>set.seed(100)
>index=sample(2,nrow(fat),replace=TRUE,prob=c(0.7,0.3))
>train=fat[index==1,]
>test=fat[index==2,]
```

使用 rpart()命令构建树模型,结果存在 *fit* 变量中,绘制决策树:

```
>fit=rpart(brozek~.,method='anova',data=train)
>fit
```


结果如下:

```
n=175

node),split,n,deviance,yval
      * denotes terminal node

1) root 175 10037.74000 18.713140
  2) abdom<88.85 71   1799.65800 12.321130
    4) abdom<83.8 38    582.57260   9.657895*
    5) abdom>=83.8 33    637.19520 15.387880
      10) chest>=98.8 9      36.84889 12.388890*
      11) chest<98.8 24    489.04620 16.512500*
  3) abdom>=88.85 104   3356.74500 23.076920
    6) abdom<104.55 83   1734.78900 21.465060
      12) abdom<95.7 46    809.62980 19.702170
        24) wrist>=18.45 20    340.48550 17.185000*
        25) wrist<18.45 26    244.94150 21.638460*
      13) abdom>=95.7 37    604.47080 23.656760*
    7) abdom>=104.55 21    554.01240 29.447620
      14) abdom<110.35 14    158.27430 27.542860*
      15) abdom>=110.35 7    243.35710 33.257140*
```

在输出结果中，$n=175$ 表示观测值使用了 175 个，后面为每个节点的内容。node）为节点号码。split 为分叉的拆分变量及判别准则。n 为该节点观测值的个数。deviance 为偏差。yval 为该节点因变量的均值。 * denotes terminal node 说明星号（ * ）标明的节点是终节点。

我们发现第一个分裂（节点 2）是在腹部（*abdom*）上，71 个腹部测量值低于 88.85，平均响应值为 12.32，而节点 3 显示有 104 个观测值的腹部测量值大于 88.85，平均响应值为 23.08。

尽管可以从基于文本的输出中收集相关信息，但图形显示的效果更好，如图 12-1 所示。

```
>draw.tree(fit)
```

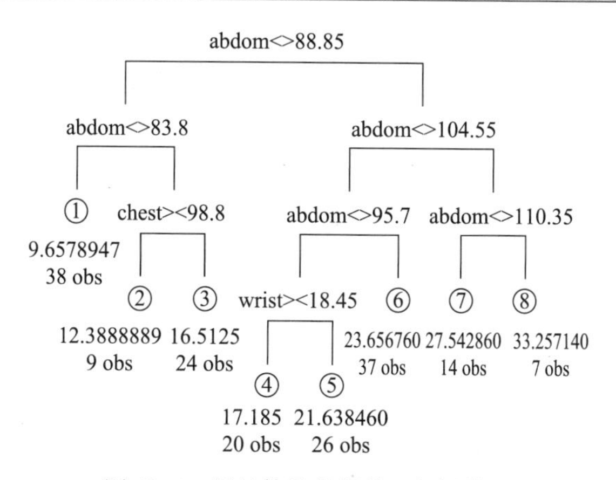

图 12-1　男性体脂数据的回归树模型

从上图可见回归树的终节点较多，我们考虑进行剪枝操作。

12.1.2　树修剪

树的最佳大小是多少？rpart()的默认形式限制了树的大小，可能需要一些干预来选择最好的树大小。一种策略是保持分区，直到总成本（树的残差平方和（*RSS*））的减少不超过 ε。然而，很难合理设置 ε。此外，这种策略可能会很快停止，因为树的每一次扩展改进不一定总是在减少 *RSS*。而且，*RSS* 会低估树的预测能力，这种现象在大多数模型中都很常见。

获得有更好预测能力的回归树的一种通用方法是交叉验证（CV）。对于给定的树，先留下一个案例，再用剩下的案例重新计算树，并使用该树来预测留下的案例。对于回归树，优化准则是：

$$\sum_{j=1}^{n}\left[y_j-\hat{f}_{(j)}(x_j)\right]^2$$

其中 $\hat{f}_{(j)}(x_j)$ 表示当案例 j 不在树的构造中时该树对输入 x_j 的输出量。对于其他类型的树则使用不同的准则。例如，对于分类问题，偏差（deviance）可以作为优化准则。

对于树来说，留一交叉验证的计算是昂贵的，所以通常使用 k 折交叉验证。数据被随机分成 k 个大致相等的部分，用（$k-1$）个部分的数据训练回归树，然后来预测留下的部分。除了在计算上要比留一交叉验证更节约成本,它甚至可能更有效。然而它的缺点是对数据的划分是随机的,因此重复该方法将给出不同的数值结果。而且,如果我们考虑一棵大树的所有子集,可能会有很多可能的树。这使得 k 折交叉验证太昂贵了。

类似于收缩方法,我们对回归树综合考虑成本与复杂性的修剪可能是有用的,这可以减少树的集合以考虑那些有价值的树。我们定义树的成本复杂度函数:

$$\mathrm{CC}(tree)=\sum_{\text{节点}:i} RSS_i+\lambda\times\text{节点数}$$

如果 λ 很大,那么最小化这个成本的树将较小,反之亦然。我们可以通过训练一棵大树来确定任何特定尺寸的最佳树,然后再修剪。给定一棵大小为 n 的树,我们可以通过考虑组合相邻节点的可能方式来确定大小为 $n-1$ 的最佳树。我们选择一个最少量增加拟合的树。该策略类似于线性回归变量选择中的向后消除法,可以证明它能生成给定大小的最佳树。

默认情况下,rpart 选择的树可能不够大,不能包含我们想要考虑的所有树。我们强迫它考虑一棵较大的树,然后检查所有子树的交叉验证标准。参数 *cp* 与非参数回归中的平滑参数起类似的作用,它被定义为 λ 与根树(没有分支的树)的 *RSS* 的比值。

例 12.2 续例 12.1,我们通过设定 *cp* 的值对回归树进行剪枝操作。

我们现在使用交叉验证从一系列树中进行选择。当开始调用 rpart 时,它会计算整个树的序列,我们使用 printcp()来帮助选择合适的 *cp* 值:


```
>printcp(fit)
```

结果如下:

```
Regression tree:
rpart(formula=brozek~.,data=train,method="anova")

Variables actually used in tree construction:
[1] abdom chest wrist

Root node error: 10038/175=57.359

n=175

CP           nsplit    rel error     xerror       xstd
1 0.486298      0      1.00000      1.01351     0.103125
2 0.106393      1      0.51370      0.57206     0.069986
3 0.057771      2      0.40731      0.52067     0.059259
4 0.031948      3      0.34954      0.48060     0.056411
5 0.022336      4      0.31759      0.45147     0.048498
6 0.015181      5      0.29525      0.42006     0.046018
7 0.011088      6      0.28007      0.42967     0.046920
8 0.010000      7      0.26898      0.43838     0.047714
```

在这个输出结果中,我们看到了 *cp* 参数的值、树中分割的数量、树的 *RSS* 除以空树的 *RSS* 的商,xerror 表示交叉验证误差,这也是由空树的 *RSS* 扩展的。由于将数据划分为 10 个部分是随机的,所以这个 CV 误差也是随机的,这使得给定的标准误差是有用的。随机分割也意味着,如果重复这个命令得不到完全相同的答案。

选取 xerror 最小时对应的 *cp* 值,此处 $cp=0.015181$。我们重新构建回归树模型。

```
>fit=rpart(brozek~.,method='anova',data=train,control=rpart.control(cp=0.015181))
>draw.tree(fit)
```

得到的回归树如图 12-2:

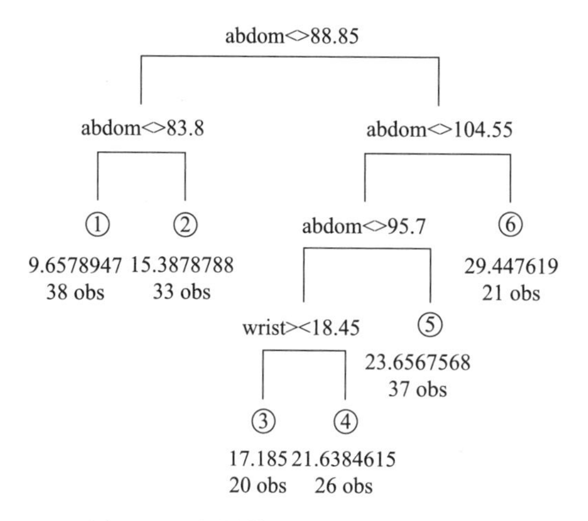

图 12-2　男性体脂数据最终的树模型

如图所示可以将 175 个训练数据通过回归树分为六类:

第一类:$abdom<83.8$,体脂百分比均值为 9.66,有 38 个观测值在此类。

第二类:$83.8<abdom<88.85$,体脂百分比均值为 15.39,有 33 个观测值在此类。

第三类:$abdom<95.7$ 且 $wrist<18.45$,体脂百分比均值为 17.19,有 20 个观测值在此类。

第四类:$abdom<95.7$ 且 $wrist>18.45$,体脂百分比均值为 21.64,有 26 个观测值在此类。

第五类:$95.7<abdom<104.55$,体脂百分比均值为 23.66,有 37 个观测值在此类。

第六类:$abdom>104.55$,体脂百分比均值为 29.45,有 21 个观测值在此类。

通过此回归树可以看出,腹部(*abdom*)对体脂百分比的影响最大,其次是手腕周长(*wrist*)。

例 12.3　续例 12.1,基于该回归树进行预测。

接下来用构造出的回归树对测试集进行预测,并计算均方根误差。在下面的命令里,rpart_pred 是根据回归树 fit 对测试集 test 中的自变量预测得到的因变量 *brozek*(体脂百分比)的值。rpart_rmse 是因变量预测值与真实值的均方根误差。

首先使用回归树对测试集数据进行预测,然后计算均方根误差。

```
>rpart_pred=predict(fit,newdata=test)
>rpart_pred
```

预测值为：

```
        7        12        15        22        24        27        28
21.638462 17.185000 23.656757 23.656757  9.657895  9.657895 15.387879
       32        34        36        39        42        43        44
15.387879 23.656757 29.447619 29.447619 23.656757 29.447619 23.656757
       47        48        63        74        77        78        79
 9.657895  9.657895 23.656757  9.657895  9.657895 17.185000 21.638462
       83        84        87        90        91        95       100
23.656757 17.185000 15.387879 15.387879 21.638462 15.387879 21.638462
      107       108       111       112       115       117       118
23.656757 23.656757 21.638462 29.447619 21.638462 21.638462 17.185000
      120       127       128       132       133       144       146
15.387879 21.638462  9.657895 21.638462 23.656757  9.657895  9.657895
      147       152       156       157       158       161       168
23.656757 23.656757  9.657895 29.447619 17.185000  9.657895 23.656757
      169       170       174       175       177       182       183
29.447619 21.638462 21.638462 29.447619  9.657895  9.657895  9.657895
      190       191       194       200       202       203       204
23.656757  9.657895 29.447619 17.185000 15.387879 23.656757 21.638462
      206       207       212       217       218       224       233
23.656757 21.638462 23.656757  9.657895  9.657895  9.657895 15.387879
      238       239       240       242       244       246       252
29.447619  9.657895 23.656757 29.447619 29.447619 15.387879 29.447619
```

均方根误差为5.064363。

```
>rpart_rmse=sqrt(1/length(rpart_pred)*sum((test$brozek-rpart_pred)**2))
>rpart_rmse
[1] 5.064363
```

12.1.3 分类树

树可以用于多种不同类型的响应数据。我们可以通过在每个分区上拟合一个适当的零模型来将树方法扩展到其他类型的响应变量。例如，我们可以通过使用一个偏差而不是 *RSS* 来将树扩展到二项、多项、泊松和生存数据。分类树与回归树相似，除了残差平方和不再是分割节点的合适标准。

我们可以用几种可能的方法来测量节点的纯度。设 n_{ik} 是在终端节点 i 中观测到

的类型 k 的观测数据的数量,p_{ik} 是在节点 i 中观测到的类型 k 的比例。设 D_i 是节点 i 的度量,因此总度量是 $\sum_i D_i$。对 D_i 有如下几种选择:

(1) 偏差: $D_i = -2\sum_k n_{ik}\log p_{ik}$;

(2) 熵: $D_i = -2\sum_k p_{ik}\log p_{ik}$;

(3) Gini 指数: $D_i = 1 - \sum_k p_{ik}^2$

所有这些度量都具有相同的特性,即当节点的所有成员都是相同类型时,它们就被最小化了。rpart()函数默认使用 Gini 指数。

例 12.4 青原博士仍然使用前面使用的男性体脂数据,但是将体脂(*brozek*)按从小到大分为三类 A、B、C,从而构建了一个分类变量 *fatclass*。因此,因变量就由一个连续变量转变成了分类变量。还是使用 10 个自变量:颈部(*neck*)、胸部(*chest*)、腹部(*abdom*)、臀部(*hip*)、大腿(*thigh*)、膝关节(*knee*)、踝关节(*ankle*)、肱二头肌(*biceps*)、小臂(*forearm*)、手腕(*wrist*)。我们把这 252 个数据分为两部分,70% 作为训练数据,构造回归树;另外 30% 作为检验数据,对模型进行检验。

首先加载必要的程序包,读取数据:

```
>library(rpart)
>library(maptree)
>library(tree)
>fatclass=read.csv("E:/hep/data/fatclass.csv",header=T)
>attach(fatclass)
```

我们将数据分为训练集和测试集:

```
>set.seed(100)
>index=sample(2,nrow(fatclass),replace=TRUE,prob=c(0.7,0.3))
>trainclass=fatclass[index==1,]
>testclass=fatclass[index==2,]
```

现在将拟合一棵分类树,因为因变量是一个因子,自动使用分类而不是回归。Gini 指数是准则的默认选择。在这里,我们指定了比默认值更小的复杂性参数 *cp*,因此也考虑了较大的树:

```
>ct=rpart(fatclass~.,data=trainclass,cp=0.001)
>printcp(ct)
Classification tree:
rpart(formula=fatclass~.,data=trainclass,cp=0.001)


Variables actually used in tree construction:
```

```
[1] abdom   biceps chest   hip      thigh   wrist

Root node error: 115/175=0.65714
n=175

          CP    nsplit    rel error     xerror       xstd
1 0.3913043         0      1.00000     1.16522    0.048722
2 0.1826087         1      0.60870     0.62609    0.056607
3 0.0202899         2      0.42609     0.49565    0.053909
4 0.0086957         5      0.36522     0.60000    0.056216
5 0.0057971        10      0.32174     0.56522    0.055582
6 0.0010000        13      0.30435     0.58261    0.055916
```

结果显示交叉验证误差在二叉树上达到了最小值,相应的 *cp* 值为 0.0202899。因此,我们选择这棵树:

```
>ctp=prune(ct,cp=0.0202899)
>ctp
n=175

node),split,n,loss,yval,(yprob)
      * denotes terminal node

1) root 175 115 A (0.34285714 0.32571429 0.33142857)
  2) abdom<87.1 58   10 A (0.82758621 0.15517241 0.01724138)*
  3) abdom>=87.1 117   60 C (0.10256410 0.41025641 0.48717949)
    6) abdom<96.15 61   26 B (0.19672131 0.57377049 0.22950820)*
    7) abdom>=96.15 56   13 C (0.00000000 0.23214286 0.76785714)*
```

这棵树并不是特别成功,因为一些终端节点非常纯,例如,#2 和#7,而另一些节点保留了很大的不确定性,例如#3。

我们现在计算训练集的误判率:

```
>(tt=table (actual=testclass$fatclass,predicted=predict(ctp,type="class")))
      predicted
actual    A     B     C
A        48    12     0
B         9    35    13
C         1    14    43
```

```
>1-sum(diag(tt))/sum(tt)
[1] 0.28
```

我们发现误判率为28%。我们可能希望做得更好。

一种可能是允许对变量的线性组合进行分割。另一种想法是将方法应用于主成分得分,而不是原始数据。希望使用主成分产生更有效的分类预测变量:

```
>pck=princomp(fatclass[,-1])
>pcdf=data.frame(fatclass=fatclass$fatclass,pck$scores)
>ct=rpart (fatclass~.,pcdf,cp=0.001)
>printcp(ct)
Classification tree:
rpart(formula=fatclass~.,data=pcdf,cp=0.001)

Variables actually used in tree construction:
[1] Comp.1 Comp.2 Comp.3 Comp.5 Comp.9

Root node error: 168/252=0.66667

n=252

CP          nsplit  rel error   xerror     xstd
1 0.3392857      0    1.00000  1.13690  0.040474
2 0.0833333      1    0.66071  0.72024  0.047208
3 0.0654762      2    0.57738  0.73810  0.047240
4 0.0357143      3    0.51190  0.72619  0.047222
5 0.0297619      5    0.44048  0.66071  0.046910
6 0.0208333      6    0.41071  0.63690  0.046705
7 0.0119048     11    0.30357  0.59524  0.046229
8 0.0059524     12    0.29167  0.58929  0.046148
9 0.0010000     13    0.28571  0.57143  0.045887
```

我们发现交叉验证误差反而更大一些。我们选择相应的树,并计算误判率:

```
>ctp=prune.rpart(ct,0.001)
>(tt=table(fatclass$fatclass,predict(ctp,type="class")))
   A    B    C
A 75    6    3
B 15   55   14
C  3    7   74
```

```
>1-sum(diag(tt))/sum(tt)
[1] 0.1904762
```

结果显示误判率已经降到 19%。为了进一步降低误判率,还可以考虑其他预测变量的组合。

12.2 随机森林

为了克服决策树容易出现过度拟合的缺点,**随机森林**(random forests, RF)应运而生。随机森林的实质是分类决策树的组合,即在变量(列)的使用和数据(行)的使用上进行随机化,生成很多分类树,再汇总分类树的结果。随机森林在运算量没有显著提高的前提下提高了预测精度,对多重共线性不敏感,可以在多达几千个解释变量的作用下进行很好的预测,被称为当前最好的算法之一。

随机森林通过自助法使用重复采样技术,从原始训练样本集中有放回地重复随机抽取 k 个样本,生成新的训练集样本集合;然后,对 k 个样本进行学习,生成 k 个决策树模型;最后,将 k 个决策树的结果进行组合,形成最终结果。针对分类问题,组合方法是简单多数投票法;针对回归问题,组合方法则是简单平均法。在决策树生成过程中,假设共有 M 个输入变量,从中随机抽取 F 个变量,各个内部节点均是利用这 F 个变量上最优的分裂方式来分裂的,且 F 值在随机森林模型的形成过程中为恒定的常数。

我们可以使用程序包 randomForest 中的 randomForest() 函数来建立随机森林模型。

例 12.5 青原博士继续使用 faraway 包里自带的 fat 数据,希望建立随机森林模型。

我们首先加载所需的程序包,读取数据:

```
>library(randomForest)
>data(fat,package="faraway")
>fat=fat[,c(1,9:18)]
```

我们将数据分为训练集和测试集:

```
>set.seed(100)
>index=sample(2,nrow(fat),replace=TRUE,prob=c(0.7,0.3))
>train=fat[index==1,]
>test=fat[index==2,]
```

在随机森林算法的函数 randomForest() 中有两个非常重要的参数,这两个参数会影响模型的准确性,它们分别是 *mtry* 和 *ntree*。一般对 *mtry* 的选择是逐一尝试,直到找到比较理想的值,*ntree* 可通过模型内误差稳定(通过图形大致判断)时对应的值来确定。

首先选择合适的 *mtry* 值。设 train 数据中包含的自变量的个数为 n。*mtry* 的值从

1 取到 *n*，选择最小均方误差对应的 *mtry* 作为模型中的 *mtry* 值。

```
>n=length(names(train))
>for(i in 1:n){
      mtry_fit=randomForest(brozek~.,data=train,mtry=i)
      err=mean(mtry_fit$mse)
  print(err)
}
结果为：
[1] 27.56967
[1] 23.73145
[1] 22.32705
[1] 20.99836
[1] 20.48192
[1] 20.24018
[1] 19.94324
[1] 20.49474
[1] 20.38445
[1] 20.58704
[1] 21.22263
Warning message:
In randomForest.default(m,y,...):
  invalid mtry: reset to within valid range
```

最小的均方误差对应的 *mtry* 值为 7。然后根据图形选取 *ntree* 值。

```
>ntree_fit=randomForest(brozek~.,data=train,mtry=7,ntree=1000)
>plot(ntree_fit)
```

根据图 12-3，当 *ntree*=200 时，误差已经基本稳定。

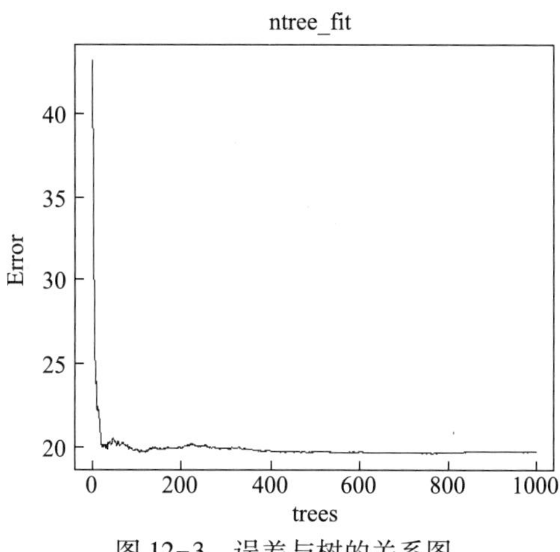

图 12-3　误差与树的关系图

例 12.6 续例 12.5,我们已经选好构建随机森林的所有参数:*ntree* = 200,*mtry* = 7,我们建立随机森林模型。

```
>rf = randomForest ( brozek ~ . , data = train, mtry = 7, ntree = 200, importance = TRUE,
proximity = TRUE)
>print(rf)      #展示随机森林模型的简要信息
```

结果如下所示:

```
Call:
randomForest(formula = brozek ~ . ,data = train, mtry = 7, ntree = 200, importance = TRUE,
proximity = TRUE)
               Type of random forest: regression
                     Number of trees: 200
No. of variables tried at each split: 7

          Mean of squared residuals: 20.44612
                    % Var explained: 64.35
```


我们还可以查看自变量的重要性,从图 12-4 中可以看出 *abdom* 对结果的影响最大,其次是 *chest*。

```
>varImpPlot(rf)
```

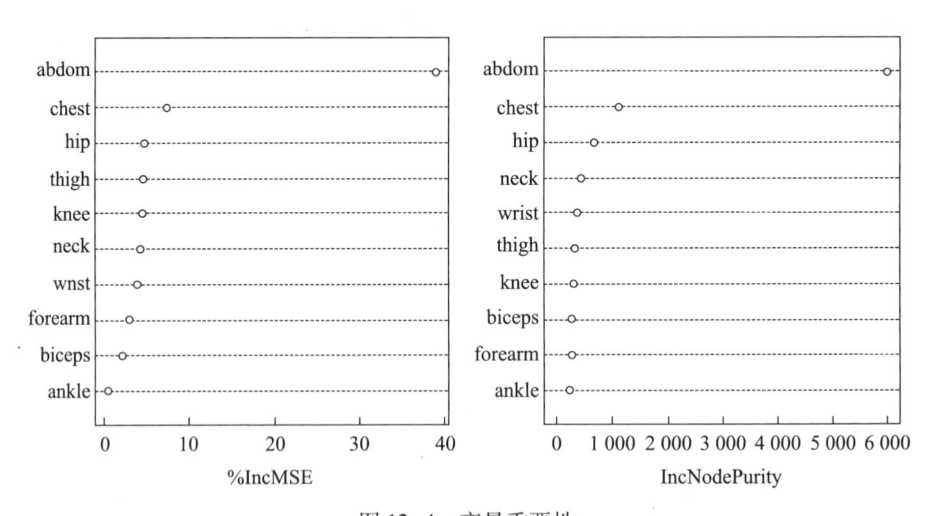

图 12-4 变量重要性

例 12.7 续例 12.5,基于随机森林树进行预测。

接下来用构造出的随机森林对测试集进行预测,并计算均方根误差。在下面的命令里,forest_pred()是根据随机森林树 rf 对测试集 test 中的自变量预测得到因变量 *brozek*(体脂百分比)的值。forest_rmse 是因变量预测值与真实值的均方根误差。

首先使用随机森林对测试集数据进行预测，然后计算均方根误差。

```
>forest_pred=predict(rf,newdata=test)
```

预测值为：

```
>forest_pred
        7        12        15        22        24        27        28
20.688225 17.167992 24.568842 24.029225  9.700483  9.930742 18.298842
       32        34        36        39        42        43        44
12.956108 21.584642 33.270708 35.079800 25.468633 26.456175 26.185942
       47        48        63        74        77        78        79
 8.154492 10.127325 24.302217 10.079067  9.176175 19.705675 22.987492
       83        84        87        90        91        95       100
21.947250 19.146142 16.316617 13.933500 22.062300 17.303675 20.293167
      107       108       111       112       115       117       118
25.536358 25.680800 20.484133 27.828817 20.430500 20.375608 15.598608
      120       127       128       132       133       144       146
16.385675 19.047525  9.515217 19.883275 24.620717  9.825217 10.036975
      147       152       156       157       158       161       168
21.601717 22.426525 11.957408 24.772225 17.669175 12.536258 22.949925
      169       170       174       175       177       182       183
32.476308 18.852250 20.504008 29.213492 13.579975 10.350725 12.132500
      190       191       194       200       202       203       204
24.311700  9.481817 26.025200 16.334433 16.093242 24.007500 16.409683
      206       207       212       217       218       224       233
21.520742 21.378625 26.066875 11.669200 11.180708 11.038517 16.697075
      238       239       240       242       244       246       252
33.138550  9.709625 24.434417 32.355108 32.299492 13.176608 27.012317
```

均方根误差为：

```
>forest_rmse=sqrt(1/length(forest_pred)*sum((test$brozek-forest_pred)**2))
>forest_rmse
[1] 4.573017
```

有兴趣的读者可以使用随机森林对例 12.1 的数据重新进行分析。

12.3 AdaBoost 模型

提升(boosting)方法是一种常用的统计学习方法，应用广泛且有效。AdaBoost 模

Bagging 方法

型是提升算法的一个代表。AdaBoost 多用于分类问题，在回归问题上应用较少。在分类问题中，它通过改变训练集的权重，学习多个分类器，并将这些分类器进行线性组合，从而提高分类的性能。

对提升方法来说，有两个问题需要回答：(1) 在每一轮如何改变训练数据的权值或概率分布；(2) 如何将弱分类器组合成一个强分类器。关于第 1 个问题，AdaBoost 的做法是，提高那些被前一轮弱分类器错误分类样本的权值，而降低那些被正确分类样本的权值。这样，那些没有得到正确分类的数据，由于其权值的加大而受到后一轮弱分类器的更大关注。于是，分类问题被一系列的弱分类器“分而治之”。至于第 2 个问题，即弱分类器的组合，AdaBoost 通过加权多数表决的方法来实现。具体地，加大分类误差率小的弱分类器的权值，使其在表决中起较大的作用，减小分类误差率大的弱分类器的权值，使其在表决中起较小的作用。

假设给定一个二分类的训练数据集 $T=\{(x_1,y_1),(x_2,y_2),\cdots,(x_N,y_N)\}$，其中，每个样本点由实例与标记组成。实例 $x_i\in\mathcal{X}\subseteq R^n$，标记 $y_i\in\gamma=\{-1,+1\}$，$\mathcal{X}$ 是实例空间，γ 是标记集合。AdaBoost 针对该输入数据，从训练数据中学习一系列弱分类器或基本分类器，并将这些弱分类器线性组合，最终输出一个强分类器 $G(x)$。

现在简述 AdaBoost 算法。具体过程如下：

(1) 初始化训练数据的权值分布：

$$D_1=(w_{11},\cdots,w_{1i},\cdots,w_{1N}),w_{1i}=\frac{1}{N},i=1,2,\cdots,N$$

(2) 对 $m=1,2,\cdots,M$

① 使用具有权值分布 D_m 的训练数据集学习，得到基本分类器

$$G_m(x):\mathcal{X}\to\{-1,+1\}$$

② 计算 $G_m(x)$ 在训练数据集上的分类误差率

$$e_m=\sum_{i=1}^{N}P(G_m(x_i)\neq y_i)=\sum_{i=1}^{N}w_{mi}I[G_m(x_i)\neq y_i]$$

③ 计算 $G_m(x)$ 的系数

$$\alpha_m=\frac{1}{2}\ln\frac{1-e_m}{e_m}$$

④ 更新训练数据集的权值分布

$$D_m=(w_{m+11},\cdots,w_{m+1i},\cdots,w_{m+1N})$$

$$w_{m+1i}=\frac{w_{mi}}{Z_m}\exp[-\alpha_m y_i G_m(x_i)],i=1,2,\cdots,N$$

这里，Z_m 是规范化因子

$$Z_m=\sum_{i=1}^{N}w_{mi}\exp[-\alpha_m y_i G_m(x_i)]$$

它使 D_{m+1} 成为一个概率分布。

(3) 构建基本分类器的线性组合

$$f(x)=\sum_{m=1}^{M}\alpha_m G_m(x_i)$$

得到最终分类器

$$G(x)=sgn[f(x)]=sgn\left[\sum_{m=1}^{M}\alpha_m G_m(x)\right]$$

其中,函数 $sgn(x)$ 是符号函数,其定义为:$sgn(x)=\begin{cases}1 & x>0\\ 0 & x=0\\ -1 & x<0\end{cases}$。

对 AdaBoost 算法做如下说明:

步骤(1)假设训练数据集具有均匀的权值分布,即每个训练集在基本分类器的学习中作用相同,这一假设保证第 1 步能够在原始数据上学习基本分类器 $G_1(x)$;

步骤(2)AdaBoost 反复学习基本分类器,在每一轮 $m=1,2,\cdots,M$ 顺次地执行下列操作:

① 使用当前分布 D_m 加权的训练数据集,学习基本分类器 $G_m(x)$。

② 计算基本分类器 $G_m(x)$ 在加权训练数据集上的分类误差率:

$$e_m=\sum_{i=1}^{N}P(G_m(x_i)\neq y_i)=\sum_{G_m(x_i)\neq y_i}w_{mi}$$

这里,w_{mi} 表示第 m 轮中第 i 个实例的权值,$\sum_{i=1}^{N}w_{mi}=1$。这表明,$G_m(x)$ 在加权的训练数据集上的分类误差率是被 $G_m(x)$ 误分类样本的权值之和,由此可以看出数据权值分布 D_m 与基本分类器 $G_m(x)$ 的分类误差率的关系。

③ 计算基本分类器 $G_m(x)$ 的系数 α_m,α_m 表示 $G_m(x)$ 在最终分类器中的重要性。当 $e_m\leqslant\frac{1}{2}$ 时,$\alpha_m\geqslant 0$,并且 α_m 随着 e_m 的减小而增大,所以误差率越小的基本分类器在最终分类器中的作用越大。

④ 更新训练数据的权值分布为下一轮做准备:

$$w_{m+1i}=\begin{cases}\dfrac{w_{mi}}{Z_m}e^{-\alpha_m} & G_m(x_i)=y_i\\[2ex] \dfrac{w_{mi}}{Z_m}e^{\alpha_m} & G_m(x_i)\neq y_i\end{cases}$$

由此可知,被基本分类器 $G_m(x)$ 误分类样本的权值得以扩大,而被正确分类样本的权值却得以缩小。两相比较,误分类样本的权值被放大 $e^{2\alpha_m}=\dfrac{1-e_m}{e_m}$ 倍,因此,误分类样本在下一轮学习中起更大的作用。不改变所给的训练数据,误分类样本在下一轮学习中将起更大的作用,这使得训练数据在基本分类器的学习中起不同的作用,这是 AdaBoost 的一个特点。

步骤(3)线性组合 $f(x)$ 实现 M 个基本分类器的加权表决。系数 α_m 表示了基本分类器 $G_m(x)$ 的重要性,这里,所有 α_m 之和并不为 1。$f(x)$ 的符号决定实例 x 的类,$f(x)$ 的绝对值表示分类的确信度,利用基本分类器的线性组合构建最终分类器是 AdaBoost 的另一特点。

例 12.8 青原博士仍然使用例 12.4 的 fatclass 数据,按照体脂百分比(*brozek*)的大小分为三类,用 *fatclass* 表示。

首先加载必要的程序包，读取数据：

```
>library(adabag)
>fatclass=read.csv("E:/hep/data/fatclass.csv",header=T)
>attach(fatclass)
```

我们将数据分为训练集和测试集：

```
#选取前70%作为训练数据，后30%作为测试数据
>set.seed(100)
>index=sample(2,nrow(fatclass),replace=TRUE,prob=c(0.7,0.3))
>trainclass=fatclass[index==1,]
>testclass=fatclass[index==2,]
```

对训练集建立 AdaBoost 模型：

```
>trainfat=boosting(fatclass~neck+chest+abdom+hip+thigh+knee+ankle+biceps+fore-
arm+wrist,data=trainclass)
```

然后计算训练集的准确率和误判率：


```
>trainpre=predict(trainfat,trainclass) #对训练集做预测
```

得到训练集的混淆矩阵为：

```
>trainpre$confusion #或者 table(trainclass$fatclass,trainpre$class)
                  Observed Class
Predicted Class      a   b   c
                a   59   0   0
                b    0  59   0
                c    0   0  56
```

误判率为：

```
>trainpre$error   #或者 sum(trainpre$class!=trainclass$fatclass)/nrow(trainclass)
[1] 0
```

现在计算测试集的准确率和误判率：

```
>testfat=boosting(fatclass~neck+chest+abdom+hip+thigh+knee+ankle+biceps+forearm
+wrist,data=testclass)
>testpre=predict(testfat,testclass)
```

得到测试集的混淆矩阵为：

```
>testpre$confusion
                  Observed Class
```

```
Predicted Class    a   b   c
              a   25   0   0
              b    0  25   0
              c    0   0  28
```

测试集的误判率为：

```
>testpre$error
[1] 0
```

12.4 小结

本章介绍了决策树、随机森林以及 AdaBoost 等几种典型的机器学习模型。机器学习模型不需要对总体分布进行假定,这使得它们能够更灵活地适应较复杂的数据,对于预测也很容易解释,尤其适合对分类因变量的分析。树模型非常适合寻找交互作用。如果我们对一个变量进行分割,然后在第一个变量的分区内分割另一个变量,我们就会发现这两个变量之间存在交互作用。

虽然与常规的回归模型在形式上不同,但机器学习模型本质上仍然是回归模型,通过这些模型可以分析变量之间的关系,实现对因变量的解释和预测。当然,任何一种分析方法最终都应该根据它是否能成功地预测或解释来判断。常规的回归模型可以实现这一点,基于算法的机器学习模型也具有较好的竞争力。

练习题

1. 简述决策树的基本原理与建模过程。

2. 为什么需要对决策树进行剪枝？如何对决策树进行剪枝？

3. 如何避免决策树的过拟合？

4. 决策树需要进行归一化处理吗？

5. 决策树在选择特征进行分类时,一个特征被选择过后,之后还会被选择到吗？

6. 和常规的回归模型相比,决策树有哪些优点和缺点？

7. 简述随机森林模型的基本原理与建模过程。

8. 简述为什么随机森林会优于决策树。

9. 简述 AdaBoost 模型的基本原理与建模过程。

10. 简述 AdaBoost 模型为什么不容易出现过拟合。

11. R 中的程序包 faraway 自带的数据集 gala 包含了著名的加拉帕戈斯岛上的物种数据。请以 *Species*(种类)为因变量,五个变量(*Area*、*Elevation*、*Nearest*、*Scruz*、*Adjacent*)为自变量,按以下要求建立模型：

（1）建立一个决策树模型。

（2）建立一个随机森林模型，并与前面的模型进行比较。

12. R 中的程序包 faraway 自带的数据集 pima 包含 768 名成年女性的信息，每名女性测量了 9 个变量（*pregnant*、*glucose*、*diastolic*、*triceps*、*insulin*、*bmi*、*diabetes*、*age*、*test*），请按以下要求建立模型：

（1）用 *diabetes*（糖尿病检验结果）作因变量，其余变量作预测变量，拟合一个树模型。

（2）对预测变量值为 1、99、64、22、76、27、0.25、25（与数据集中的顺序相同）的女性进行预测，请对预测结果进行评价。

13. 对于本书多次使用的 2017 年我国居民人均消费支出数据，分别建立决策树和随机森林模型，将其与你建立的最好的线性回归模型进行比较。

第13章

人工神经网络

目的与要求

（1）熟悉神经网络的基本模型，了解激活函数的作用；

（2）理解用回归分析的视角来看神经网络模型；

（3）了解神经网络的应用，能区分单变量输出和多变量输出的异同；

（4）掌握神经网络模型在 R 软件中的实现。

在统计分析中，开发一个合适模型的成本有时会减缓甚至阻碍研究进展。与常规的回归模型相比，神经网络（neural networks，NN）是一类受控的灵活的非线性回归模型，通过添加更多的隐藏层，可以构建从相对简单的到适用于复杂结构的大型数据集模型。神经网络模型对于大型复杂数据集非常有效，而且成功使用它们只需要很少的专业知识。神经网络可以视为非线性回归模型在大型复杂数据下的推广和应用。

神经网络最初是为了模仿人脑而发展起来的。人们认识到复杂的神经系统是由数目繁多的神经元（图 13-1）组合而成的。大脑皮层包括 100 亿个以上的神经元，每立方毫米约有数万个，它们互相联结形成神经网络，通过感觉器官和神经接受来自身体内外的各种信息，传递至中枢神经系统内，经过对信息的分析和综合，再通过运动神

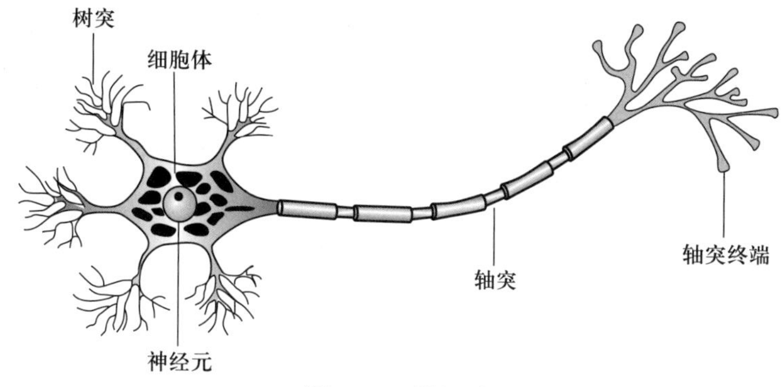

图 13-1　神经元

经发出控制信息，以此来实现机体与内外环境的交流，协调全身的各种机能活动。

利用大量神经元相互联结组成的人工神经网络可显示出人的大脑的某些特征。**人工神经网络**（artificial neural networks，ANN）系统是20世纪40年代后出现的。它是由众多可调的神经元的连接权值连接而成的，具有大规模并行处理、分布式信息存储、良好的自组织自学习能力等特点。人工神经网络是模拟人思维的第二种方式。[①] 虽然单个神经元的结构极其简单，功能有限，但大量神经元构成的网络系统所能实现的行为却是极其丰富多彩的。

神经网络可以用于各种目的。但我们感兴趣的应用领域是数据分析。有一些神经网络模型可以与统计学家通常使用的回归、分类和聚类方法相竞争。第10章介绍的Logistic回归和Softmax回归也可以看作是神经网络模型。

13.1 基本模型

神经元为神经网络中的基本组成单位，感知器是神经元的模型，是神经系统的基本构件。将许多神经元连接在一起，某些神经元的输出为另一些神经元的输入，就可以构成神经网络。

假设每个神经元的输入包含多个变量 $x_1, x_2, \cdots, x_p$ 以及一个偏倚项（bias）b，输

出为

$$y = h(x) = f\left(\sum_i w_i x_i\right)$$

其中，y 是被称为激活函数 f 的输出。w_i 是权重。如图13-2所示。

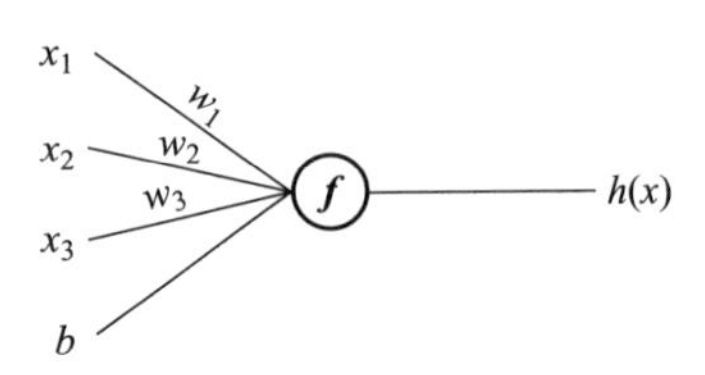

图13-2　感知器

与线性模型不一样，神经网络非常适合解决非线性问题，原因就在于**激活函数**（activate function）加入了非线性。激活函数包括恒等函数、阶跃函数、Logistic函数、指示函数、sigmoid函数、双曲正切函数、ReLU函数等。当然，若每层都采用线性激活函数（比如恒等函数），将网络的多层展开，会发现都只是相当于一层的结果。因此，一般都采用非线性函数作为激活函数。

输出的激活函数的选择取决于响应变量的性质。对于连续不受限制的输出，恒等函数是适当的，而对于在0和1之间的响应，如二项比例，应该使用Logistic函数。我们只列出下面三种常见的激活函数：

（1）sigmoid函数 $f(z)=\dfrac{1}{1+\exp(-z)}$；

---

① 思维学普遍认为，人类大脑的思维分为抽象（逻辑）思维、形象（直观）思维和灵感（顿悟）思维三种基本方式。

（2）双曲正切函数 $f(z)=\tanh(z)=\frac{\exp(z)-\exp(-z)}{\exp(z)+\exp(-z)}$；

（3）修正线性单元激活函数（简称为 ReLU）$f(z)=\max(0,z)$。

相较于 S 型函数等平滑函数，ReLU 的优势在于拥有更实用的响应范围，在使用反向传播算法（BP）求解时不存在梯度消失的问题。S 型函数的响应性在两端相对较快地减少，容易出现梯度消失。同时 ReLU 还非常易于计算。

三个激活函数的图像如图 13-3 所示：①

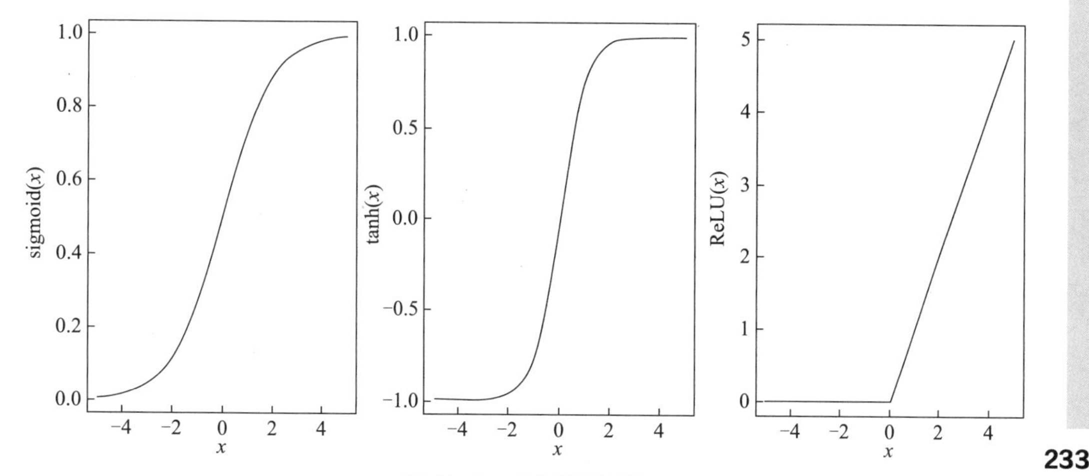

图 13-3　三种激活函数

注：从左至右分别为 sigmoid 函数、双曲正切函数和 ReLU

综上，可以总结神经网络模型的标准组件如下：

（1）一组节点，类似于神经元，位于层中；

（2）一组权重，表示每个神经网络层与其下方的层之间的关系。下方的层可能是另一个神经网络层，也可能是其他类型的层；

（3）一组偏倚，每个节点一个偏倚；

（4）一个激活函数，对层中每个节点的输出进行转换。不同的层可能拥有不同的激活函数。

13.2 三层前馈神经网络

有一个隐藏层的前馈神经网络是最常见的选择。它的形式如下：

$$y=f_0\left[\sum_h w_{ho} f_h\left(\sum_i w_{ih} x_i\right)\right]$$

一般不同层的激活函数是相同的。我们将其中一个输入设为常数 1 以考虑偏倚项。

在图 13-4 中显示了简单的三层前馈神经网络。图中每一个圆代表一个神经元的输入，写有 b 的圆代表偏置项。图中最左边的层称为输入层，图中的神经网络有三

① sigmoid=function(x){1/(1+exp(−x))};x=seq(−5,5,0.01);par(mfrow=c(1,3));plot(x,sigmoid(x));plot(x,tanh(x));ReLU=function(x){ifelse(x<0,0,x)};plot(x,ReLU(x))

个输入单元。最右边一层称为输出层，输出层可以有一个节点，也可以有多个节点，表示整个网络的输出。其他中间的层称为隐藏层。

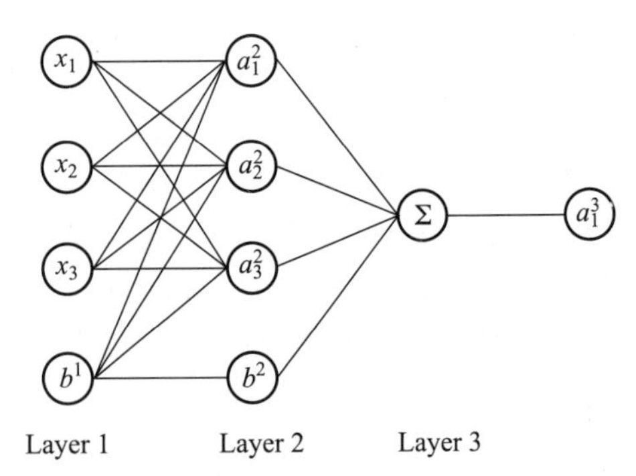

图 13-4 有一个隐藏层的三层前馈神经网络

这里用 a_i^l 表示第 l 层第 i 个神经元的激活值，如 a_2^2 表示第二层第二个神经元的激活值；用 W_{ij}^l 表示第 l 层第 i 个神经元和第 $l-1$ 层第 j 个神经元之间的连接参数；用 b_i^l 表示第 l 层第 i 个神经元的偏倚参数。则在我们的网络中第 2 层的神经元计算公式如下：

$$a_1^2=f(W_{11}^2x_1+W_{12}^2x_2+W_{13}^2x_3+b_1^2)$$
$$a_2^2=f(W_{21}^2x_1+W_{22}^2x_2+W_{23}^2x_3+b_2^2)$$
$$a_3^2=f(W_{31}^2x_1+W_{32}^2x_2+W_{33}^2x_3+b_3^2)$$

输出层为

$$a_1^3=f(W_{11}^3a_1^2+W_{12}^3a_2^2+W_{13}^3a_3^2+b_1^3)$$

此处假设不同层的激活函数相同。

神经网络的计算可以表示成十分整齐的矩阵乘法运算，所以在实际神经网络的运算中一般将其表示为 GPU 上的矩阵运算来提高运算速度。

使用更多的隐藏层可以增加复杂性，然而，并不总是有利于提升神经网络的实际性能。

我们必须使用数据来训练网络，获得神经网络模型的权重参数。对于响应是连续变量的情况，选择通过极小化下面的误差函数或优化准则来获得权重 w：

$$E=\sum_{i=1}^{n}(y_i-\hat{y}_i)^2$$

其中 y_i 是观察到的实际输出，$\hat{y}_i$ 是预测的输出，n 是样本量。

对于响应是分类变量的情况，比如二分类 $y\in\{0,1\}$，此时可以使用交叉熵作为优化标准以适合于分类响应：

$$E=\frac{1}{n}\sum_{i=1}^{n}\{-y_i\ln P(y_i=1|x_i)-(1-y_i)\ln[1-P(y_i=1|x_i)]\}$$

除了最简单的神经网络之外，神经网络的优化准则是参数的一个复杂函数。这个函数通常有许多局部极小值，使得它很难找到真正的极小值。通常使用标准的数值分析方法，如拟牛顿法，共轭梯度法或模拟退火法来优化准则。

更多神经网络模型介绍

神经网络依赖于多个神经元或节点、用于在每次迭代（通常称为 epoch）中更新连接权重的学习过程，以及将带有权重的节点输入转换成它的输出激活节点的激活函数，逐层传递，直到得到输出的预测结果。

13.3 类似于神经网络的统计模型

对于前面介绍的单层感知机神经网络，如果把激活函数 f 定义为恒等函数，则神

经网络可以视为多元线性回归

$$y = \sum_i w_i x_i$$

这里可以定义 $x_1 \equiv 1$ 来获得截距。神经网络的替代选择是将一个称为偏倚的权重 θ 添加到每个神经元,统计学家把偏倚 θ 称为截距。但是,如果我们把 f 定义为其他激活函数,比如 sigmoid 函数,这样的神经网络不完全等同于多元线性回归模型,除非神经网络以非常特殊的方式拟合。

如果响应是二分变量,激活函数 f 定义为示性函数,此时神经网络模型类似于线性判别分析,但也不尽相同。

其他常见的统计模型可以通过添加更多神经元来近似。二元响应变量的多元线性回归 $Y=X\beta+\varepsilon$,其中 Y,X,β,ε 都是矩阵,在图 13-5(上)中为神经网络模型。多项式回归可以通过使用不同的激活函数和多层神经元来模仿,如图 13-5(下)所示。

神经网络从数据中学习权重,而统计学家更喜欢说神经网络从数据中估计参数。因此,神经网络的术语与统计中说法不同,需要注意区分以免造成混淆。

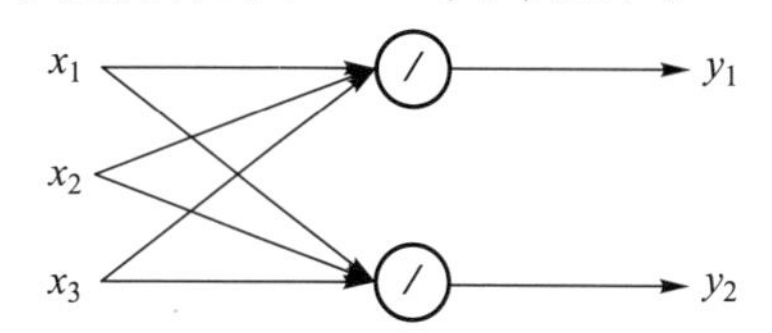

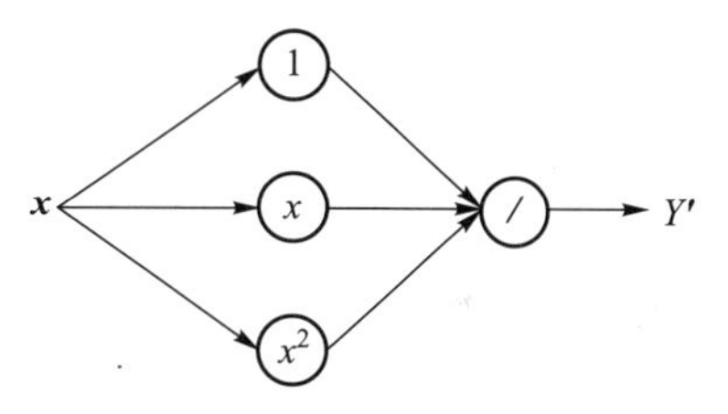

图 13-5　多元线性回归(上)和多项式回归(下)的神经网络等价式

与传统的统计模型不同,由于非线性的激活函数将每个隐藏层节点像管道一样连接起来,神经网络非常适合处理非线性问题。通过添加隐藏层,在非线性上堆叠非线性,我们就能够对输入和预测输出之间极其复杂的关系进行建模。简而言之,每一层均可通过原始输入有效学习更复杂的函数。

相对于统计模型,神经网络在推断、诊断和模型选择方面缺乏良好的统计理论。当然,它们不是在考虑到这些统计因素的情况下开发出来的,但经验表明,这些问题往往很重要。神经网络的参数是不可解释的,然而它们在统计模型中往往具有一定的意义。此外,神经网络不是基于表达结构和变化的概率模型。因此,它没有标准误差。虽然有可能将一些统计推断移植到神经网络模型上,但这并不容易。Bootstrap 是实现统计推断的一种可能方式。

此外,在构建神经网络模型时,我们仍然必须注意基本的统计问题,包括数据的变换和缩放以及异常值和有影响的点。

13.4 神经网络的应用

例 13.1　继续使用 2017 年我国居民人均消费支出数据,青原博士希望建立一个神经网络模型来预测我国居民人均消费支出。

由于影响消费的因素很多,前面的章节已经显示,建立一个合适的回归模型遇到了不少问题。除了通过统计理论构建一个理想的显示模型,还可以把建模中间的复杂过程视为一个黑箱子,从而建立神经网络模型。

我们可以使用 neuralnet 程序包建立神经网络模型。[①]

```
>install.packages("neuralnet")
>library(neuralnet)
>options(digits=3)
>consumption=read.csv("E:/hep/data/consumption2017.csv",header=T)
>attach(consumption)
>row.names(consumption)=(consumption)[,1]
>consumption=consumption[,2:8]   #把第一列地名去掉
```

在拟合神经网络模型之前，我们需要做一些准备工作。首先要确定数据是否有缺失值，下面的结果显示没有任何缺失值。

```
>rowSums(is.na(consumption))
北京  天津  河北  山西  内蒙古  辽宁  吉林  黑龙江  上海  江苏
  0     0     0     0      0     0     0      0     0     0
浙江  安徽  福建  江西    山东  河南  湖北    湖南  广东  广西
  0     0     0     0      0     0     0      0     0     0
海南  重庆  四川  贵州    云南  西藏  陕西    甘肃  青海  宁夏  新疆
  0     0     0     0      0     0     0      0     0     0     0
```


这里采用最大最小值方法对数据进行归一化：

```
>maxs=apply(consumption,2,max)
>mins=apply(consumption,2,min)
>consumptionscaled=as.data.frame(scale(consumption,center=mins,scale=maxs-mins))
```

接下来，我们把数据随机分为两部分：70% 的数据作为训练数据来训练神经网络模型，剩下 30% 的数据作为测试数据用来检验神经网络模型。

```
>set.seed(123)
>index=sample(2,nrow(consumptionscaled),replace=TRUE,prob=c(0.7,0.3))
>train.cse=consumptionscaled [index==1,]
>test.cse=consumptionscaled [index==2,]
```

首先，我们构建包含 1 个隐藏层含 2 个神经元的前馈神经网络模型。在 neuralnet() 函数中设置 hidden=2。

```
>cse.net=neuralnet(cse~pop14+pop65+pgdp+dpgdp+dpi+ddpi,data=train.cse,hidden=2)
>plot (cse.net)
```

---

① 注意：(1) 参数 hidden 可以使用一个数值型向量来设定每个隐藏层的神经元数目，而参数 linear.output=TRUE 表示进行回归分析，linear.output=FALSE 表示进行分类。(2) 对得到的神经网络模型使用 plot() 命令可以绘制模型的图形，图形通过设定的权重进行连接。

图 13-6 是我们得到的神经网络模型,这让我们对模型有一个直观的印象。图中的黑线表示每一层与其相关权重直接的关系,而蓝色虚线表示在拟合过程中,每一步被添加的偏倚项。

那么,这个模型在测试集中的预测能力如何呢?均方根误差(RMSE)可以衡量预测性能。我们首先得到训练集的 RMSE 为 0.0437。

```
>rmse=function(x,y) sqrt(mean((x-y)^2))
>rmse(cse.net$net.result[[1]],train.cse$cse)
[1] 0.0437
```

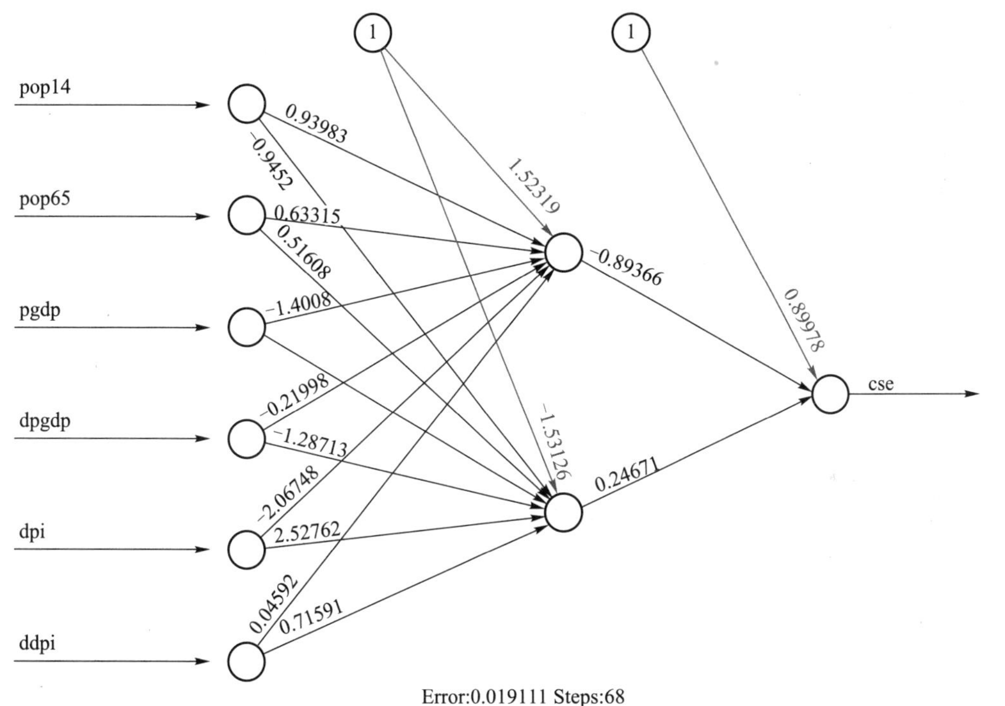

图 13-6 1 个隐藏层的前馈神经网络模型

注意,这里需要使用 compute() 函数在测试数据集上进行预测,得到测试集的 RMSE 为 0.0626。

```
>rmse(compute(cse.net,test.cse[,2:7])$net.result,test.cse$cse)
[1] 0.0626
```

还可以得到预测值与实际值之间的相关系数。相关系数越接近 1,表明两个变量之间线性相关性越强。

```
>cor(compute(cse.net,test.cse[,2:7])$net.result,test.cse$cse)
            [,1]
[1,] 0.98
```

这里的相关系数为 0.98,表明预测结果和实际结果比较接近,即使是在仅有 1 个隐藏层 2 个神经元的情况下。

我们继续修改模型,增加一个隐藏层,同时增加神经元数量,设两个隐藏层的神经元个数分别为 5 和 3,在 neuralnet() 函数里设置 hidden=c(5,3)。

```
>cse. net2=neuralnet(cse~pop14+pop65+pgdp+dpgdp+dpi+ddpi,data=train. cse,hid-
den=c(5,3),linear. output=T)
>plot(cse. net2)
```

2 个隐藏层的前馈神经网络如图 13-7 所示。

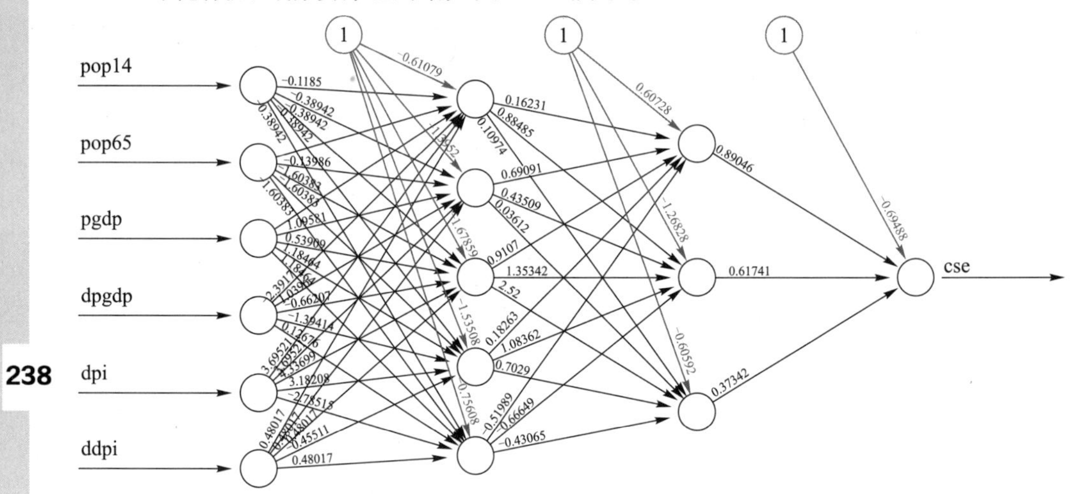

图 13-7 2 个隐藏层的前馈神经网络

同样的,我们可以得到训练集的 RMSE 为 0.0311,而测试集的 RMSE 为 0.0788。预测值与实际值的相关系数为 0.984。与前一个隐藏层的神经网络模型相比较,在对测试集的预测性能上没有太大的改善。

```
>rmse(cse. net2$net. result[[1]],train. cse$cse)
[1] 0.0311
>rmse(compute(cse. net2,test. cse[,2:7])$net. result,test. cse$cse)
[1] 0.0788
>cor(compute(cse. net2,test. cse[,2:7])$net. result,test. cse$cse)
             [,1]
[1,] 0.984
```

例 13.2 青原博士将使用 R 自带的鸢尾花(iris)数据,分两种情况建立神经网络分类模型。第一种情况是输出为单变量,即使用有 3 个水平(*setosa*、*versicolor*、*virginica*)的类别变量 *Species*;第二种情况是输出为多个变量,即把 *Species* 的每个水平设置成一个虚拟变量,则输出为 3 个变量。数据集中通过萼片长度(*Sepal. Length*)、萼片宽度(*Sepal. Width*)、花瓣长度(*Petal. Length*)和花瓣宽度(*Petal. Width*)实现对品种的划分。

（1）输出为单变量的情况。我们首先读取数据，将 70% 的数据作为训练集，30% 的数据作为测试集：

```
>data("iris")
>set.seed(123)
>index=sample(2,nrow(iris),replace=TRUE,prob=c(0.7,0.3))
>trainiris=iris[index==1,]
>testiris=iris[index==2,]
```

我们这里主要使用 nnet 程序包训练神经网络。nnet()提供了传统的前馈反向传播神经网络算法的实现。为了感受神经网络分类模型，也使用 neuralnet 程序包绘制神经网络模型。

```
>install.packages("nnet")
>library(nnet)
>library(neuralnet)
>iris.nn = nnet(Species ~ . , data = trainiris, size = 2, rang = 0.1, decay = 5e-4, maxit =
200)
```

下面输出了训练好的神经网络。

```
>summary(iris.nn)
a 4-2-3 network with 19 weights
options were -softmaxmodelling   decay=5e-04
b->h1   i1->h1   i2->h1   i3->h1   i4->h1
2.55      3.44     6.20    -6.26    -7.03
b->h2   i1->h2   i2->h2   i3->h2   i4->h2
-0.42    -0.58    -1.91     3.01     1.49
b->o1   h1->o1   h2->o1
2.42      5.41   -10.14
b->o2   h1->o2   h2->o2
-6.66     6.64     6.07
b->o3   h1->o3   h2->o3
4.24    -12.05     4.07
```

例如，i2->h1 是指第二个输入变量与第一个隐藏的神经元之间的连接，b 表示偏差，它取常数值 1。我们看到有一个跳跃连接，b->o，这将偏差与输出连接起来了。

为了直观感受训练好的神经网络模型图，我们这里使用了程序包 neuralnet 来绘制模型图。图 13-8 显示这是有 1 个隐藏层含 2 个神经元的前馈神经网络模型。

```
>iris.nn2=neuralnet(Species~.,trainiris,linear.output=FALSE,hidden=2)
>plot(iris.nn2)
```

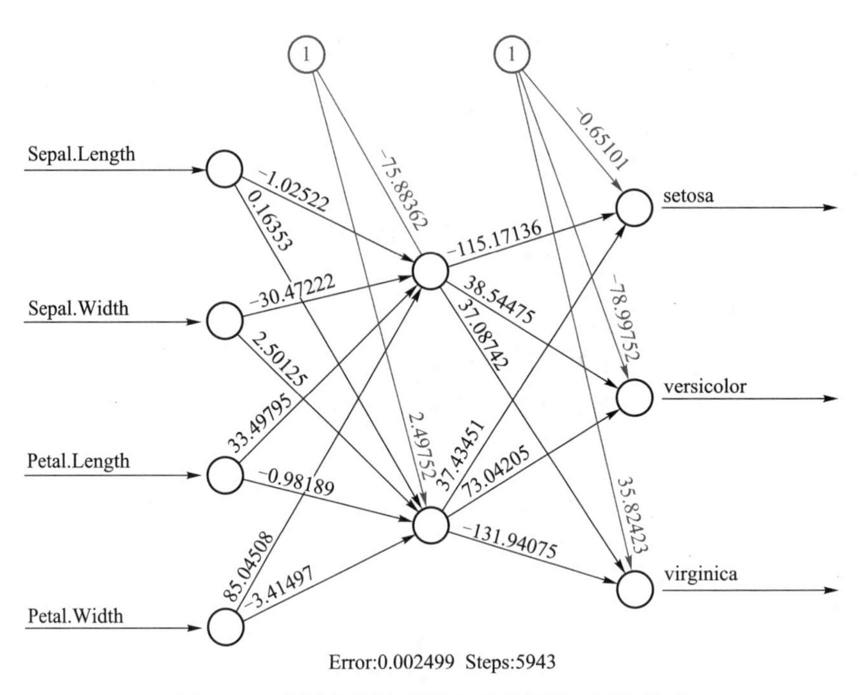

图 13-8 鸢尾花数据:单输出的前馈神经网络模型

接下来,我们基于模型 iris. nn 对测试数据集进行预测。将 predict() 函数中的 type 参数设置为 class,使输出预测的类别号而非概率矩阵。然后,输出混淆矩阵 confusionMatrix() 对训练好的神经网络预测性能进行评估。[①] 为了输出混淆矩阵,需要加载程序包 e1071 和 caret。

```
>iris. predict=predict(iris. nn,testiris,type="class")
>iris. predict
[1] "setosa"      "setosa"     "setosa"     "setosa"     "setosa"
[6] "setosa"      "setosa"     "setosa"     "setosa"     "setosa"
[11] "setosa"     "setosa"     "setosa"     "setosa"     "setosa"
[16] "versicolor" "versicolor" "versicolor" "versicolor" "versicolor"
[21] "versicolor" "virginica"  "versicolor" "virginica"  "virginica"
[26] "versicolor" "versicolor" "versicolor" "versicolor" "virginica"
[31] "virginica"  "virginica"  "virginica"  "virginica"  "virginica"
[36] "virginica"  "virginica"  "virginica"  "virginica"  "virginica"
[41] "virginica"  "virginica"  "virginica"  "virginica"
>install. packages("e1071")
>library(e1071)
>library(caret)
>confusionMatrix(testiris$Species,factor(iris. predict))
```

① 也可以输出简洁结果:nn. table=table(testset$Species,iris. predict);nn. table

```
Confusion Matrix and Statistics

           Reference
Prediction      setosa   versicolor   virginica
setosa              15            0           0
versicolor           0           11           3
virginica            0            0          15

Overall Statistics

               Accuracy : 0.932
                 95% CI : (0.813,0.986)
    No Information Rate : 0.409
    P-Value [Acc>NIR] : 3.49e-13

                    Kappa : 0.897
Mcnemar's Test P-Value : NA

Statistics by Class:

                     Class: setosa   Class: versicolor   Class: virginica
Sensitivity                  1.000               1.000              0.833
Specificity                  1.000               0.909              1.000
Pos Pred Value               1.000               0.786              1.000
Neg Pred Value               1.000               1.000              0.897
Prevalence                   0.341               0.250              0.409
Detection Rate               0.341               0.250              0.341
Detection Prevalence         0.341               0.318              0.341
Balanced Accuracy            1.000               0.955              0.917
```

结果显示预测准确率为 0.932,Kappa 值为 0.897,说明对输出为单变量的情况,即单输出的分类问题,该神经网络模型的分类效果很好。

(2) 如果把类别变量变为 3 个虚拟变量呢? 这就是多输出的分类情况。我们重新加载程序包,读取数据:

```
>library(nnet)
>library(neuralnet)
>data(iris)
>X=iris[,1:4]
>y=iris$Species
```

我们将分类变量的 3 个水平变成 3 个虚拟变量,从而构建多输出的情况。

```
>output=class. ind(y)#变成 001 形式的虚拟变量
>colnames(output)= paste0('out. ',colnames(output))#在分类变量前加 out.
>output. names=colnames(output)
>input. names=colnames(X)
```

我们将 70% 的数据作为训练集,30% 的数据作为测试集。

```
>set. seed(123)
>index=sample(2,nrow(iris),replace=TRUE,prob=c(0. 7,0. 3))
>trainiris=cbind(iris,output)[index==1,]
>testiris=cbind(iris,output)[index==2,]
```

因为是多输出,下面构建多输出对多输入的函数,进而建立神经网络模型。

```
>f=paste(paste(output. names,collapse='+'),'~',# 三个分类标签相加,多输出
                paste(input. names,collapse='+'))#四个分类自变量相加,多输入
>iris. nnm=neuralnet(f,trainiris,hidden=c(5,2))
```


画出该神经网络模型,包含 2 个隐藏层,每层神经元个数分别为 5 和 2,如图 13-9 所示。

```
>plot(iris. nnm)
```

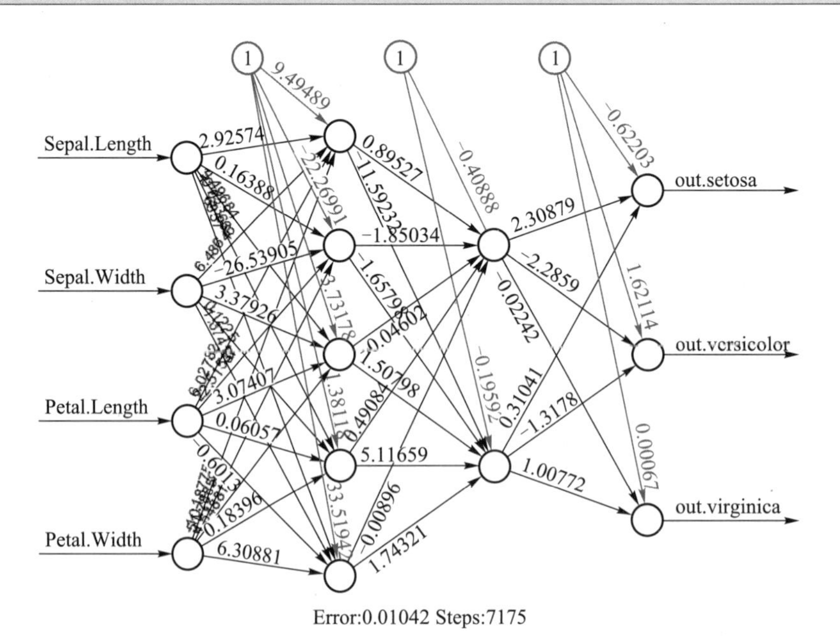

图 13-9　鸢尾花数据:多输出的神经网络模型

接下来,我们基于模型 iris. nnm 对测试数据集进行预测。然后,输出混淆矩阵 confusionMatrix 对训练好的神经网络预测性能进行评估。

```
>iris.predict=compute(iris.nnm,testiris[1:4])
>head(iris.predict$net.result)
        [,1]        [,2]        [,3]
2      0.998    0.002535   -0.000372
4      0.999    0.001347   -0.000115
5      1.000   -0.000472    0.000286
8      1.000    0.000351    0.000104
11     1.000   -0.000633    0.000322
16     1.004   -0.005212    0.001370
```

我们令每一行取最大值的变量为确定的分类：

```
iris.predictclass=vector(mode="numeric",length=0)#定义数值型空向量
for(i in 1:44)
{
    iris.predictclass[i]=which.max(iris.predict$net.result[i,])

}
```

因此，我们得到混淆矩阵，分析该神经网络模型的预测性能。

```
> for (i in 1:44){
    if (iris.predictclass[i] == 1)   {
        iris.predictclass[i] = "setosa"
    }
    if (iris.predictclass[i] == 2)   {
        iris.predictclass[i] = "versicolor"
    }
    if (iris.predictclass[i] == 3)   {
        iris.predictclass[i] = "virginica"
    }
}
>nn.table=table(testiris$Species,iris.predictclass)
>nn.table#基于分类表得到混淆矩阵
     iris.predictclass
              setosa   versicolor   virginica
setosa            15            0           0
versicolor         0           11           3
virginica          0            1          14
```

下面的混淆矩阵的结果显示：多分类的准确率为 0.909，Kappa 值为 0.863，比单

输出分类问题模型的结果更好。

```
>confusionMatrix(nn. table)
Confusion Matrix and Statistics

            iris. predictclass
              setosa  versicolor  virginica
  setosa          15           0          0
  versicolor       0          11          3
  virginica        0           1         14

Overall Statistics

               Accuracy : 0. 909
                 95% CI : (0. 783,0. 975)
    No Information Rate : 0. 386
    P-Value [Acc>NIR] : 6. 18e-13

                  Kappa : 0. 863
 Mcnemar' s Test P-Value : NA
Statistics by Class:

                     Class: setosa  Class: versicolor  Class: virginica
Sensitivity                  1. 000             0. 917            0. 824
Specificity                  1. 000             0. 906            0. 963
Pos Pred Value               1. 000             0. 786            0. 933
Neg Pred Value               1. 000             0. 967            0. 897
Prevalence                   0. 341             0. 273            0. 386
Detection Rate               0. 341             0. 250            0. 318
Detection Prevalence         0. 341             0. 318            0. 341
Balanced Accuracy            1. 000             0. 911            0. 893
```

13.5 小结

这一章简要介绍了人工神经网络模型。首先介绍了神经元、感知器,强调了激活函数的重要性,还介绍了三层前馈神经网络模型,然后讨论了神经网络模型与回归模型的联系与区别。神经网络可以有多个隐藏层和神经元,非常适合对比较复杂的非线性关系建模。神经网络的高性能需要大量的数据来实现,因而,在“少量数据”情况下通常不如其他机器学习算法。神经网络模型也是一类回归模型。但是,与常规的回归模型相比，神经网络在推断、诊断和模型选择方面还缺乏良好的统计理论。当然，它们不是在考虑到这些统计因素的情况下开发出来的，但经验表明，这些问题往往很重要。

练习题

1. 简述神经网络的基本特征和基本功能。

2. 简述神经网络的典型激活函数。

3. 你认为感知器神经网络存在的主要缺陷是什么?

4. 如何理解人工神经网络与回归模型的联系与区别?

5. R 中的程序包 faraway 自带的数据集 gala 包含了著名的加拉帕戈斯岛上的物种数据。请以 *Species*(种类)为因变量，五个变量(*Area*、*Elevation*、*Nearest*、*Scruz*、*Adjacent*)为自变量，按以下要求建立模型：

(1) 建立一个线性回归模型。

(2) 建立一个神经网络模型，并与前面的模型进行比较。

6. R 中的程序包 faraway 自带的数据集 pima 包含 768 名成年女性的信息，每名女性测量了 9 个变量。请以 *diastolic*(舒张压)为因变量，其他变量(*pregnant*、*glucose*、*triceps*、*insulin*、*bmi*、*diabetes*、*age*、*test*)为自变量，按以下要求建立模型：

(1) 建立一个线性回归模型。

(2) 建立一个神经网络模型，并与前面的模型进行比较。

7. 对于本书多次使用的 2017 年我国居民人均消费支出数据，建立一个神经网络模型，将其与你建立的最好的线性回归模型进行比较。

第 14 章

缺失数据

目的与要求

(1) 了解数据的缺失类型和缺失方式;
(2) 掌握常见的缺失数据处理方法;
(3) 熟悉不同数据缺失处理方法在 R 软件中的实现。

在回归建模时,数据的质量会影响模型的效果。我们面对的数据经常会出现案例缺失、数据不完全以及变量值缺失等问题。本章将简要介绍数据缺失的类型,并给出删除法、单一插补法和多重插补法等方法来解决缺失数据的问题。

14.1 缺失数据的类型

14.1.1 数据缺失方式

以下是回归建模时缺失数据出现的几种方式:

缺失案例(missing cases)。当从总体中抽取样本时,我们不会获得未被抽取的案例。这种情况很常见,比如在调查收入状况时,有些人群没有调查或没有提供数据。缺失案例实际上是大多数统计数据的标准情况。当案例缺失的原因与已观察到的现象不相关,那么即使我们只是有一个较小的样本,也可以正常分析。但是,当案例未被观察到的原因与我们所看到的现象有某种联系时,这就是一个有偏差的样本。由缺失案例导致的偏倚抽样可以通过协变量调整来缓和。如果有足够的信息,我们可以修正并得到有效的推论。

不完全数据(incomplete values)。假设我们做一个实验来研究灯泡的寿命,可能没有时间等所有灯泡坏了后结束实验。我们常常会在获得一定数据后提前结束实验,这些不完整的案例提供了灯泡至少持续了一定时间的信息,虽然我们不知道它到底会持续多久直到熄灭。在医学试验中也有类似的例子,病人的最终结果尚不清楚时就要结束试验。这样获得的数据也称为删失数据(censored data)。生存分析或可靠性分析这样的方法可以处理这些数据。

缺失值(missing values)。有时我们观察到案例的某些组成部分(一些自变量),但观察不到其他组成部分(其他自变量)。或者我们也许可以观察到自变量,但不能观察到因变量。

在本章中,我们将主要处理缺失值问题。找到缺失值当然是最好的选择,但这也许是不可能的,因为有些值在数据收集过程中从未被记录或已缺失。对于缺失数据,有以下几种缺失类型:

完全随机缺失(missing completely at random,MCAR)。对于所有的案例,数据丢失的概率都是相同的。简单地从分析中删除所有缺失值的案例也不会产生偏倚,不过可能会丢失一些信息。

随机缺失(missing at random,MAR)。数据丢失的概率取决于已知机制。例如,在社会调查中,某些群体提供信息的可能性低于其他群体。只要我们知道被抽样个体所在群体成员之间的关系,那么这就是一个随机缺失的例子。我们可以删除这些缺失的案例,只要我们将其作为回归模型中的一个因素来调整群体成员之间的关系。稍后我们将看到在不删除缺失案例的情况下如何做得更好。

非随机缺失(missing not at random,MNAR)。数据丢失的概率取决于一些未观察到的变量,或者更严重的是,取决于观察到的值。例如,那些有事情要隐藏的人通常不太可能泄露那些事情。

处理非随机缺失案例是困难的,甚至是不可能的,所以我们需要把注意力集中在随机缺失问题上。通常需要单独判断数据的缺失类型。然而由于缺少此类检查所需的数据,因此目前没有明确的诊断方法进行检查。

下面将使用一个缺失数据介绍删除、单一插补和多重插补三种处理缺失值的方法。

14.1.2 一个缺失数据集

例 14.1 青原博士继续使用 2017 年我国居民人均消费支出数据集。假设因为记录疏忽使得人均 GDP 增长率(*dpgdp*)、人均可支配收入(*dpi*)共存在 8 个缺失值。见表 14-1。

表 14-1 有缺失值的人均消费支出数据

地区(*region*)	人均消费支出(*cse*)	少年儿童抚养比(*pop*14)	老龄人口抚养比(*pop*65)	人均 GDP(*pgdp*)	人均 GDP 增长率(*dpgdp*)	人均可支配收入(*dpi*)	人均可支配收入增长率(*ddpi*)
北京	37425.34	14.25	16.32	128994.11	6.74	57229.80	8.95
天津	27841.38	14.59	14.57	118943.57	3.31		8.65
河北	15436.99	25.57	16.80	45387.00	5.90	21484.10	8.92
山西	13664.44	20.69	11.92	42060.00		20420.00	7.20

续表

地区(*region*)	人均消费支出(*cse*)	少年儿童抚养比(*pop*14)	老龄人口抚养比(*pop*65)	人均 GDP(*pgdp*)	人均 GDP 增长率(*dpgdp*)	人均可支配收入(*dpi*)	人均可支配收入增长率(*ddpi*)
内蒙古	18945.54	17.91	14.33	63764.00	3.60	26212.20	8.64
辽宁	20463.36	13.39	18.57	53526.65	4.33	27835.40	6.90
吉林	15631.86	16.51	16.18	54838.00	6.00		7.02
黑龙江	15577.48	12.76	15.58	41916.00	6.70	21205.80	6.89
上海	39791.85	13.12	18.82	126634.15	6.80	58988.00	8.62
江苏	23468.63	18.52	19.19	107150.00	6.80	35024.10	9.21
浙江	27079.06	16.15	16.56	92057.01	6.63	42045.70	9.13
安徽	15751.74	28.13	19.14	43401.36	7.50	21863.30	9.33
福建	21249.35	25.67	13.23	82677.00		30047.70	8.84
江西	14459.02	31.47	14.21	43424.37	8.10	22031.40	9.56
山东	17280.69	25.49	18.64	72807.14	6.51	26929.90	9.09
河南	13729.61	30.53	15.88	46674.00	7.35		9.36
湖北	16937.59	21.99	17.00	60199.00	7.30	23757.20	9.04
湖南	17160.40	26.51	17.53	49558.00	7.40	23102.70	9.41
广东	24819.63	22.32	10.27	80932.00	5.99	33003.30	8.94
广西	13423.66	32.73	14.33	38102.00	6.30	19904.80	8.74
海南	15402.73	27.52	11.38	48430.00		22553.20	9.20
重庆	17898.05	23.65	20.60	63442.00	8.20	24153.00	9.62
四川	16179.94	22.53	19.83	44651.32	7.50	20579.80	9.42
贵州	12969.62	30.97	14.47	37956.06	9.40		10.47
云南	12658.12	26.06	11.56	34221.00	8.80	18348.30	9.74
西藏	10320.12	34.14	8.22	39267.00	7.90	15457.30	13.33
陕西	14899.67	21.34	15.14	57266.31	7.30	20635.20	9.33
甘肃	13120.11	24.33	14.32	28496.50		16011.00	9.14
青海	15503.13	27.80	10.96	44047.00	6.40	19001.00	9.82
宁夏	15350.29	25.11	11.56	50765.00	6.70	20561.70	9.18
新疆	15087.30	32.76	10.43	44941.00	5.70	19975.10	8.83

首先查看在这个修改的数据集中数据缺失的基本情况。

```
>csemiss=read.csv("E:/hep/data/cse-missing.csv",header=T)
>row.names(csemiss)=csemiss[,1]
```

```
>csemiss=csemiss[,-1]
>head(csemiss)
          cse   pop14   pop65    pgdp   dpgdp    dpi   ddpi
  北京   37425   14.2    16.3   128994   6.74   57230   8.95
  天津   27841   14.6    14.6   118944   3.31      NA   8.65
  河北   15437   25.6    16.8    45387   5.90   21484   8.92
  山西   13664   20.7    11.9    42060     NA   20420   7.20
内蒙古   18946   17.9    14.3    63764   3.60   26212   8.64
  辽宁   20463   13.4    18.6    53527   4.33   27835   6.90
```

有时,软件会警告我们有缺失值。我们应该警惕使用的数据存在缺失的可能性。对于小数据集,只需查看数据就可以发现问题。对于大数据集,可以查看数据的标准摘要报告:

```
>summary(csemiss)
      cse              pop14             pop65              pgdp
Min.    :10320   Min.    :12.8   Min.    : 8.22   Min.    :28497
1st Qu. :14679   1st Qu. :18.2   1st Qu. :12.57   1st Qu. : 43413
Median  :15632   Median  :24.3   Median  :15.14   Median  : 49558
Mean    :18372   Mean    :23.4   Mean    :15.08   Mean    :60856
3rd Qu. :19704   3rd Qu. :27.7   3rd Qu. :17.27   3rd Qu. :68286
Max.    :39792   Max.    :34.1   Max.    :20.60   Max.    :128994

     dpgdp             dpi              ddpi
Min.    :3.31   Min.    :15457   Min.    :6.89
1st Qu. :6.15   1st Qu. :20491   1st Qu. :8.78
Median  :6.74   Median  :22031   Median  :9.13
Mean    :6.71   Mean    :26236   Mean    :9.05
3rd Qu. :7.45   3rd Qu. :27383   3rd Qu. :9.39
Max.    :9.40   Max.    :58988   Max.    :13.33
NA's    :4      NA's    :4
```

我们可以看到所有变量的缺失值。它有助于查看每个案例中出现了多少缺失值。

```
>rowSums(is.na(csemiss))
北京  天津  河北  山西  内蒙古  辽宁  吉林  黑龙江  上海
  0     1     0     1      0     0     1      0      0
江苏  浙江  安徽  福建   江西  山东  河南    湖北  湖南
  0     1     0     1      0     0     1      0      0
```

```
广东  广西  海南  重庆  四川  贵州  云南  西藏  陕西
   0     0     1     0     0     1     1     0     0
甘肃  青海  宁夏  新疆
   1     0     0     0
```

我们看到每一行中最多有一个缺失值。我们还可以绘制图 14-1 展示缺失值的信息。图中的黑长条反映了指标在哪一个地区出现了缺失值。比如变量 *ddpi* 在天津、吉林、河南、贵州等四个地区出现了缺失值。

```
>image(is.na(csemiss),axes=FALSE,col=gray(1:0))
>axis(2,at=0:6/7,labels=colnames(csemiss))#纵轴为变量
>axis(1,at=0:30/31,labels=row.names(csemiss),las=2)#横轴为地区
```

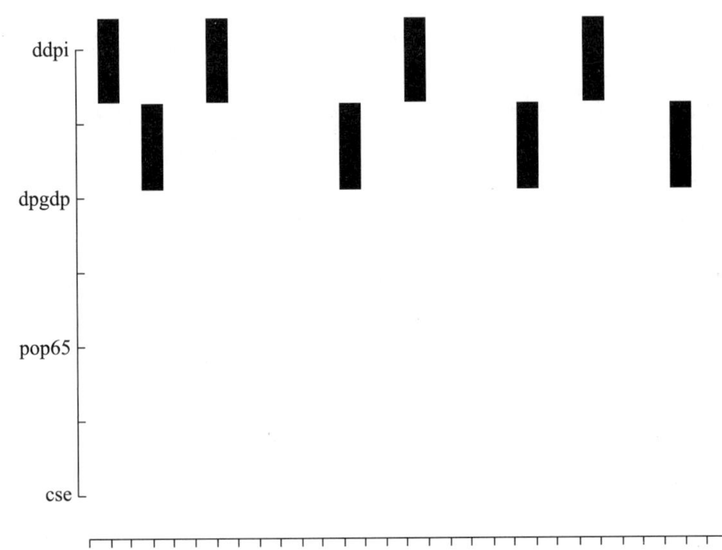

图 14-1　模拟的人均消费支出数据中的缺失值

14.2　删除法

删除(delete)所有包含缺失值的案例是处理缺失数据的最简单策略,这种方法的缺点是丢弃了可能允许更精确推断的信息。在某些情况下,缺失值集中在一些变量或案例中。这样可以更容易地从分析中删除变量或案例,而不会丢失很多信息。在本例中,缺失案例在数据中分布还比较均匀,删除缺失案例将会丢失 31 个观测中的 8 个。

是否删除缺失数据取决于具体情况。如果相对较少的案例包含缺失值,删除缺失案例仍然留下一个大数据集,或者只是要传达一个简单的数据分析方法,那么删除策略是可行的。

例 14.2 对例 14.1 的缺失数据使用删除策略。

首先考虑对完整数据进行拟合。

```
>csefull=read.csv("E:/hep/data/cse-full.csv",header=T)
>cse.full=lm(cse~dpgdp+dpi,data=csefull)
>summary(cse.full)
Call:
lm(formula=cse~dpgdp+dpi,data=csefull)

Residuals:
    Min        1Q    Median       3Q       Max
-1749.5    -725.3      85.5    513.9    1797.4

Coefficients:
              Estimate    Std. Error   t value   Pr(>|t|)
(Intercept)  3981.6763    1007.0959      3.95    0.00048 ***
dpgdp        -301.7868     125.2521     -2.41    0.02280 *
dpi             0.6317       0.0172     36.70    < 2e-16 ***
---
Signif. codes: 0 '***' 0.001 '**' 0.01 '*' 0.05 '.' 0.1 ' ' 1

Residual standard error: 986 on 28 degrees of freedom
Multiple R-squared: 0.98,      Adjusted R-squared:0.979
F-statistic: 703 on 2 and 28 DF,  p-value: <2e-16
```

现在将其与有缺失数据的拟合进行比较。

```
>cse.miss=lm(cse~dpgdp+dpi,data=csemiss)
>summary(cse.miss)
Call:
lm(formula=cse~dpgdp+dpi,data=csemiss)

Residuals:
   Min      1Q    Median     3Q     Max
 -1740    -490      122    571    1859

Coefficients:
              Estimate    Std. Error   t value   Pr(>|t|)
(Intercept)  4033.3890    1422.7897      2.83    0.01 *
dpgdp        -281.6412     184.0495     -1.53    0.14
dpi             0.6246       0.0188     33.31    <2e-16 ***
```

```
---
Signif. codes: 0 '***' 0.001 '**' 0.01 '*' 0.05 '.' 0.1 ' ' 1

Residual standard error: 1000 on 20 degrees of freedom
  (8 observations deleted due to missingness)
Multiple R-squared: 0.983,      Adjusted R-squared: 0.981
F-statistic: 576 on 2 and 20 DF,  p-value: <2e-16
```

lm()函数默认忽略任何缺失值的情况。我们只剩下 23 个完整的案例用于回归。可以看到，虽然对于有缺失数据的模型来说，R^2 和 R_a^2 有所增大，但是其残差标准误也更大，更重要的是，在全数据模型中显著的 *dpgdp* 在有缺失数据模型中变得不再显著。因而，缺失数据的存在可能使得我们不能揭示因变量的重要影响因素。

14.3 单一插补法

除了删除缺失数据，解决缺失数据的一个简单方法是用插补法估计缺失值。插补法包括单一插补法和多重插补法。对连续数据，**单一插补法**(single imputation)包括均值插补法和回归插补法。

分类变量也可能出现缺失值，我们可以用变量最常见的水平或类别进行插补。我们也可以把缺失值简单地看作是分类变量的一个额外水平，例如，可能有男性、女性和未知性别。

14.3.1 均值插补法

均值插补法就是通过变量的均值来插补其缺失值。

例 14.3 对例 14.1 的缺失数据使用均值插补。

```
>(cmeans=colMeans(csemiss,na.rm=TRUE))
      cse     dpgdp        dpi
18371.83      6.71   25918.68
>csenew=csemiss
>for(i in c(2:3)) csenew[is.na(csemiss[,i]),i]=cmeans[i]#缺失值用均值插补
```

因变量一般没有缺失数据，即使有缺失值，也不用对因变量插补缺失值，因为这是我们试图建模的变量。缺少因变量的情况在估计其他有缺失的自变量时仍然有一定的价值。

现在重新拟合。

```
>newmod=lm(cse~dpgdp+dpi,data=csenew)
>summary(newmod)
Call:
```

```
lm(formula=cse~dpgdp+dpi,data=csenew)

Residuals:
   Min        1Q    Median      3Q     Max
-3785     -1522       124     968    8600

Coefficients:
                  Estimate   Std. Error   t value   Pr(>|t|)
(Intercept)       1.13e+04   2.91e+03      3.88     0.00059 ***
dpgdp            -1.34e+03   3.69e+02     -3.64     0.00110 **
dpi               6.22e-01   4.95e-02     12.56     5.1e-13 ***
---
Signif. codes: 0 '***' 0.001 '**' 0.01 '*' 0.05 '.' 0.1 ' ' 1

Residual standard error: 2600 on 28 degrees of freedom
Multiple R-squared: 0.864,     Adjusted R-squared: 0.855
F-statistic: 89.1 on 2 and 28 DF, p-value: 7.25e-13
```


与有缺失数据的拟合相比,现在自变量 *dpgdp* 变得显著了。虽然 R^2 和 R_a^2 有所下降,但是模型拟合度依然很高。

由插补方法引入的偏差可能很大,并且可能无法通过伴随的方差减少来补偿。因此,除非需要插补的比例很小,否则不建议使用平均估算。

14.3.2 回归插补法

比均值插补更复杂的是使用回归方法来预测自变量的缺失值。**回归插补法**在一定程度上依赖于自变量的共线性,即自变量的共线性越高,插补的值将越精确。然而,对于共线性数据,我们可能会考虑删除一个有大量缺失值的自变量而不是插补,因为其他强相关的变量将承担其功能。

例 14.4 对例 14.1 的缺失数据使用回归插补。

我们使用数据集中的其他四个自变量对有缺失的变量进行回归插补。现在对人均可支配收入(*dpi*)数据使用回归插补法。

```
>csemiss[is.na(csemiss$dpi),]
       cse    pop14   pop65     pgdp   dpgdp   dpi    ddpi
天津   27841   14.6    14.6   118944    3.31    NA    8.65
吉林   15632   16.5    16.2    54838    6.00    NA    7.02
河南   13730   30.5    15.9    46674    7.35    NA    9.36
贵州   12970   31.0    14.5    37956    9.40    NA   10.47
>cse.dpi=lm(dpi~pop14+pop65+pgdp+ddpi,data=csemiss)
```

```
>predict(cse.dpi,csemiss[is.na(csemiss$dpi),])
 天津    吉林    河南    贵州
49271   26310   20025   16208
```

我们也对人均 GDP 增长率(*dpgdp*)数据使用回归插补法。

```
>csemiss[is.na(csemiss$dpgdp),]
         cse    pop14    pop65     pgdp     dpgdp      dpi     ddpi
山西    13664    20.7     11.9    42060        NA    20420     7.20
福建    21249    25.7     13.2    82677        NA    30048     8.84
海南    15403    27.5     11.4    48430        NA    22553     9.20
甘肃    13120    24.3     14.3    28497        NA    16011     9.14
>cse.dpgdp=lm(dpgdp~pop14+pop65+pgdp+ddpi,data=csemiss)
>predict(cse.dpgdp,csemiss[is.na(csemiss$dpgdp),])
山西     福建     海南     甘肃
5.14     5.89     6.39     7.08
```

当因变量在 0 和 1 之间时,可以使用 logit 变换:

$$y \to \log[y/(1-y)]$$

这个变换将区间映射到整个实数。然后,我们对作了 logit 变换的因变量拟合模型进行插补,然后对预测值进行反向变换,记住在适当的时候将百分比转换成比例,反之亦然。

单一插补的问题是,无论是以平均值还是回归预测值作为插补值,往往比我们看到的值小,因为插补值不包括在观测数据中通常看到的误差变化。

14.4 多重插补法

删除造成数据信息丢失,而单一插补方法会造成偏差。**多重插补**(multiple imputation)是减少单一插补产生偏差的一种方法,基本思想是重新计算误差变异,将误差加回插补值。当然,如果我们只这样做一次,结果将是一个较差的单一插补方法,所以我们需要重复插补多次。

根据变量的类型,有多种插补方法。一个基本假设是数据是多元正态的。该方法对此假设非常稳健,但有时候我们需要根据实际情况进行调整。在插补之前,最好在插补前对严重偏斜的变量进行对数转换,并且需要声明分类变量以进行特殊处理。

例 14.5 对例 14.1 的缺失数据使用多重插补。

使用 Amelia 程序包可执行多重插补。我们在本例中使用 5 重插补:

```
>require(Amelia)
>set.seed(123)
>cse.mi=amelia(csemiss,m=10) #即生成 10 个无缺失数据集
```

此时我们已将整个数据集进行了插补，数据集里还包括其他暂不使用的变量。这些不参与建模的变量可能包含有助于预测缺失值的信息，因此，包含这些变量使随机缺失(MAR)假设更为合理。

现在，我们可以对每个插补数据集拟合线性模型，并存储$\hat{\beta}$和 $se(\hat{\beta})$的结果。

```
>betas=NULL
>ses=NULL
>for(i in 1:cse.mi$m){
lmod=lm(cse~dpgdp+dpi,cse.mi$imputations[[i]])
betas=rbind(betas,coef(lmod))
ses=rbind(ses,coef(summary(lmod))[,2])#数据按行合并
}
```

我们可以组合这些结果得到系数的估计和它们的标准误差。设$\hat{\beta}_{ij}$ 和 S_{ij} 是第 i 个($i=1,\cdots,m$)插补数据集得到的第 j 个参数的估计和标准误差。$\hat{\beta}_j$ 的组合估计是通过对插补估计$\hat{\beta}_{ij}$ 求平均而获得的：

$$\hat{\beta}_j = \frac{1}{m}\sum_j \hat{\beta}_{ij}$$

并且相应的标准误由下式给出：

$$s_j^2 = \left(1 + \frac{1}{m}\right) var\ \hat{\beta}_j + \frac{1}{m}\sum_i s_{ij}^2$$

其中 $var(\hat{\beta}_j)$是插补估计$\hat{\beta}_{ij}$ 的样本方差。

使用 mi.meld 函数进行以下计算参数估计：

```
>(cr=mi.meld(q=betas,se=ses))
$q.mi
     (Intercept)   dpgdp     dpi
[1,]        3004    -140   0.624

$se.mi
     (Intercept)   dpgdp     dpi
[1,]        1361     179  0.0183
```

计算 t 统计量：

```
>cr$q.mi/cr$se.mi
     (Intercept)    dpgdp    dpi
[1,]        2.21   -0.784   34.1
```

将结果与 14.2 中看到的完全数据拟合进行比较，我们发现 *dpi* 都是显著的，且系数的估计值都非常接近，但多重插补后计算的 *dpgdp* 不具有统计意义。

14.5 小结

高质量的数据是好的回归模型的重要保障。然而,由于各种原因,在回归建模时经常会出现缺失数据问题。本章介绍了数据缺失的类型,并结合数据一一介绍了删除法、单一插补法和多重插补法等多种方法来处理缺失数据,以降低缺失数据对回归模型的影响。

练习题

1. 简述造成数据缺失的原因。

2. 简述处理缺失数据的重要性与复杂性。

3. 处理缺失数据的方法主要有哪些?每个方法有怎样的适用情况?

4. 请比较书中介绍的几种处理缺失数据方法的优缺点。

5. 能否使用决策树对缺失值进行处理?

6. R 中的程序包 faraway 自带的数据集 kanga 包含了有关袋鼠头骨标本的历史数据(忽略性别和物种变量)。

(1) 根据案例和变量报告数据中缺失值的分布情况。

(2) 忽略缺失值,计算 PCA,其中所有变量的标准差为 1。计算主成分的标准差。

(3) 执行 25 次多重插补,以相同的方式将 PCA 应用于每个插补数据集,对每个插补数据集中主成分的标准差进行合成,将其与(2)的结果进行比较。

7. R 中的程序包 faraway 自带的数据集 gala 包含了著名的加拉帕戈斯岛上的物种数据。请自行随机产生一些缺失值。

(1) 忽略缺失值,使用响应变量 *Species*(种类)和五个自变量(*Area*、*Elevation*、*Nearest*、*Scruz*、*Adjacent*)来拟合线性回归模型。

(2) 对缺失值使用删除方法,拟合相同的模型,并与(1)中的模型进行比较。

(3) 使用均值单一插补法来插补缺失值,重新拟合模型,并与(1)和(2)进行比较。

(4) 使用基于其他 4 个自变量的回归插补法来插补缺失值,拟合相同的模型,并与前面的模型进行比较。

(5) 使用多重插补来处理缺失值,再次拟合相同的模型,并与前面的模型进行比较。

8. R 中的程序包 faraway 自带的数据集 pima 包含 768 名成年女性的信息,每名女性测量了九个变量。

(1) 将数据集中的 0 视为缺失值,用 NA 替换,再描述数据中缺失值的分布。

(2) 将 *diastolic*(舒张压)作为响应变量,其他变量作为自变量来拟合一个线性回归模型。总结拟合情况。

(3) 对缺失值使用均值插补法,重新拟合模型,并与前面的模型进行比较。

(4) 使用基于其他 7 个自变量的回归插补法来插补缺失值,拟合相同的模型,并与前面的模型进行比较。

(5) 使用多重插补来处理缺失值,再次拟合相同的模型,并与前面的模型进行比较。

索 引